本书是国家社科基金青年项目"算法治理的技术哲学研究"(21CZX017)的阶段性成果

技术专家制研究
Technocracy

兰立山 著

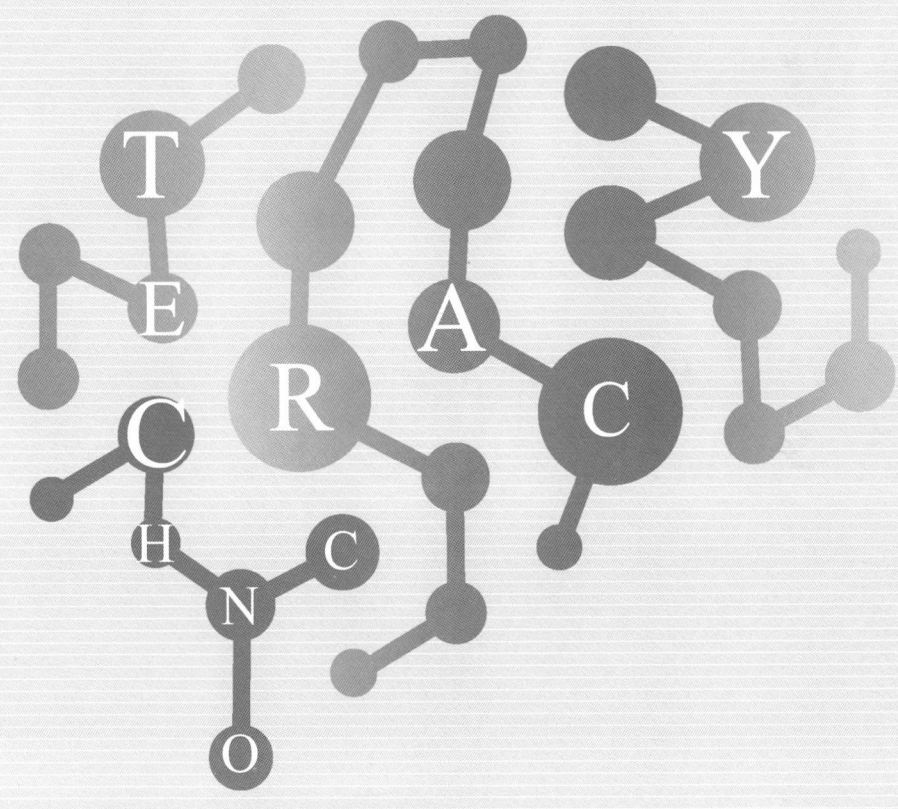

中国社会科学出版社

图书在版编目(CIP)数据

技术专家制研究 / 兰立山著. —北京：中国社会科学出版社，2023.8
ISBN 978-7-5227-2150-7

Ⅰ. ①技⋯ Ⅱ. ①兰⋯ Ⅲ. ①人工智能—技术伦理学—研究
Ⅳ. ①B82-057

中国国家版本馆 CIP 数据核字（2023）第 120390 号

出 版 人	赵剑英
责任编辑	田　文
特约编辑	刘健煊
责任校对	王文华
责任印制	王　超

出　　版	中国社会科学出版社
社　　址	北京鼓楼西大街甲 158 号
邮　　编	100720
网　　址	http://www.csspw.cn
发 行 部	010-84083685
门 市 部	010-84029450
经　　销	新华书店及其他书店
印　　刷	北京君升印刷有限公司
装　　订	廊坊市广阳区广增装订厂
版　　次	2023 年 8 月第 1 版
印　　次	2023 年 8 月第 1 次印刷
开　　本	710×1000　1/16
印　　张	16.25
插　　页	2
字　　数	246 千字
定　　价	88.00 元

凡购买中国社会科学出版社图书，如有质量问题请与本社营销中心联系调换
电话：010-84083683
版权所有　侵权必究

序

立山是他们民族第一名全日制博士生，作为导师很荣幸，也因此对他多了份关注。来中国人民大学之前，他在贵州大学受过很好的学术训练，发表过核心期刊论文，属于已上道的好学生。并且，立山干事情有计划、有耐心，又吃得苦、好沟通、好合作，适合做学术研究工作，所以带他非常省心。

记得第一次单独谈话，就明确告诉他：以彼时他的水平，合格毕业问题不大，应该把目标定高一点，向优秀学者前进。读博期间，他发表了几篇中英文论文，拿了不少奖励，也申请到研究项目，肯定是好学生。毕业后，经过层层筛选到中共中央党校任教，第一年就拿到国家社科基金项目，如今新书《技术专家制研究》要出版了，应该说立山正在成长为优秀的年轻学者。

在我看来，当代社会已然步入技治社会，开始向智能治理社会跃迁。所以最近几年，我主要研究技术治理问题。立山受我影响，博士学位论文取题"智能社会技治主义研究"，《技术专家制研究》是其中基础理论部分的深化和扩展。

在中国，technocracy 传统上被翻译为"技术统治论""技治主义"或"技术统治"，根据语境有时是"论""主义"，有时是"统治"。在博士学位论文中，立山采用"技治主义"的旧译法，现在经过一番思索，采用"技术专家制"的新译法。我觉得颇有道理。

其一，后缀 -cracy 结尾英文术语一般指某种政治制度，如 democracy（民主制）、bureaucracy（官僚制）、aristocracy（贵族制）和 meritocracy（精英制），尤其是与"谁支配政治权力"即权力主体的政治安排方面有关。按照类似译法，technocracy 直译为"技术专家制"，意思会更准确。

其二，大概在中文里，"统治"多少是有些贬义的，暗含暴力、压制、残酷方面的意味。"技术统治"的译法，先入为主地将新科技在政治领域的应用抹上贬义，不符合现实情况，对技术的态度过于负面。而将 technocracy 译为"技术专家制"，会显得更中立和客观一点。

不过，"技术统治论"是流行了很久的译法，"技术专家制"想取而代之，要看立山想法的接受度有多高。毕竟，中文术语翻译，很多都有问题。比如，science 由日文转译为"科学"就不准确，因为 science 并没有"分科之学"的意思。但无论如何，"技术专家制"也算一家之言，如果立山的观点影响足够大，约定俗成的东西，也不是不能改变的。

之所以立山一定要换个新译法，更重要的是，他觉得新译法有利于对技术统治论进行深入地梳理。因此，在界定完技术专家制之后，他从三个角度对其发展史进行了回顾，即作为政治乌托邦的技术专家制、作为社会运动的技术专家制和作为社会思潮的技术专家制。然后，他讨论了当代技术专家制的理论转向、核心原则、基本特征和主要类型，并剖析了对技术专家制的一些批评意见，尤其从儒家德治角度的批评意见。最后，他思考了 AI 与技术专家制之间的关系问题，提出一些应对策略。

很明显，《技术专家制研究》呼应了我的《技术治理通论》。在有限技术治理理论当中，technocracy 只是技术治理传统的一支。最难能可贵的是，立山并不局限于导师的思路和看法，提出不同的意见以及很多新问题、新观点，大大深化了既有的技术统治论研究。

一直跟学生们说"学人应待学术以神圣"之类的话，看样子立山听进去了。所谓薪火相传，最重要的大约是传承学术精神吧。

与基础理论问题相比，技术专家制在智能革命中的嬗变问题，可能更为重要、更受关注、更接地气，也更符合科技哲学研究观照科技发展的特点。这是立山博士学位论文关注的焦点，也是他之后研究的重点。他选取算法治理的角度切入，与我关心的智能治理有区别，也有联系。此类研究属于"走向行动"的跨学科问题研究，需要更多鲜活的东西，尤其是新科技、新应用、新案例，要对提升国家治理体系和治理能力现代化水平有所助益，不容易做好，需要艰苦的劳动。

学术之路，道阻且长，又兴味无穷，乐在其中。希望立山继续在技术治理领域深耕，预祝他作出创新性的研究，成为真正的优秀学者！

师生共勉。

是为序。

刘永谋

中国人民大学哲学院教授、博士生导师

目　　录

引　言 ……………………………………………………………（1）
　　一　问题的提出 ……………………………………………（1）
　　二　国内外研究现状 ………………………………………（6）
　　三　本书的框架 ……………………………………………（18）

第一章　技术专家制的界定及Technocracy的中文译名 ………（21）
　　第一节　技术专家制的两个核心原则 ……………………（21）
　　　　一　科学管理 …………………………………………（22）
　　　　二　专家政治 …………………………………………（26）
　　第二节　技术专家制的三个理论传统 ……………………（29）
　　　　一　技术专家制的政治学传统 ………………………（30）
　　　　二　技术专家制的经济学传统 ………………………（34）
　　　　三　技术专家制的管理学传统 ………………………（38）
　　第三节　技术专家制的两种主要用法 ……………………（44）
　　　　一　狭义技术专家制 …………………………………（44）
　　　　二　广义技术专家制 …………………………………（46）
　　第四节　Technocracy的中文译名 …………………………（50）
　　　　一　Technocracy中文译名的历史演变 ………………（50）
　　　　二　Technocracy现有中文译名的局限 ………………（54）
　　　　三　Technocracy现有中文译名局限的应对之策 ……（58）

第二章 技术专家制的历史演进 ………………………………（63）
第一节 作为一种政治乌托邦的技术专家制 ……………………（63）
  一 柏拉图 ……………………………………………（64）
  二 康帕内拉 …………………………………………（67）
  三 培根 ………………………………………………（71）
  四 圣西门 ……………………………………………（76）
第二节 作为一种社会运动的技术专家制 ………………………（79）
  一 凡勃伦的技术专家制思想及其对技术专家
    制运动的影响 ……………………………………（80）
  二 技术专家制运动的主要内容 ……………………（84）
  三 技术专家制运动的重要意义 ……………………（88）
第三节 作为一种社会思潮的技术专家制 ………………………（91）
  一 技术专家制思潮的出现 …………………………（92）
  二 加尔布雷思的技术专家制思想 …………………（95）

第三章 当代技术专家制 ………………………………………（106）
第一节 当代技术专家制的理论转向 ……………………………（106）
第二节 当代技术专家制的核心原则 ……………………………（113）
  一 技术治理 …………………………………………（113）
  二 专家咨询 …………………………………………（117）
第三节 当代技术专家制的基本特征 ……………………………（121）
  一 科技优先 …………………………………………（122）
  二 科学技术是获得权力和权威的基础 ……………（125）
  三 科技专家在社会运行与治理中发挥重要作用 …（127）
  四 计划治理 …………………………………………（130）
第四节 当代技术专家制的主要类型 ……………………………（134）
  一 以掌握权力程度为划分标准的技术专家制类型 ………（134）
  二 以权力主体为划分标准的技术专家制类型 ……（139）

第四章 技术专家制的批判问题 (144)

第一节 技术专家制的主要批判及其局限 (144)
一 技术专家制的政治批判及其局限 (145)
二 技术专家制的经济批判及其局限 (149)
三 技术专家制的伦理批判及其局限 (152)

第二节 智能技术视域下的技术专家制批判 (156)
一 智能技术视域下的技术专家制政治批判 (157)
二 智能技术视域下的技术专家制经济批判 (160)
三 智能技术视域下的技术专家制伦理批判 (163)

第三节 儒家德治思想与技术专家制 (166)
一 问题的提出 (167)
二 贤能政治与专家政治 (169)
三 道德教化与科学管理 (173)

第五章 人工智能与技术专家制 (178)

第一节 人工智能推动技术专家制的发展 (179)
一 智能社会与技术专家制 (179)
二 人工智能与技术专家制的两个核心原则 (185)

第二节 算法技术专家制的主要风险 (190)
一 政治风险 (190)
二 经济风险 (196)
三 伦理风险 (201)
四 法律风险 (204)

第三节 算法技术专家制主要风险的应对之策 (208)
一 法律规制 (208)
二 民主治理 (210)
三 伦理调适 (212)

四　行政监管 …………………………………………（215）
　　五　技术教育 …………………………………………（218）

结语　走向审度的技术专家制 ………………………（221）

主要参考文献 …………………………………………（228）

后　记 …………………………………………………（250）

引 言

一 问题的提出

技术专家制（Technocracy，国内也翻译为"技术统治论""专家治国论""技治主义"等）主张由科技专家按照科学原理、技术原则来运行和治理社会，是当代西方政治（哲）学、公共管理学、科学技术哲学等领域的研究热点。虽然早在1919年史密斯（William H. Smyth）就已创造"技术专家制"即Technocracy一词[①]，但直到20世纪30年代初技术专家制运动（Technocracy Movement）的爆发才使"技术专家制"一词开始在美国流行起来。[②] 在技术专家制运动中，斯科特（Howard Scott）、劳腾斯特劳赫（Walter Rautenstrauch）和罗伯（Harold Loeb）等人以技术专家制委员会（the Committee on Technocracy）为组织，试图通过科学家、技术专家、工程师等运用科学方法、技术手段来应对美国的经济大萧条。[③]

一般来说，技术专家制可追溯至柏拉图（Plato）、培根（Francis Bacon）、圣西门（Henri de Saint-Simon）等人。关于谁是技术专家制之父，学界一直有争议。在拉达利（Claudio M. Radaelli）看来，是否关注经济目标是界定一个人是不是技术专家制者（Technocrat）的首

[①] William H. Smyth, *Technocracy, First, Second and Third Series*, London: Forgotten Books, 2012.

[②] John G. Gunnell, "The Technocratic Image and the Theory of Technocracy", *Technology and Culture*, Vol. 23, No. 3, July 1982, p. 393.

[③] William E. Akin, *Technocracy and the American Dream: The Technocracy Movement*, 1900 – 1941, Berkeley: University of California Press, 1977, pp. ix – x.

要标准。据此，拉达利认为，柏拉图并不能算是严格意义上的技术专家制者，培根则只能算作技术专家制的先驱，因为他们的理论都没有涉及经济问题。而圣西门明确表达了对经济问题的关注，同时提出了计划经济的构想，因此才能被称为真正意义上的技术专家制之父。①

在圣西门去世之后，科学技术得到进一步发展，这为技术专家制思想的施行提供了更加坚实的科学技术基础。在19世纪末20世纪初的美国进步主义运动中，欧洲的技术专家制思想传入美国。② 而在美国技术专家制运动中，技术专家制终于从传统的乌托邦构想或预言转向以科学原理和技术工具为基础的实践。③ 尽管技术专家制运动很快走向失败，但在这之后，"技术专家制"一词及其思想开始被人们熟知，并逐渐传向世界各国，如加拿大、中国等。

20世纪五六十年代，人类社会迎来了以信息技术、生物技术、新能源技术等为代表的第三次工业革命，这进一步为技术专家制思想的发展提供了技术支撑。也就是在这一时期，西方社会出现了一个研究技术专家制的高潮，出版了一批较具影响力的著作，如梅诺（Jean Meyanud）的《技术专家制》、普莱斯（Don K. Price）的《科学阶层》、加尔布雷思（John K. Galbraith，又译为加尔布雷斯）的《新工业国》、罗斯扎克（Theodore Roszak）的《反文化的形成：对技术专家制社会及其年轻反对派的反思》、丹尼尔·贝尔（Daniel Bell）的《后工业社会的来临》等。彼时，学界对于技术专家制思想主要持乐观态度，他们认为，技术专家制将会带来物质丰富、社会和谐、人类解放等。

通过普莱斯、加尔布雷思、丹尼尔·贝尔等人的努力，技术专家制思想的社会影响力达到了历史顶峰。对此，杰缅丘诺克

---

① Claudio M. Radaelli, *Technocracy in the European Union*, London: Routledge, 1999, pp. 12 – 14.

② Frank Fischer, *Technocracy and the Politics of Expertise*, Newbury Park: SAGE Publications, 1990, p. 77.

③ Howard P. Segal, "Introduction", in Harold Loeb ed. *Life in a Technocracy: What It Might Be Like*, Syracuse: Syracuse University Press, 1996, p. xii.

（Э. В. Деменчонок）指出，技术专家制在 20 世纪五六十年代逐渐发展成为西方资本主义国家的官方意识形态，同时成为学术界和政治界的焦点。[①] 就在技术专家制影响力如日中天之时，一些学者开始对技术专家制展开批判，如马克思主义者批判技术专家制会帮助资本主义控制工人，人文主义者指出技术专家制会将人变为机器，自由主义者认为技术专家制侵犯人的自由，历史主义者与相对主义者批评科学原理和技术方法并不适用于人类社会等。[②] 在批判阵营中，较具代表性的人物有哈耶克（Friedrich A. Hayek）、波普尔（Karl Popper）、芬伯格（Andrew Feenberg）、波兹曼（Neil Postman）等。

随着批判者的增多以及科学技术在发展与应用过程中问题频出，学界对技术专家制的主流态度逐渐从辩护转向批判。如费希尔（Frank Fischer）所言，技术专家制在西方社会被视为一个贬义词。[③] 也就是说，当一个人被认为是技术专家制者或一个国家被认为是一个技术专家制国家时，这是一种贬义的评价。美国当代著名技术哲学家米切姆（Carl Mitcham）也表达了与费希尔类似的看法，他指出，技术专家制在西方社会中是一个不好的理论，或者说，它本身就是一个贬义词，要为它进行辩护非常困难。[④]

尽管一直饱受批判，但在技术专家制运动之后，技术专家制思想却得到了很好的发展和应用。在费希尔看来，"罗斯福新政"的实质是技术专家制的扩展和运用。[⑤] 而在罗斯福之后，美国的很多总统也都在一定程度上传承和运用了技术专家制，如肯尼迪、约翰逊等。除美国之外，其他国家与组织也都在不同程度地发展和施行技术专家

[①] ［苏］Э. В. 杰缅丘诺克：《当代美国的技术统治论思潮》，赵国琦等译，辽宁人民出版社 1987 年版，第 27 页。

[②] Yongmou Liu, "The Benefits of Technocracy in China", *Issues in Science and Technology*, Vol. 33, No. 1, Fall 2016, p. 27.

[③] Frank Fischer, *Technocracy and the Politics of Expertise*, Newbury Park：SAGE Publications, 1990, p. 20.

[④] 笔者曾在 2018 年 8 月至 2019 年 8 月在美国科罗拉多矿业大学访学一年，这是笔者在与卡尔·米切姆教授进行交流时，他所表达的观点。

[⑤] Frank Fischer, *Technocracy and the Politics of Expertise*, Newbury Park：SAGE Publications, 1990, p. 88.

制，如新加坡的技术专家制模式①、拉丁美洲的技术专家制模式②、欧盟的技术专家制模式③、全球视域的技术专家制模式④等。

当前，随着大数据、物联网、人工智能、区块链等智能技术的快速发展，当代社会开始步入智能社会，这极大地推动了以科学技术为基础的技术专家制理论的发展。有学者指出，基于信息通信技术的快速发展及其在社会治理中的广泛应用，技术专家制已然成为当代社会治理、公共管理、政府决策、企业运行等的主要特征，很好地维系和推进整个社会的运转。⑤而基廷（Rob Kitchin）则认为，以普适计算和电子工具设备为基础建立起来的智慧城市的本质就是一个技术专家制城市，因为人们的一举一动都被实时监控和管理。⑥詹森（Marijn Janssen）等人从算法视角给出了对于当代技术专家制的评价，他们指出，通过算法等计算手段对社会进行设计和操控已成为当代社会的主要治理方式，这使得我们进入了一个技术专家制社会，代议制政府将被技术专家制政府所取代。⑦

由于看到技术专家制在当前社会运行与治理中发挥重要作用，一些学者开始对技术专家制所受到的诸多批判及现实价值进行反思。在刘永谋看来，从20世纪下半叶至今，技术专家制"已然成为全球社会治理和政治活动中最重要和最明显的趋势，引起学术界强烈关注，其中包括相当多的批评意见。然而，各种批评都普遍存在一个值得商

---

① Michael D. Barr, "Beyond Technocracy: The Culture of Elite Governance in Lee Hsien Loong's Singapore", *Asian Studies Review*, Vol. 30, No. 1, August 2006, pp. 1 – 17.

② Eduardo Dargent, *Technocracy and Democracy in Latin America: The Experts Running Government*, New York: Cambridge University Press, 2015.

③ Anne E. Stie, *Democratic Decision-making in the EU: Technocracy in Disguise?*, London: Routledge, 2013.

④ Patrick M. Wood, *Technocracy Rising: The Trojan Horse of Global Transformation*, Mesa: Coherent Publishing, 2015.

⑤ 刘永谋、兰立山：《泛在社会信息化技术治理的若干问题》，《哲学分析》2017年第5期。

⑥ Rob Kitchin, "The Real-Time City? Big Data and Smart Urbanism", *Geo Journal*, Vol. 79, No. 1, February 2014, pp. 1 – 2.

⑦ Marijn Janssen and George Kuk, "The Challenges and Limits of Big Data Algorithms in Technocratic Governance", *Government Information Quarterly*, Vol. 33, No. 3, July 2016, pp. 371 – 377.

权之成见",即将技术专家制视为一种政治乌托邦或机器乌托邦。①兰立山则从智能技术维度为技术专家制所受到的主要批判进行了温和辩护,他指出:"从智能技术的视域来看,技术专家制的政治批判、经济批判、伦理批判在当代社会显然被一定程度弱化。据此可知,技术专家制在当代社会进程中与过去有很大不同,不能再用传统的观点来看待它,比如不能简单将技术专家制看成反民主的。"②

与刘永谋、兰立山不同,卡纳(Parag Khanna)、奥尔森(Richard G. Olson)、埃斯马克(Esmark Anders)主要对技术专家制的现实价值进行了反思。卡纳指出,民主在当代社会已经衰退且不能满足当代国家治理的需要,需要引入技术专家制来弥补民主的不足,以使整个社会能更加高效地运行,即他所言的直接技术专家制(Direct Technocracy)。③ 奥尔森以欧盟为例,提出了与卡纳相同的观点,主张将技术专家制与民主结合使用,如此才能提高当代社会的运行和治理效率。④ 在埃斯马克看来,技术专家制与官僚制是当代公共治理的重要特征,在当代社会运行与治理中发挥重要作用。然而,与人们早就重新反思和发现官僚制的现实价值不同,人们对于技术专家制的现实价值一直并不关注。因此,是时候重新发现技术专家制的现实价值了。⑤

不难看出,学界对于技术专家制的态度,经历了从辩护到批判再到辩护的转变。那么,对于同一个思想,学界为何会出现这样的态度变化?这样的转变是因为人们对技术专家制的理解有别,还是因为技术专家制在发展过程中出现了理论转向,抑或是因为科学技术的快速

---

① 刘永谋:《技术治理的逻辑》,《中国人民大学学报》2016 年第 6 期。
② 兰立山:《智能技术视域下的技术专家制批判》,《哲学探索》2022 年第 1 期。
③ Parag Khanna, *Technocracy in American: Rise of the Info-State*, Singapore: CreateSpace, 2017.
④ Richard G. Olson, *Scientism and Technocracy in the Twentieth Century: The Legacy of Scientific Management*, Lanham: Lexington Books, 2016, pp. 153 – 174.
⑤ Esmark Anders, "Maybe Is It Time to Rediscovery Technocracy? An Old Framework for a New Analysis of Administrative Reforms in the Governance Era", *Journal of Public Administration Research and Theory*, Vol. 27, No. 3, July 2017, pp. 501 – 516.

发展为技术专家制的施行提供了重要技术支撑？如果说技术专家制已经成为当代社会运行与治理的重要特征，那它是否存在风险，或者说它曾经所受到的批判在当前社会是否仍然成立？此外，学界当前为技术专家制辩护的目的是什么，是认为技术专家制是一个彻头彻尾的好思想，还是认为技术专家制并不如批判者所言的那么坏？这一系列问题激发了笔者对技术专家制进行系统研究的兴趣，而对于这些问题的解答也就构成了本书的主要内容。

二　国内外研究现状

对于每一个问题的研究都需要了解它的已有研究情况，如此，才能站在前人的肩膀上推动对该问题的研究。因而，在本部分，笔者将对技术专家制的国内外研究进行总结，以为后文的研究奠定基础。

（一）国外研究现状

20世纪五六十年代，西方学界兴起了一股研究技术专家制的浪潮。一方面，这与美国爆发的技术专家制运动有关。20世纪三四十年代，为应对经济大萧条，美国爆发了影响颇巨的技术专家制运动。虽然由于种种原因，技术专家制运动很快走向失败，但这一运动使得技术专家制思想在美国产生了巨大反响并传向世界各国。受技术专家制运动的影响，西方学界开始关注并研究技术专家制思想。

另一方面，这与西方出现以信息技术、生物技术、新能源技术等为代表的第三次工业革命有关。技术专家制思想的提出与发展离不开科学技术的支撑，如圣西门的技术专家制思想是在第一次工业革命后提出的，技术专家制运动是在第二次工业革命之后发生的。而在第三次工业革命的推动下，科技专家的社会地位和影响力达到了历史顶峰，学界开始从不同学科视角来研究科技专家的社会功能，如普莱斯的"科学阶层"、加尔布雷思的"技术专家阶层"等著名技术专家制思想都是在这一时期被提出的。20世纪五六十年代之后，西方学界对技术专家制的研究一直延续至今。

技术专家制的理论研究是当代西方技术专家制研究最为核心的内

容，出现了一批较具影响力的成果。虽然技术专家制是当代西方的研究热点之一，但对它的理论进行系统研究的思想家并不很多，梅诺、费希尔是其中的重要代表。梅诺主要以法国为背景对技术专家制的理论内涵、历史演进、运行模式等进行了详尽分析①，费希尔则主要以美国为例对技术专家制的核心问题、历史脉络、当代发展等进行了系统总结②。

布热津斯基（Zbigniew Brzezinski）、普莱斯、加尔布雷思、丹尼尔·贝尔、罗斯扎克等人是当代西方技术专家制研究领域较具影响力的思想家，他们从不同学科视角对技术专家制进行了深入研究。布热津斯基、丹尼尔·贝尔主要从技术社会或工业社会的视角来分析技术专家制的兴起及其影响。③ 普莱斯主要从政治学维度来阐述技术专家制及其在当代社会运行与治理中的重要作用。④ 加尔布雷思主要从制度经济学视域来研究作为一种经济学思想的技术专家制。⑤ 罗斯扎克则主要将技术专家制作为一种文化现象来进行研究。⑥

关于技术专家制的历史，阿金（William E. Akin）、奥尔森做了非常重要的研究，前者主要聚焦于技术专家制运动的历史⑦，后者则主要梳理了技术专家制在整个20世纪的发展史⑧。此外，当前还有一些学者从管理学、治理等视角对技术专家制进行了分析，较具代表性的

---

① Jean Meyanud, *Technocracy*, trans. Paul Barnes, New York: Free Press, 1969.
② Frank Fischer, *Technocracy and the Politics of Expertise*, SAGE Publications, 1990.
③ Zbigniew Brzezinski, *Between Two Ages: America's Role in the Technetronic Era*, New York: The Viking Press, 1970. [美] 丹尼尔·贝尔：《后工业社会的来临——对社会预测的一项探索》，高铦等译，新华出版社1997年版。
④ Don Price, *The Scientific Estate*, Cambridge: The Belknap of Harvard University Press, 1965.
⑤ [美] 约翰·肯尼思·加尔布雷思：《新工业国》，稽飞译，上海世纪出版集团2012年版。
⑥ Theodore Roszak, *The Making of a Counter Culture: Reflections on the Technocratic Society and Its Youthful Opposition*, New York: Doubleday & Company, Inc., 1969.
⑦ William E. Akin, *Technocracy and the American Dream: The Technocracy Movement, 1900-1941*, Berkeley: University of California Press, 1977.
⑧ Richard G. Olson, *Scientism and Technocracy in the Twentieth Century: The Legacy of Scientific Management*, Lanham: Lexington Books, 2016, p.41.

学者有伯里斯（Beverly H. Burris）[1]、埃斯马克[2]等。

技术专家制的比较政治哲学研究是当代西方技术专家制研究的另一核心内容，主要聚焦于技术专家制与民主、技术专家制与官僚制、技术专家制与民粹主义等方面的比较研究。关于技术专家制与民主的关系，目前西方学界的主流观点是技术专家制与民主不可兼容。对此，芬伯格的观点较具代表性，他指出："无论技术专家制是受欢迎还是被憎恶，它的决定论基础都没有给民主留下任何空间。"[3]虽然技术专家制反民主的观点在当前西方仍然占据主导地位，但近年也出现了一些关于技术专家制与民主的关系的新观点。如威廉姆斯（Mark E. Williams）指出，技术专家制并不反民主且可以与民主兼容。[4]而在拉科（Mike Raco）等人看来，要判断技术专家制是否反民主，需要将其放在具体的语境中去讨论，很难简单地认为技术专家制是反民主还是推动民主的运行。[5]

技术专家制与官僚制的比较研究也是当代西方技术专家制比较政治研究的一个重要问题，伯里斯是这一研究的重要代表。伯里斯认为，技术专家制组织是官僚制组织在当代社会的发展，它具有官僚制所不具有的诸多优点。[6]民粹主义与技术专家制的比较政治研究是西方学界近年出现的一个新主题。就内容而言，技术专家制极为强烈的精英主义倾向显然与民粹主义相悖，但一些学者却给出了完全相反的观点，如技术专家制与民粹主义是互补的而非相悖的[7]、技术专家制

---

[1] Beverly H. Burris, *Technocracy at Work*, New York: State University of New York Press, 1993.

[2] Anders Esmark, *The New Technocracy*, Bristol: Bristol University Press, 2020.

[3] Andrew Feenberg, *Questioning Technology*, London: Routledge, 1999, p. 75.

[4] Mark E. Williams, "Escaping the Zero-Sum Scenario: Democracy versus Technocracy in Latin America", *Political Science Quarterly*, Vol. 121, No. 1, February 2006, pp. 119–139.

[5] Mike Raco and Federico Savini, eds., *Technocratic Challenge to Democracy*, London: Routledge, 2020.

[6] Beverly H. Burris, *Technocracy at Work*, State University of New York: New York Press, 1993.

[7] Christopher Bickerton and Carlo I. Accetti, "Populism and Technocracy: Opposites or Complements?", *Critical Review of International Social and Political Philosophy*, Vol. 20, No. 2, April 2017, pp. 186–206.

是否与民粹主义相悖需将其放在具体问题中去讨论①等。

当代西方技术专家制研究的又一核心内容是技术专家制的应用研究，主要包括三方面的内容。其一，对不同国家或组织的技术专家制应用进行研究。欧盟的技术专家制应用研究是当代西方技术专家制研究的一个热点问题，这与它在具体运行中对科技专家的过度依赖有着密切关系。对此，学界主要认为欧盟的运行具有非常明显的技术专家制特征，但很难说它已经成为一个完全的技术专家制组织。② 此外，对于拉丁美洲③、中国④等的技术专家制应用研究也很常见。

其二，对公共政策中的技术专家制应用进行研究。在技术专家制运动之后，技术专家制发生理论转向，从一种政治制度变为一种治理体制，即主张科技专家按照科学原理、技术方法来运行和治理社会。⑤ 如此，技术专家制在公共政策制定中得到了诸多应用，这也就引起了西方学界对此问题的关注和研究⑥。

其三，从智能技术视域对技术专家制的应用进行研究。随着大数据、物联网、人工智能等智能技术的快速发展及其在社会运行与治理中的广泛应用，西方学界开始从智能技术视角出发来对技术专家制进行研究。詹森等人指出，通过算法等计算手段对社会进行设计和操控

---

① Marion Reiser and Jörg Hebenstreit, "Populism versus Technocracy? Populist Responses to the Technocratic Nature of the EU", *Politics and Governance*, Vol. 8, No. 4, December 2020, pp. 568-579.

② Julia Metz, *The European Commission, Expert Groups, and the Policy Process: Demystifying Technocratic Governance*, London: Palgrave Macmillan, 2015.

③ Eduardo Dargent, *Technocracy and Democracy in Latin America: The Experts Running Government*, Cambridge: Cambridge University Press, 2015.

④ Cheng Li and Lynn T. White III, "China's Technocratic Movement and the World Economic Herald", *Modern China*, Vol. 17, No. 3, July 1991, pp. 342-388. Joel Andreas, *Rise of the Red Engineers: The Cultural Revolution and the Origins of China's New Class*, Stanford: Stanford University Press, 2009.

⑤ 兰立山、刘永谋：《技治主义的三个理论维度及其当代发展》，《教学与研究》2021年第2期。

⑥ Gregory E. McAvoy, *Controlling Technocracy: Citizen Rationality and the NIMBY Syndrome*, Washington: Georgrtown University Press, 1999. Massimiano Bucchi, *Beyond Technocracy: Science, Politics and Citizens*, trans. Adrian Belton, New York: Springer, 2009.

已成为当代社会的主要治理方式,这使得我们正在迎来一个技术专家制社会。① 其他一些学者则从智能技术视角提出了新的技术专家制概念或模式,如算法技术专家制②、人工智能技术专家制③等。

以上是当代西方技术专家制研究的核心内容,即技术专家制的理论研究、技术专家制的比较政治哲学研究、技术专家制的应用研究,这与传统(20世纪五六十年代之前)西方技术专家制研究的核心主题已有很大不同。传统西方技术专家制主要将技术专家制当作一种未来社会进行构想,即认为未来的美好社会将是一个由科技专家统治或治理的社会。这导致传统西方技术专家制研究的主题主要聚焦于建构一种政治权力完全由科技专家掌握的政治制度或乌托邦,如培根的"所罗门之宫"、圣西门的"牛顿会议"、凡勃伦(Thorstein Veblen)的"技术人员苏维埃"等。而随着20世纪三四十年代美国技术专家制运动的爆发以及20世纪五六十年代第三次工业革命的出现,科技专家的社会地位日益提升,西方学界开始意识到技术专家制并不是或不仅仅是一个政治乌托邦,而是已经或在一定程度上成为一种社会现象或社会现实。如此,当代西方技术专家制研究的主题就开始与传统西方技术专家制研究区别开来,逐渐从对技术专家制的乌托邦建构转向对技术专家制的理论研究、比较研究和应用研究等。

(二)国内研究现状

从民国时期至今,国内对于技术专家制的研究一直断断续续地进行。但总的来说,国内对于技术专家制的系统研究主要发生在20世纪90年代之后,而从21世纪第二个十年开始,国内关于技术专家制的研究成果才大幅增多。这在很大程度上与大数据、物联网、人工智

---

① Marijn Janssen and George Kuk, "The Challenges and Limits of Big Data Algorithms in Technocratic Governance", *Government Information Quarterly*, Vol. 33, No. 3, July 2016, pp. 371–377.

② Mike Raco and Federico Savini, eds., *Planning and Knowledge: How New Form of Technocracy Are Shaping Contemporary Cities*, Bristol: Policy Press, 2019.

③ Henrik S. Sætra, "A Shallow Defence of a Technocracy of Artificial Intelligence", *Technology in Society*, Vol. 62, Article No. 101283, August 2020, pp. 1–10.

能等技术在社会运行与治理中的广泛而成功地应用有关,因为运用科学方法、技术工具来运行与治理社会是技术专家制的核心内容之一。

国内学界对技术专家制的定义一直存在分歧,安维复、李醒民、刘永谋等人对技术专家制的定义是国内较具代表性的观点。安维复认为,技术专家制"是一种追求技术的社会化和社会的技术化的学说",是否由科技专家掌握政治权力或管理权力并不是它的核心要义。① 基于这样的定义,安维复指出,应该将 Technocracy 翻译为"科技兴国论"才更为合理。与安维复从科学技术维度来定义技术专家制不同,李醒民主要从科技专家的维度来定义技术专家制。在李醒民看来,技术专家制"意谓由技术人员组成政府,特别意谓由技术专家管理社会"②。刘永谋综合了安维复和李醒民的观点,认为技术专家制主要秉持两个核心原则,即"原则1:科学管理,即用科学原理和技术方法来治理社会;原则2:专家政治,即由接受了系统的现代自然科学技术教育的专家来掌握政治权力"③。

国内学界对于技术专家制的历史研究也较为关注。安维复对技术专家制的理论演变进行了详尽分析。在他看来,经过柏拉图、培根、圣西门、马克思、凡勃伦、贝尔等人的努力,技术专家制逐渐从空想发展为科学。④ 吴靖平则将研究的内容聚焦于美国技术专家制思想的演进,他认为,美国技术专家制思想肇始于凡勃伦,罗斯福"新政"、泰勒科学管理思想、伯恩汉的管理革命理论、熊彼特的创新理论、罗斯托的经济增长阶段论、加尔布雷思的"新工业国"、布热津斯基的"电子技术时代"、丹尼尔·贝尔的"后工业社会"等是美国技术专家制思想的重要代表。⑤ 无论是整个技术专家制的发展史,还是美国技术专家

---

① 安维复:《Technocracy——一种价值无涉的工具理性》,《求是学刊》1996 年第 5 期。
② 李醒民:《论技治主义》,《哈尔滨工业大学学报》(社会科学版) 2005 年第 6 期。
③ 刘永谋:《技术治理的逻辑》,《中国人民大学学报》2016 年第 6 期。
④ 安维复:《技术统治论:从空想到科学的探索》,《自然辩证法研究》1996 年第 9 期。
⑤ 吴靖平:《当代美国技术统治主义理论的演变及发展》,《清华大学学报》(哲学社会科学版) 1990 年第 2 期。

制的发展史，美国技术专家制运动都是一个里程碑式的事件。因为这一运动不仅使技术专家制思想从理论构想走向现实实践，而且还使技术专家制被世人所熟知。刘永谋等人对美国技术专家制运动进行了非常细致的梳理和深刻的反思，他们指出，技术专家制运动的失败对于当今社会在运行与治理中应用好技术专家制具有非常重要的价值。①

近年来，国内学界有一些学者对技术专家制的重要代表人物的思想进行了系统研究，在介绍这些代表人物的技术专家制思想的同时，也对他们思想的局限性进行了总结。刘永谋是国内技术专家制人物研究的代表性人物，他主要对凡勃伦②、斯科特③、罗伯④、哈耶克⑤、波普尔⑥、普莱斯⑦、加尔布雷思⑧、丹尼尔·贝尔⑨、波兹曼⑩、芬伯格⑪等人的技术专家制思想进行了深入研究。刘光斌对技术专家制的人物研究也较为关注，他主要对法兰克福学派的技术专家制思想进行研究，如马尔库塞⑫、哈贝马斯⑬等人的技术专家制思想。

---

① 刘永谋、李佩：《科学技术与社会治理：技术治理运动的兴衰与反思》，《科学与社会》2017年第2期。

② 刘永谋：《"技术人员的苏维埃"：凡勃伦技治主义思想述评》，《自然辩证法通讯》2014年第1期。

③ 刘永谋：《高能社会的科学运行：斯科特技术治理思想述评》，《科学技术哲学研究》2019年第1期。

④ 刘永谋、李佩：《能量券与艺术勃兴：罗伯技术治理思想述评》，《自然辩证法研究》2020年第3期。

⑤ 刘永谋：《哈耶克对技治主义的若干批评与启示》，《天津社会科学》2017年第1期。

⑥ 刘永谋：《论波普尔渐进的社会工程》，《科学技术哲学研究》2017年第1期。

⑦ 刘永谋：《专家阶层的多元制衡：普莱斯论技术治理》，《华中科技大学学报》（社会科学版）2019年第2期。

⑧ 刘永谋：《技术专家制阶层的崛起：加尔布雷思的技术治理理论》，《自然辩证法通讯》2019年第7期。

⑨ 刘永谋：《智能治理社会的蓝图：丹尼尔·贝尔的技术治理思想》，《晋阳学刊》2021年第3期。

⑩ 刘永谋：《尼尔·波兹曼论技治主义》，《科学技术哲学研究》2013年第6期。

⑪ 刘永谋：《安德鲁·芬伯格论技治主义》，《自然辩证法通讯》2017年第1期。

⑫ 刘光斌：《技术与统治的融合：论马尔库塞的技术统治论》，《南京社会科学》2018年第12期。

⑬ 刘光斌：《论哈贝马斯对技术统治论的反思》，《石家庄学院学报》2019年第1期。

引 言

如上所述，自提出以来，技术专家制在西方社会一直饱受批判，如认为技术专家制具有明显的反民主倾向。因此，在西方学界，技术专家制具有很浓的贬义色彩。这种情况在国内学界也一样，目前国内学界仍主要将 Technocracy 翻译为"技术统治（论）""专家治国（论）"就可看出他们对于技术专家制的主要价值取向。梁孝从合法性视角对技术专家制进行了分析，他指出，无论是培根将上帝作为技术专家制的合法性来源，还是圣西门将科技理性作为技术专家制的合法性基础，或者是罗斯托、丹尼尔·贝尔等人将技术专家制视为工业社会发展生产、提高效率的必然要求，这些观点都无法很好地解决技术专家制的合法性困境。[①] 张铤等人认为，技术专家制虽然在当今公共治理中发挥重要作用，但它本身也存在着诸多风险，如技术自身安全隐患、公民权利易受侵犯、技术鸿沟不断扩大、治理权力过于集中与治理绩效陷内卷化等。[②] 肖滨等人从政策决策视角对技术专家制的主要危机进行了总结，即专家系统的公信力崩解、政策过程的民主性缺失和科学知识的有效性存疑等。[③]

虽然当前国内学界对技术专家制仍主要持批判态度，但是也并非没有学者为技术专家制进行辩护。刘永谋认为，西方公众对技术专家制一直存在偏见，主要将技术专家制视为主张总体主义、机械主义、极权主义、经济主义的"机器乌托邦"，有必要破除这些偏见，以推动技术专家制的研究和实践。[④] 周千祝、曹志平为技术专家制的合法性进行了辩护，他们基于对技术专家制与工业社会、技术专家制与民主等方面的分析指出，学界对于技术专家制的合法性批判并未切中技术专家制的合法性基础，技术专家制与民主可以很好地共存。[⑤] 兰立山从大数据、物联网、人工智能等智能技术的视域为技术专家制进行

[①] 梁孝：《西方专家治国论合法性的历史演变及其困境》，《石河子大学学报》（哲学社会科学版）2006 年第 2 期。

[②] 张铤、程乐：《技术治理的风险及其化解》，《自然辩证法研究》2020 年第 10 期。

[③] 肖滨、费久浩：《政策过程中的技治主义：整体性危机及其发生机制》，《中国行政管理》2017 年第 3 期。

[④] 刘永谋：《试析西方民众对技术治理的成见》，《中国人民大学学报》2019 年第 5 期。

[⑤] 周千祝、曹志平：《技治主义的合法性辩护》，《自然辩证法研究》2019 年第 2 期。

辩护，在他看来，通过智能技术的有力支撑，学界对技术专家制的三个主要批判，即政治批判、经济批判、伦理批判是有局限的或是已经被弱化。①

除了批判、辩护这两种态度，国内学界对技术专家制还出现了第三种态度或价值取向。刘永谋指出，技术专家制的支持者和批判者的观点都有其合理性，但他们都忽略了技术专家制的理论研究，这使得他们的观点都有一定的局限性。在刘永谋看来，技术专家制已然成为当代社会运行与治理的重要特征，为了推动技术专家制的理论研究和实际应用，我们需要认真吸收技术专家制的支持意见和批判意见，以建设性的态度来重构新的技术专家制理论和模式。②兰立山等人则认为，对于技术专家制的态度，"需要走出过去简单的乌托邦和敌托邦二分，将其置于具体的运行背景和问题中去分析"，走向一种审度的技术专家制。③

对于中国的技术专家制问题，国内学界也较为关注。民国时期是我国技术专家制思想发展的一个重要时期，一方面是技术专家制在这一时期被译介至国内，另一方面是这一时期的民国政府在一定程度上施行了技术专家制。④邓丽兰对20世纪30年代中美两国的技术专家制进行了比较，她指出，美国的技术专家制思潮极大地影响了民国时期的中国，这在很大程度上影响了民国政府的施政方针。但是，美国和民国时期的技术专家制还是有很大区别，如在美国技术专家制主要以反对政府的姿态出现，而民国的技术专家制则主要以改良政府的姿态出现。⑤吴锦旗对民国时期的技术专家制进行了系统研究，他认为，民国时期技术专家制的目的是建立一个"好人政府"，它本质上是少

---

① 兰立山：《智能技术视域下的技术专家制批判》，《哲学探索》2022年第1期。
② 刘永谋：《技术治理的哲学反思》，《江海学刊》2018年第4期。
③ 兰立山、刘永谋：《技治主义的三个理论维度及其当代发展》，《教学与研究》2021年第2期。
④ 邓丽兰：《南京政府时期的专家治国论：思潮与实践》，《天津社会科学》2002年第2期。
⑤ 邓丽兰：《20世纪中美两国"专家政治"的缘起与演变——科学介入政治的一个历史比较》，《史学月刊》2002年第7期。

数人的政治，尽管技术专家制存在诸多局限，但它是民国时期社会治理的必然要求。① 刘超对民国时期的中国技术专家制问题进行了分析，在他看来，民国时期专家从政的总体效果并不好，无论对学界还是对政界，都得不偿失。②

国内一些学者还对当代中国的技术专家制问题进行了研究，他们主要关注改革开放之后的中国技术专家制问题。由于在改革开放之后，中国涌现出了一批具有自然科学教育背景的政府官员，一些国外学者因此认为中国在20世纪80年代出现了一次技术专家制运动。③对此，徐湘林指出，在20世纪80年代，由于老一辈政治家退出政治舞台以及社会经济发展的需要，大量科学家、技术专家、工程师走上重要政治岗位，当时的中国确实表现出了一定程度的技术专家制特征。④ 而在刘永谋等人看来，当代中国并不是一个技术专家制国家，国外学者之所以得出这样的结论，主要是因为他们对技术专家制中的"技术专家"的界定有误、所掌握的数据存在问题等。⑤

综上分析，自民国时期开始直至今日，国内技术专家制研究取得了一些成果，主要聚焦于技术专家制的主要内容和历史发展、技术专家制的价值分析、中国技术专家制问题等。在已有的研究中，不乏见解非常深刻的研究与观点，如刘永谋对技术专家制的建构性研究、邓丽兰对民国时期我国技术专家制发展的总结、徐湘林对改革开放之后我国技术专家制问题的分析等。

（三）已有研究存在的局限

尽管当前技术专家制的研究已经较为成熟，如有一批很有影响的

---

① 吴锦旗：《民国时期知识精英的"专家治国"思想》，《学术探索》2017年第12期。
② 刘超：《出山要比在山清？——现代中国的"学者从政"与"专家治国"》，《清华大学学报》（哲学社会科学版）2020年第4期。
③ Cheng Li and Lynn T. White III, "China's Technocratic Movement and the World Economic Herald", *Modern China*, Vol. 17, No. 3, July 1991, pp. 342–388.
④ 徐湘林：《后毛时代的精英转换和依附性技术官僚的兴起》，《战略与管理》2001年第6期。
⑤ 刘永谋、仇洲：《技治主义与当代中国关系刍议》，《长沙理工大学学报》（社会科学版）2016年第5期。

学者和著作、有比较确定的研究主题等。但总的来说，它仍存在一些局限，例如缺乏理论建构性研究、不同国家或组织的技术专家制比较研究过少、价值取向极化等。

缺乏理论建构性研究是当前技术专家制研究的一大局限。如上所述，传统技术专家制研究并无成熟或成型的技术专家制理论，而这一问题在当前的技术专家制研究中也没有得到很好的解决。纵观技术专家制的研究成果，虽然有影响的不少，但真正的理论建构性研究其实并不多，布热津斯基的《两个时代之间：美国在电子信息时代的角色》、普莱斯的《科学阶层》、加尔布雷思的《新工业国》等著作无一不是将技术专家制当成一个既成事实来进行描述和分析，他们并未深入分析技术专家制的理论渊源、合法性与合理性等问题。这也就导致诸多技术专家制的基本问题至今仍未得到很好的解决，如技术专家制的定义、技术专家制的"专家"范围、技术专家制的"科学技术"内涵等。

不同国家或组织的技术专家制比较研究过少也是当前技术专家制研究的一个主要局限。如上所言，当代西方十分重视对技术专家制进行比较政治哲学研究，但这样的比较研究主要聚焦于将技术专家制与其他政治思想进行比较，对于不同国家或地区的技术专家制比较研究并不多。而不同国家或组织的技术专家制模式其实有着很大不同，特别是具有不同文化背景、政治制度的国家，对它们进行比较研究，会给我们开启很多认识技术专家制的新视角。对此，有学者指出，西方学者应该跳出西方主流的思想体系和价值体系来重新评价技术专家制的作用和价值，只有这样才能全面评估技术专家制的价值并充分发挥它在当代社会运行与治理中的作用。[①]

就已有的研究来看，当代社会有着诸多不同的技术专家制模式，除了上文提到的欧盟的技术专家制模式、拉丁美洲的技术专家制模

[①] Lishan Lan, Qin Zhu and Yongmou Liu, "The Rule of Virtue: A Confucian Response to the Ethical Challenges of Technocracy", *Sciences and Engineering Ethics*, Vol. 27, Article No. 64, October 2021, pp. 1–24.

引 言

式，还有新加坡的技术专家制模式①、俄罗斯的技术专家制模式②等。不难看出，以上国家除了政治制度存在不同，它们各自的文化背景也有很大不同，这使得它们对技术专家制的接受程度以及各自的技术专家制实践模式都会有所区别。而在此基础上对不同国家的技术专家制模式进行比较研究，将能看到技术专家制在不同国家或组织的实践模式及其实际效果的差异，这显然对促进技术专家制的理论建构研究具有重要价值。

当前技术专家制研究的又一局限是价值取向极化，即单纯对技术专家制进行辩护或批判。如上所述，当前学界对技术专家制的态度是辩护和批判兼有，但主流态度是批判。学界这种对于技术专家制要么单纯辩护、要么单纯批判的态度在一定程度上阻碍着技术专家制的研究，使其成为当前技术专家制研究的一大局限。不可否认，单纯对技术专家制进行批判或辩护都有其一定的合理性，但也需要看到，两者的局限也非常明显。因为它们都将对技术专家制的价值评价推向极端，而忽视了技术专家制本身是一个兼具优点和缺点的思想，这使得两者对技术专家制的观点都有失偏颇。

就像科学技术一样，我们很难从整体或宏观上去判定它们是"好的"还是"不好的"。如刘大椿等人所言："应该说，对科学的辩护与对科学的批判两者都不乏真知灼见，它们的论争对科学未来发展都具有十分深远的意义。但客观地说，正统（即辩护）与另类（即批判）都有走极端的倾向，虽然极端带来深刻，但肯定有失公允。思想上的极端给人以启发，但行动中的极端肯定会导致失误甚至灾难。"③在此基础上，刘大椿提出了"审度"的科学哲学观点。"所谓'审度'的科学哲学，并不是要去创造一个辩护、批判之外的新的科学哲

---

① Parag Khanna, *Technocracy in American: Rise of the Info-State*, North Charleston: Create Space, 2017, pp. 9-10.

② Eugene Huskey, "Elite Recruitment and State-Society Relations in Technocratic Authoritarian Regimes: The Russian Case", *Communist and Post-Communist Studies*, Vol. 43 No. 4, December 2010, pp. 363-372.

③ 刘大椿、张林先：《科学的哲学反思：从辩护到审度的转换》，《教学与研究》2010年第2期。

学；而是指一种对待科学的态度。审度也不是指先等等看、不下结论，而是讲求根据具体的时空、语境来判断最适宜的处理方式。"①据此可以看出，对于技术专家制的价值取向也应持"审度"的态度才更为合理。

综上所述，当前技术专家制研究的局限主要包括以上三个方面，即缺乏理论建构性研究、不同国家或组织的技术专家制比较研究过少、价值取向极化。为应对当前技术专家制研究存在的局限以及推动技术专家制的理论研究与发展，在未来的研究中，学界需要加强技术专家制的理论建构研究、重视不同国家或组织的技术专家制比较研究、从单纯批判或辩护转向对技术专家制进行审度研究等。

三 本书的框架

针对上文关于当前技术专家制研究存在的缺乏理论建构性研究、价值取向极化局限，本书尝试对技术专家制进行系统研究，如对技术专家制的基本概念进行界定、对当代技术专家制的主要内容进行总结、对人工智能与技术专家制的关系进行分析等，并在此基础上提出一种新的技术专家制价值取向，即审度的技术专家制。总的来说，本书主要包括7个部分，除引言和结语外，正文由5章组成。

在引言部分，笔者主要论述本书的写作原因、技术专家制的国内外研究现状、本书的框架等问题。

尽管技术专家制已成为当前社会运行与治理的重要特征，但学界对技术专家制的很多基本问题（如技术专家制的定义、专家范围等）的看法事实上并未达成共识。因此，在第一章中，笔者将对技术专家制的几个基本问题，即技术专家制的核心原则、理论传统、主要用法进行分析。由于国内一直并未形成统一的Technocracy中文译名，在本章中，笔者将基于对技术专家制基本问题的分析来对此进行探讨，以为统一Technocracy的中文译名提供新的视角。

---

① 刘大椿：《另类、审度、文化科学及其他——对质疑的回应》，《哲学分析》2013年第6期。

引 言

目前，关于技术专家制的历史研究已经不少，但总的来说都只是简单地对技术专家制的历史进行梳理，并没有对技术专家制的历史进行分期，这使得人们不能清晰了解技术专家制在不同时期的理论特点或内涵。为此，在第二章中，笔者根据技术专家制在不同时期的特点对技术专家制的历史进行分期，即作为一种政治乌托邦的技术专家制、作为一种社会运动的技术专家制和作为一种社会思潮的技术专家制，并在此基础上对不同时期的技术专家制内容进行论述。

一般来说，人们习惯于将技术专家制视为一种完全由科技专家掌握政治权力的政治制度或思想。然而，事实上，在20世纪五六十年代，技术专家制发生了理论转向，当代技术专家制逐渐从过去的政治制度转变为治理体制。为全面认识当代技术专家制的理论内涵，笔者将在第三章中对当代技术专家制进行系统研究，主要包括当代技术专家制的理论转向、核心原则、基本特征、主要类型等。

技术专家制自提出以来，就一直饱受批判，在一定程度上可以认为，关于技术专家制的批判研究才是技术专家制研究的主流。因此，在第四章中，笔者将对技术专家制的批判问题进行分析。为了更加全面地认识技术专家制的主要批判，笔者除了对技术专家制的主要批判进行分析之外，还从智能技术、儒家德治思想视角对技术专家制的主要批判进行探讨。

技术专家制在当前社会运行与治理中发挥重要作用，这既与它自身理论发生转向有关，也与科学技术的有力支撑有关，特别是大数据、物联网、人工智能等智能技术的有力支撑。那么，以人工智能为代表的智能技术在哪些方面推动了技术专家制的发展呢？除了推动技术专家制的发展，人工智能等智能技术是否也为技术专家制带来了新的风险？如果人工智能等智能技术确实为技术专家制带来了新的风险，我们应该如何规避这些风险？在第五章中，笔者将尝试对以上问题进行回答。

通过对技术专家制的系统研究，笔者认为，技术专家制是一个优点与缺点兼具的思想或理论，它在当前社会运行与治理中发挥重要作用的同时也存在着诸多风险。因此，在结语部分，笔者提出一种不同于简单地为技术专家制做辩护或对技术专家制进行批判的技术专家制价值取向,即"审度的技术专家制"。

总的来说,本书尝试以比较中立、客观的态度来对技术专家制进行系统研究,以使读者能更加全面、深入地认识技术专家制的理论内涵和现实价值。当然,由于当前学界对技术专家制主要持批判态度,因此,本书难免会被视为在为技术专家制作一种温和的辩护。如若笔者在论述中不经意表达了为技术专家制作辩护的态度或观点,那也仅仅是认为技术专家制并不像很多批判者所说的那么一无是处,而不是认为技术专家制是一个完全好的理论或思想,这也是本书最后提出走向一种审度的技术专家制的原因所在。

第一章 技术专家制的界定及Technocracy的中文译名

尽管具有非常悠久的历史，但技术专家制发展至今仍未形成统一的定义，主要的定义有作为一种政治体制、作为一种经济理论、作为一种组织形式、作为一种文化现象、作为一种治理模式等。也就是说，虽然很多学者都使用"技术专家制"这一概念，但他们所表达的内涵并不一致。究其原因，这主要与技术专家制具有的很长的历史以及很宽的范围有关，这使得它产生了很多特征不同的子类型，从而很难对它进行准确定义。[①] 为全面地了解技术专家制的内涵，在本章中，笔者将对技术专家制的两个核心原则、三个理论传统、两种主要用法进行分析，以全面认识技术专家制的理论内涵。由于Technocracy的中文译名问题一直并未得到很好的解决，因此在本章的最后一节，笔者将基于前三节对技术专家制的论述来对Technocracy的中文译名问题进行探讨，以推动Technocracy中文译名的统一。

第一节 技术专家制的两个核心原则

由于技术专家制一直未形成统一的定义，一些学者尝试通过总结

[①] Yongmou Liu, "American Technocracy and Chinese Response: Theories and Practices of Chinese Expert Politics in the Period of the Nanjing Government, 1927–1949", *Technology in Society*, Vol. 43, November 2015, p. 76.

技术专家制的特征或原则来对技术专家制进行界定。普特南（Robert D. Putnam）指出，技术专家制主要具有六个特征：技术专家制主张技术必须代替政治；技术专家制反对政治家和政治制度；技术专家制不同情政治民主的开放和平等；技术专家制认为社会和政治冲突是人为造成的；技术专家制在分析公共问题时主张实用主义标准，拒绝意识形态和道德标准；技术专家制追求技术进步和物质生产力，不关心分配正义问题。① 而在刘永谋看来，技术专家制主要秉持两个原则，"原则1：科学管理，即用科学原理和技术方法来治理社会；原则2：专家政治，即由接受了系统的现代自然科学技术教育的专家来掌握政治权力"②。相比而言，刘永谋的两个核心原则观点更能体现技术专家制的理论内涵，因为这两个核心原则很好地表达了技术专家制强调科技专家及科学技术在社会运行与治理中发挥重要作用的观点。因而，在本节中，笔者将对技术专家制的两个核心原则进行分析，以厘清技术专家制的基本内涵。

一 科学管理

技术专家制科学管理原则主张运用科学方法、技术工具来运行和治理社会，如大数据治理、人工智能治理等。将科学方法运用于国家政治决策可追溯到重商主义经济学家配第（William Petty），他认为"用数字、重量和尺度（它们构成我下面立论的基础）来表示的展望和论旨，都是真实的，即使不真实，也不会有明显的错误"③。之后，实证主义与逻辑经验主义也尝试着将科学方法运用到社会领域的研究中，如斯宾塞（Herbert Spencer）、纽拉特（Otto Neurath）等人。但直接影响技术专家制科学管理原则提出的人是泰勒（Frederick W. Taylor），彼时他的科学管理革命使人们相信自然科学理论可以解

---

① Robert D. Putnam, "Elite Transformation in Advanced Industrial Societies: An Empirical Assessment of the Theory of Technocracy", *Comparative Political Studies*, Vol. 10, No. 3, October 1977, pp. 385–387.
② 刘永谋：《技术治理的逻辑》，《中国人民大学学报》2016年第6期。
③ ［英］威廉·配第：《政治算术》，陈东野译，商务印书馆2014年版，第8页。

第一章　技术专家制的界定及 Technocracy 的中文译名

决社会中的复杂问题。① 具体而言，技术专家制的科学管理原则是对泰勒的科学管理思想的继承与发展，其主要区别在于泰勒主要强调的是对企业的科学管理，技术专家制构想的则是对整个社会的科学管理。②

技术专家制之所以强调科学方法、技术工具在社会运行与治理中的重要作用，主要源于它追求的是建立一个理性、有序、高效、丰裕的社会。就这个意义而言，柏拉图可以被视为技术专家制思想的肇始者。因为柏拉图主张由哲学家来领导和治理国家的原因在于哲学家是理性的，只有由他们掌握政治权力国家才能理性运转。这与技术专家制通过科技理性来实现社会的理性运转并无太大区别，仅有的区别在于柏拉图所言的理性是指抽象的理性，而技术专家制所说的理性是科技理性。然而，由于在技术专家制的理论传统中，重要的技术专家制思想家都主要从科技专家掌握政治权力的维度来论述技术专家制，因此学界习惯于将柏拉图的"哲学王"思想作为技术专家制思想的理论渊源，而很少从科学管理原则维度来将柏拉图视作技术专家制思想的理论来源。

一些学者在论述技术专家制时习惯于用"知识"一词表达技术专家制对科学技术的重视，认为技术专家制主张知识是权力的合法性来源。如此，就使得技术专家制中"知识"出现了泛化的趋势，如将法律、艺术等知识涵盖在内。对此，费希尔认为，在技术专家制的理论中，"知识"或"专业知识"并非指所有专业化的知识，而是主要指应用科学，特别是工程学、应用数学、计算机科学、经济学、政策科学、管理科学等。③ 普特南表达了与费希尔相同的看法。在普特南看来，专业知识可以指称任何专业化的技能，从拉丁文翻译到烹饪

---

① Richard G. Olson, *Scientism and Technocracy in the Twentieth Century: The Legacy of Scientific Management*, Lanham: Lexington Books, 2016, p. 2.
② 刘永谋、吴林海、叶美兰：《物联网、泛在网与泛在社会》，《中国特色社会主义研究》2012 年第 6 期。
③ Frank Fischer, *Technocracy and the Politics of Expertise*, Newbury Park: SAGE Publications, 1990, p. 18.

等，但在技术专家制的理论中，所谓的"知识"特指应用科学。① 由此可见，技术专家制理论中的"知识"并非所有"专业知识"，而是特指与科学（理论科学和应用科学）相关的知识。

在技术专家制的科学管理原则中，科学和技术并没有严格区分。严格地说，科学与技术是两个完全不同的概念，前者的目的在于对自然界进行探索，以了解自然界运转的奥秘，以精神的满足和享受作为最终追求；后者以实用性为导向，主要以满足生存需求为目的。然而，随着两者的快速发展，在19世纪末20世纪初，科学与技术开始相互影响、共同发展，出现了科学技术一体化的局面。② 在此背景下，科学与技术变得难以区分，即"技术与科学内在地整合为不可分割的"③。技术专家制正是在此意义下使用科学与技术，他们并不关注科学与技术的本质区别。在技术专家制者看来，科学知识确实揭示了自然世界的规律，但更为重要的是，通过将科学知识运用于具体的生活实践中，可以提高经济效率。而在此语境下，科学知识的作用与技术工具无异，且两者在发展中又可以相互促进，如科学理论的应用很多时候需要通过技术工具来实现，或者技术工具的创新需要科学理论的指导等。

对于科学管理的强调，决定了技术专家制持一种"去政治意识形态"的观点，即否定政治的价值，主张社会中的一切完全按照科学原理和技术原则来运行。技术专家制者认为，通过政治途径，如公众投票、政治家决策等来解决社会问题并不理性，它们受到个人情感、知识水平等的限制。因此，为了能使社会高效、和谐运转，必须要用科学方法、技术手段来代替政治途径解决社会问题。因为科学方法和技术手段是价值无涉的，它们比政治途径更加客观、准确、高效。对此，凡勃伦就曾指出，在工业社会中，所有系统都是根据科学原理和

---

① Robert D. Putnam, "Elite Transformation in Advanced Industrial Societies: An Empirical Assessment of the Theory of Technocracy", *Comparative Political Studies*, Vol. 10, No. 3, October 1977, p. 384.

② 兰立山、刘永谋、潘平:《量子博弈技术化及其困境》，《科学技术哲学研究》2019年第4期。

③ 段伟文:《对技术化科学的哲学思考》，《哲学研究》2007年第3期。

第一章 技术专家制的界定及 Technocracy 的中文译名

技术原则搭建起来的，为了使整个系统能正常、高效地运行，应该严格按照科学原理和技术原则来工作，所有外在的人为干涉都会降低整个系统的效率。①

在具体的运行中，技术专家制科学管理原则体现为对计划的重视，即计划治理。技术专家制计划治理主要强调通过科学理论、技术方法等手段来进行计划，如经济计划、管理计划等。凡勃伦是最早详细论述通过科学理论、技术方法来对社会进行计划治理的技术专家制思想家。在《工程师与价格体系》一书中，凡勃伦在对当时的社会危机进行分析时指出，社会危机频发的一个重要原因在于资本家"有意的低效"，即资本家为了增加利润而故意减少生产，这不仅会使物价上涨，同时也会降低就业，从而引起经济危机。为了解决这一危机，需要对社会生产进行严格计划，而科学理论与技术手段是设计计划的主要工具，因此，科学技术是拯救资本主义危机的"救世主"，而技术专家制则是解决资本主义矛盾的唯一良方。②加尔布雷思是技术专家制计划治理思想的另一个重要代表，他认为，随着科学技术的快速发展，国家将进入"新工业国"，而"计划体系是'新工业国'的核心"③，社会的一切都将按照严格的计划运行，虽然计划也有失效之时，但这仍然是社会最优的运行方式。

综上所言，技术专家制科学管理原则主张运用科学方法、技术工具来运行与治理社会，强调计划的重要性，目的是将整个社会的运行与治理科学化或技术化。科学管理原则虽然是技术专家制的两个核心原则之一，但它并非技术专家制最为本质的内容，技术专家制最为本质的内容其实是科技专家掌握政治权力或治理权力④，即它的专家政

---

① 刘永谋：《"技术人员的苏维埃"：凡勃伦技术专家制思想述评》，《自然辩证法通讯》2014年第1期。

② Thorstein B. Veblen, *The Engineers and The Price System*, New York: Harcourt, Brace & World, 1963, pp. 127–128.

③ [美]约翰·肯尼思·加尔布雷思：《新工业国》，稽飞译，上海世纪出版集团2012年版，第10页。

④ 兰立山：《Technocracy 中文译名的历史演进、主要局限及应对之策》，《自然辩证法研究》2022年第11期。

治原则。在下一部分中，笔者将对技术专家制的专家政治原则进行分析。

二 专家政治

技术专家制专家政治原则强调科技专家掌握政治权力或治理权力，以解决资本主义经济制度的矛盾与以自由主义为基础的民主政治的低效。总的来说，技术专家制专家政治原则是以科学管理原则为基础的，因为如若不强调运用科学理论、技术方法来进行社会治理的话，科技专家也就失去了掌握政治权力或治理权力的合理性和合法性。

技术专家制专家政治原则一般可以追溯到柏拉图、培根、圣西门等人的思想，发展至凡勃伦时已逐渐成型并具有影响力。在凡勃伦看来，"工程师革命成功之后，工程师将组成'技术人员的苏维埃'来管理社会，实现全面的技术专家治国"，"在工程师的领导下……产品极大丰富，统筹分配和消费，短缺、贫困被彻底消除"[①]。这一强调科技专家掌握国家权力的社会管理模式一直被技术专家制思想家继承，丹尼尔·贝尔的"贤能政治"是技术专家制运动之后较有影响力的观点。在丹尼尔·贝尔看来，"在后工业社会里，专门技术是取得权力的基础，教育是取得权力的方式；通过这种方式出现的人们（或者集团中的杰出人物）是科学家"[②]。此外，普莱斯的"科学阶层"、加尔布雷思的"技术专家阶层"也是技术专家制专家政治原则的重要代表。

技术专家制之所以如此坚持由科技专家掌握政治权力或治理权力，有其历史的必然性。首先，这与技术专家制所面对的问题有关。技术专家制所要解决的问题的本质是如何解决资产阶级与无产阶级之间的矛盾。在斯科特看来，技术对价值体系的影响正在破坏我们的社

[①] 刘永谋：《"技术人员的苏维埃"：凡勃伦技治主义思想述评》，《自然辩证法通讯》2014年第1期。

[②] [美]丹尼尔·贝尔：《后工业社会的来临：对社会预测的一项探测》，高铦等译，新华出版社1997年版，第391页。

第一章 技术专家制的界定及 Technocracy 的中文译名

会结构,生产曲线就要出现断裂,面对这样的危机,政治家并不能解决,因为这并不是一个政治问题,而是一个技术问题。[1] 当面对的问题是一个技术问题时,科技专家当然比政治家更适合掌握领导权。其次,与科学技术专家地位的提升有关。在经历两次工业革命之后,科技专家在社会中的地位不断提升,特别是在工业领域。而在泰勒的科学管理革命之后,科学技术专家的地位进一步提高,因为普通工人很难理解科学的方法,这需要掌握科学原理的专家来进行管理。[2] 由于在工业生产与管理岗位都起着重要作用,科技专家理所当然地得到技术专家制思想家的青睐。最后,这是由技术专家制思想家自身身份决定的。技术专家制的提出者与拥护者中大多数都属于凡勃伦所定义的"专家",这无疑会影响他们在选择领导者时的决定。当然,这一因素到底在多大程度上影响了他们在这一问题上的选择,目前只能猜测,但有一点是可以肯定的,即技术专家制思想家的科学技术专家身份在一定程度上影响了他们对于这一问题的判断。

如上所述,技术专家制追求的是"去政治意识形态",但这并非就否定了"人"在社会运行与治理中的作用,而是认为应由理性的科学家、技术专家、工程师等相关专家来主导才能完成这一工作。具体而言,技术专家制的"去政治意识形态"本质上是"西方'真理城邦'古老理想的现代形式,即在当代社会建成'科学城邦'。……'真理城邦'的主旨是将人类理性应用于社会领域以达到人类自治"[3]。随着科学技术的快速发展及其在社会发展中表现出巨大的威力,在技术专家制视域下"真理城邦"中的真理逐渐表现为科学技术,理性也逐渐表现为科技理性。据此,技术专家制主张用技术方式来统治和控制社会,把现代社会整体上理解为可以量化、拆分和控制

---

[1] Raymond Allen, *What is Technocracy*, New York: Whittlesey House, McGraw-Hill, 1993, p. 19.

[2] Beverly H. Burris, *Technocracy at Work*, New York: State University of New York Press, 1993, p. 24.

[3] 刘永谋:《行动中的密涅瓦——当代认知活动中的权力之维》,西南交通大学出版社2014年版,第67页。

的巨大机器,只有按照科学原理和技术原则才能正确运转。① 在此基础上,技术专家制者认为,当社会进入工业社会后,所有问题就都是工程问题,如果不用工程方法来解决的话,一切都会走向失败。如此,在他们看来,工程师、科学家、技术专家比政治家、商人、劳动工人等更适合负责管理社会的运转。② 通过将"理性"转换为"科技理性"以及将"社会问题"转为"工程问题",技术专家制为"专家政治"原则奠定了合理性基础。

目前,随着各种学科的科学化发展,技术专家制的"专家"的范围有扩大之趋势,但总的来说,仍以受过自然科学教育与训练的专家为主体。如果说在培根和圣西门的话语体系中技术专家制的"专家"还主要限定在科学家、技术专家和工程师的话,那在凡勃伦那里,"专家"的范围就已经被扩展至经济学家和管理专家了,而加尔布雷思则将"专家"的范围进一步扩大。在加尔布雷思那里,"专家",即他所称的"技术专家阶层"的范围包括"上至公司之中级别最高的管理人员,下至其职责或多或少只是机械地执行上级指示或者处理日常事务的白领和蓝领工人"③。那么,这是否意味着技术专家制的"专家"范围已经泛化至任何领域,如伦理专家、艺术家等,而非仅限于科学家、技术专家、工程师?答案显然是否定的。技术专家制的"专家"范围其实一直限定在受过科学训练的人员中,如梅诺就认为,技术专家制的"专家"指的是"受过应用科学训练的专家,如工程师"④。而罗斯扎克则指出,技术专家制的专家是以科学形式的知识作为他们的正当性基础。⑤ 在费希尔看来,判断一个人是否属于

---

① 刘永谋:《行动中的密涅瓦——当代认知活动中的权力之维》,西南交通大学出版社 2014 年版,第 68 页。

② William E. Akin, *Technocracy and the American Dream*: *The Technocracy Movement*, 1900 - 1941, Berkeley: University of California Press, 1977, p. 34.

③ [美]约翰·肯尼思·加尔布雷思:《新工业国》,稽飞译,上海世纪出版集团 2012 年版,第 68 页。

④ Jean Meyanud, *Technocracy*, trans. Paul Barnes, New York: Free Press, 1969, p. 9.

⑤ Theodore Roszak, *The Making of a Counter Culture*: *Reflections on the Technocratic Society and Its Youthful Opposition*, Garden City: Doubleday & Company, Inc., 1969, p. 8.

第一章　技术专家制的界定及 Technocracy 的中文译名

技术专家制中的"专家"其实与他目前所属的专业领域无关，而是与他用于解决问题的方法有关：如果他在解决问题时强调实证主义方法或数学方法的优先性或唯一性，那么他就可以被认为是技术专家制所言的"专家"。①

关于"专家"的地位，在技术专家制运动之后，技术专家制不再强调专家掌握政治权力，而是强调专家在社会运行与治理中的重要作用。②专家掌握政治权力的思想一般可追溯到柏拉图的"哲学王"思想。尽管柏拉图强调的哲学家与技术专家制强调的科技专家有本质区别，但都体现了由"理性"的人来掌握政权，所以柏拉图可以被视作技术专家制"专家政治"原则的来源。在《新大西岛》中，培根尝试将掌握政治权力的人选由柏拉图所说的哲学家转变为科技专家，他的这一观点成为技术专家制的直接来源。③之后圣西门、凡勃伦等人的思想开始弱化科技专家掌握政治权力的观点，而这一观点在技术专家制运动失败后被放弃，技术专家制者不再提及掌权问题。虽然普莱斯、加尔布雷思、丹尼尔·贝尔等人的观点仍有很强的专家掌权的意味，但他们主要是强调科技专家在政治决策和社会运行中的重要性。如丹尼尔·贝尔所言，无论技术社会进程如何，重大的社会转折点都表现为政治的形式，最终掌握权力的不是技术专家制者，而是政治家。④

第二节　技术专家制的三个理论传统

一般来说，技术专家制主要被视作一种政治理论，这从它的"专

---

① Frank Fischer, *Technocracy and the Politics of Expertise*, Newbury Park：SAGE Publications, 1990, pp. 41 – 42.
② 兰立山，刘永谋：《技治主义的三个理论维度及其当代发展》，《教学与研究》2021年第2期。
③ Frank Fischer, *Technocracy and the Politics of Expertise*, Newbury Park：SAGE Publications, 1990, p. 67.
④ [美] 丹尼尔·贝尔：《后工业社会的来临：对社会预测的一项探测》，高铦等译，新华出版社1997年版，第394页。

家政治"原则就可看出。但是，技术专家制并非仅作为一种政治理论存在，事实上，技术专家制"沿着不同的传统发展至今，如以培根、圣西门、丹尼尔·贝尔为代表的政治学传统，以泰勒、甘特、库克等为代表的管理学传统，以凡勃伦、加尔布雷斯为代表的经济学传统等"①。在本部分中，笔者将对技术专家制的三个理论传统及其当代发展进行分析，以便更好地理解技术专家制的理论脉络与当代内涵。

一 技术专家制的政治学传统

就历史维度而言，无论是将技术专家制的思想渊源追溯到柏拉图，还是追溯到培根、圣西门，其首先都是作为一种政治理论出现的。彼时，技术专家制更多地表现为一种主张由科技专家完全掌握政治权力的政治制度。但在经历了美国技术专家制运动的失败之后，技术专家制不再主张科技专家掌握政治权力，而仅仅是强调科技专家及科学技术在政治运行中的重要作用。至此，技术专家制也开始从一种政治制度转变为一种政治理论或政治学研究领域。

技术专家制政治理论主要强调国家权力应由科技专家掌控，这与他们对经济目标、社会效率的追求紧密相连。② 这一理论可追溯到柏拉图的"哲学王"思想。柏拉图认为，城邦只有由理性的哲学家来统治，才能达到真正的完善状态。③ 尽管柏拉图所言的哲学家与技术专家制强调的科技专家有本质区别，但由于都体现了通过理性的专家来进行社会统治，因此柏拉图的"哲学王"思想被当作技术专家制政治理论的源泉。第一次提出由科技专家来统治国家的是培根。在《新大西岛》中，他描绘了由科学家、技术专家等组成的"所罗门之宫"如何管理和运转国家。④ 培根之后，科学得到了很好的发展，科学家的社会地位逐渐提高，牛顿的成就是那一个时代科学发展的主要

---

① 兰立山：《论加尔布雷斯的技治主义思想》，《凯里学院学报》2019 年第 4 期。
② William E. Akin, *Technocracy and the American Dream: The Technocracy Movement*, 1900–1941, Berkeley: University of California Press, 1977, p. x.
③ [古希腊]柏拉图：《理想国》，刘国伟译，中华书局 2016 年版，第 228 页。
④ [英]弗·培根：《新大西岛》，何新译，商务印书馆 2012 年版，第 32—42 页。

第一章 技术专家制的界定及 Technocracy 的中文译名

标志。由于深受牛顿影响,圣西门主张应该由科学家和实业家组成的"牛顿议会"来统治人类。① 随着第一次工业革命的完成以及第二次工业革命的出现,工程师、科学家等的社会地位继续提高,在美国进步主义运动和科学管理运动的推动下,他们的地位达到历史顶峰。在此背景下,凡勃仑提出了他的"技术人员苏维埃"思想。在之后的技术专家制运动中,斯科特实践了凡勃仑的这一构想。技术专家制运动之后,较有影响的技术专家制政治思想还有加尔布雷思的"技术专家阶层"、丹尼尔·贝尔的"贤能政治"等。

技术专家制政治思想的核心是"去政治意识形态",即否定政治的价值。在《新大西岛》中,培根所描绘的就是这么一个"去政治意识形态"帝国。② 技术专家制者认为,政治并不是解决社会问题的方法,相反,它是一切社会问题的根源,如经济危机、环境污染、能源短缺、贫穷等都是民主政治的决策体系造成的。③ 因此,政治制度、政治方法以及政治家都没有存在的价值。为了使社会高效、和谐地运转,技术专家制者提出了他们的替代方案。其一,用科学方法、技术手段代替政治途径(如公众投票)解决社会问题。在技术专家制者看来,科学方法和技术手段是价值无涉的,因此,它们比政治途径更加客观、准确、高效。其二,让科学家、技术专家取代政治家作为政治决策者。技术专家制者认为,政治家非常容易受到外界因素的影响,他们是非理性的,为了使社会"理性""科学"地运转,政治决策职务必须由理性、价值中立的科技专家担任。④ 这样一来,技术专家制者就从功能主义或结果主义维度为科技专家掌权提供了合法性基础。

---

① 《圣西门全集》第 1 卷,王燕生等译,商务印书馆 2010 年版,第 23 页。
② Langdon Winner, *Autonomous Technology*: *Technics-Out-of-Control as a Theme in Political Thought*, Cambridge: MIT Press, 1977, p. 136.
③ Frank Fischer, *Technocracy and the Politics of Expertise*, Newbury Park: SAGE Publications, 1990, p. 22.
④ Milja Kurki, "Democracy through Technocracy? Reflections on Technocratic Assumptions in EU Democracy Promotion Discourse", *Journal of Intervention and Statebuilding*, Vol. 5, No. 2, June 2011, pp. 215-216.

◆◆◆ 技术专家制研究

　　技术专家制运动失败之后，技术专家制政治思想由激进转向温和，逐渐变为一种强调专家及其专业知识在政治中的影响的政治理论。尽管技术专家制运动最后以失败告终，但它对于技术专家制的理论发展意义重大。一方面，它使技术专家制从理论设想走向现实实践。从培根描绘的"所罗门之宫"到圣西门设想的"牛顿议会"，再到凡勃仑的"技术人员苏维埃"构想，无一不停留在理论设想层面。直到技术专家制运动爆发，技术专家制才第一次走向实践。另一方面，它使技术专家制者明白这一理论存在诸多局局限，需要进一步改进，致使技术专家制"平静革命"（The Quiet Revolution）的出现。技术专家制失败之后，技术专家制政治理论逐渐转向温和，主要秉持"政治活动技术化的改良主张，愿意参加到政府中"①，不再提及掌握政治权力的观点。费希尔将技术专家制政治理论的这一转变称为"平静革命"。② 在他看来，当代技术专家制者追求的是利用自己的专业知识在政治决策过程中产生影响，如澄清专业问题、提供决策建议、作为政府与公众的沟通中介等等。尽管他们不是最后决策者，但相对于公众，他们的影响要大得多。这样，技术专家制政治理论逐渐转变为一种新的政治研究领域，主要关注专家及其专业知识对政治的影响，即"专家知识政治学"（Politics of Expertise）。③

　　技术专家制转向专家知识政治学之后，它和民主的紧张关系大大缓和。技术专家制政治思想的反民主倾向一直被人们所诟病，但是，当技术专家制不再强调掌握政治权力，而仅仅把自己定位为一种政治理论，即专家知识政治学时，它与民主的共存就有了基础。对此，奥尔森提供了三种可能方案。④ 其一，将代议制民主与技术专家制结合起来使用。奥尔森以欧盟为例对此进行了说明，他认为在面对非常狭

---

① 刘永谋：《论技治主义：以凡勃仑为例》，《哲学研究》2012年第3期。

② Frank Fischer, *Technocracy and the Politics of Expertise*, Newbury Park: SAGE Publications, 1990, pp. 19 – 20.

③ Frank Fischer, *Technocracy and the Politics of Expertise*, Newbury Park: SAGE Publications, 1990, p. 111.

④ Richard G. Olson, *Scientism and Technocracy in the Twentieth Century: The Legacy of Scientific Management*, Lanham: Lexington Books, 2016, pp. 160 – 171.

第一章 技术专家制的界定及 Technocracy 的中文译名

窄的专业问题时，可以由任命的专家及其组织决策和执行；而面对一般化的问题时，则由欧盟的成员国代表投票决定。其二，让公众参与到技术评价中。奥尔森指出，由于专家决策自身具有局限性以及公众对专家的信任度持续降低，因此，需要让公众参与具体的技术评价，这样既能发挥专家的优势，同时也能让公众参与其中。其三，针对公众需要的研究。在奥尔森看来，科学组织应该与公众合作，有意识地针对他们的需求进行研究或者将已有研究转化为具体产品，这样既能让公众参与科学研究，也能发挥专家的价值并提高公众对他们的信任。诚然，奥尔森的方案并未完全解决技术专家制与民主的矛盾，但无疑弱化了批评者对这一问题的批评。

在经历"平静革命"之后，转变为专家知识政治学的技术专家制政治思想尽管在一定程度上弱化了人们对它的批判，但仍存在诸多局限。如法伊尔阿本德（Paul Feyerabend）批评专家很多时候给出的结论并非一致，是带有偏见的、不可靠的[①]；贾萨诺夫（Sheila Jasanoff）则从建构主义角度对科学知识及其方法在政策制订中的作用提出了质疑[②]。然而，作为一种新的政治学领域，专家知识政治学不再涉及政治制度问题，这使得技术专家制可以在不同政治体制下发挥作用和运行，如欧盟的技术专家制模式、全球视角的技术专家制模式等。对此，温纳（Langdon Winner）曾做过精彩分析，他认为，技术专家制的出现是社会发展的结果，而不是一种计划，这与政治的衰弱以及技术精英的崛起密切相关。如此，技术专家制就可以同时被认为是不同政治与经济制度的继承者，如封建主义、民主政治、资本主义、社会主义等。[③] 因为不论哪一种制度都不能否定科技精英及其专业知识在其中所发挥的重要作用。

---

① ［美］保罗·法伊尔阿本德：《自由社会中的科学》，兰征译，上海译文出版社1990年版，第93页。

② Sheila Jasanoff, *The Fifth Branch: Science Advisers Policymakers*, Cambridge: Harward University Press, 1994, p.37.

③ Langdon Winner, *Autonomous Technology: Technics-Out-of-Control as a Theme in Political Thought*, Cambridge: MIT Press, 1977, p.140.

由于转向温和，技术专家制政治思想也开始被其他研究领域所吸收，衍生出了新的技术专家制研究视角，如组织学视角的研究[①]、公共政策视角的研究[②]、大数据技术视角的研究[③]等，俨然呈现出技术专家制化的趋势。基于此，当代技术专家制就回到了圣西门、泰勒、劳腾斯特劳赫等所持的对社会进行科学化管理的观点，即将技术专家制作为一种治理或管理理论，强调专家、科学方法和技术工具等在社会建设、发展和治理中的作用，而不是追求由科技专家掌握国家权力的"政治乌托邦"。

二 技术专家制的经济学传统

尽管技术专家制首先作为政治思想出现，但在它兴起以及产生广泛影响之时，即技术专家制运动时期，其本质上是一种经济理论。技术专家制运动主要以凡勃伦的著作《工程师与价格体系》为蓝图，这本书被视为技术专家制运动的圣经[④]。作为一名经济学家，且是制度经济学理论的开创者，凡勃伦并不关心代议制政府的结构形式和程序基础等政治问题，他关注的是如何最大化公众的经济福利。关于技术专家制作为一种经济理论的观点，梅诺在《技术专家制》一书中也做了论述。在他看来，技术专家制兴起于第一次世界大战后的美国，是一种强调运用物理学方法来对经济问题进行理性分析的经济思想，目的是解决当时的经济危机。由于强调科技专家在理论中的重要性，因此技术专家制可以被视为是圣西门对技术专家掌握政府权力观点的重述。[⑤]

[①] Beverly H. Burris, *Technocracy at Work*, New York: State University of New York Press, 1993.

[②] Massimiano Bucchi, *Beyond Technocracy: Science, Politics and Citizens*, trans. Adrian Belton, New York: Springer, 2009.

[③] Rob Kitchin, *The Data Revolution: Big data, Open data, Data Infrastructure and Their Consequences*, London: SAGE Publications Ltd., 2014.

[④] Allen Raymond, *What is Technocracy?*, New York: McGraw-Hill Book Company, Inc, 1933, p. 120.

[⑤] Jean Meyanud, *Technocracy*, trans. Paul Barnes, New York: Free Press, 1969, p. 12.

第一章　技术专家制的界定及 Technocracy 的中文译名

技术专家制经济理论的核心是计划经济，这一思想的提出者是圣西门。由于圣西门对科学和工业展现出的活力十分赞赏，同时对科学家和工业家十分信任，因此他认为，为了维持文明的进步，工业社会中经济的重要性应该高于政治，而封建权力、军事权力等应让位于工业能力。在此基础上，圣西门指出，为推动经济的发展，整个社会的行动都得服从政府的安排，而政治也就成为维持经济发展的计划体系。① 尽管圣西门提出了技术专家制的计划经济构想，但他并未对此进行深入分析，凡勃仑在吸收圣西门思想的基础上推进了这一工作。斯科特在技术专家制运动中将凡勃仑的计划经济思想付诸实践，他认为技术专家制的目标是通过最好的技术专家设计和实施一个综合的总体计划来重建美国经济，这个计划能提高生产率和保证物质丰裕。② 技术专家制计划经济思想的集大成者是加尔布雷思，他在著作《新工业国》中系统阐释了他的技术专家制计划经济理论。

关于技术专家制强调计划经济的原因，丹尼尔·贝尔认为，这主要缘于在技术专家制者的模式中，"最终的追求是效率和产出"③。对此，圣西门、凡勃仑、加尔布雷思从不同视角给出了解释。圣西门认为，由于缺乏知识，消费者和生产者会使自由市场经济非常低效，因此，需要通过科学的方法来对经济资源进行计划和对经济行为进行指导。④ 而在凡勃仑看来，当代工业体系的发展水平已经能够满足社会的物质需求，之所以产生物质短缺、失业等现象，主要是因为资本家有意识的低效，如故意降低产品产量以达到提高产品价格的目的。对此，凡勃仑认为，资本家应该将工业体系的实际控制权转交给由技术专家、工程师等组成的"技术人员苏维埃"，由他们设计严格

---

① Jean Meyanud, *Technocracy*, trans. Paul Barnes, New York: Free Press, 1969, pp. 195 – 196.

② Langdon Winner, *Autonomous Technology: Technics-Out-of-Control as a Theme in Political Thought*, Cambridge: MIT Press, 1977, p. 149.

③ Daniel Bell, *The Coming of Post-Industrial Society: A Venture in Social forecasting*, New York: Basic Books, 1973, p. 354.

④ Richard G. Olson, *Science and Scientism in Nineteenth-Century Europe*, Champaign: University of Illinois Press, 2008, p. 46.

的计划进行产品生产和分配,这样社会中的物质短缺、资源浪费和失业等问题就会得到解决。[1] 与圣西门关注大众的无知、凡勃仑关注资本家有意识的低效不同,加尔布雷思关注的是技术。他认为,"在任何情况,技术会导致计划"[2]。在加尔布雷思看来,由于技术发展需要投入大量时间、资本、人力,同时需要大型组织的支持,如大企业、政府等,为了能使技术在企业和政府的支持下高效发展,计划成为必须。[3]

虽然都强调计划经济,但技术专家制与社会主义的计划经济存在本质区别。"作为技术专家制和社会主义的共同先驱"[4],圣西门并未对技术专家制计划经济与社会主义计划经济的区别进行论述,因为在他的年代还没有清晰的市场经济与计划经济的区分。凡勃仑虽然在《工程师与价格体系》中一再强调计划经济,但对于自己所说的计划经济与社会主义的计划经济有何区别,他并未回答,这可能与他只是将"技术人员苏维埃"掌权当作一种预测方案有关。在凡勃仑看来,虽然技术专家具有掌控国家经济权力的潜力,但现在这一权力仍然掌握在资本家手中,技术专家需要团结起来才能代替资本家接管权力。[5] 关于技术专家制计划经济与社会主义计划经济的本质区别,直到加尔布雷思才做了明确回答。在《新工业国》出版后,米德(J. E. Meade)在书评中指出,计划经济有两种,即市场经济制度下的计划经济和计划经济制度下的计划经济。但是,加尔布雷思对于自己的计划经济属于哪种类型并没有进行明确区分。[6] 对此,加尔布雷思在《新工业国》的第二版导言中进行了回应,他指出他所说的计划经济

---

[1] Thorstein Veblen, *The Engineers and the Price System*, New York: B. W. Huebsch Inc, 1921, pp. 152 – 153.

[2] [美]约翰·K. 加尔布雷思:《加尔布雷思文集》,沈国华译,上海财经大学出版社2006年版,第54页。

[3] John K. Galbraith, *The New Industrial State*, Boston: Houghton Mifflin Company, 1967, pp. 19 – 20.

[4] Edward H. Carr, *Studies in Revolution*, Grossett and Dunlap, 1964, p. 2.

[5] Thorstein Veblen, *The Engineers and the Price System*, New York: B. W. Huebsch Inc, 1921, pp. 162 – 167.

[6] Jams E. Meade, "Is 'The New Industrial State' Inevitable?", *The Economics Journal*, 1968, 78 (310), pp. 391 – 192.

第一章　技术专家制的界定及 Technocracy 的中文译名

是企业层面的，同时认为尽管大企业统治着市场，但市场世界仍然是存在的，而且计划体系对于市场的控制也是渐进的，并非立即实现。① 也就是说，加尔布雷思所说的计划经济是市场经济制度下的计划经济，主要强调大型企业对市场的控制以及市场主要按照大型企业的"计划经济"来运行。

目前，随着信息通信技术的快速发展，特别是大数据技术的发展，很好地推动了技术专家制计划经济理论的施行。关于大数据技术与计划经济的关系，主要涉及两个问题。其一，制度问题，即在大数据技术的支撑下，计划经济制度能否取代市场经济制度。其二，技术问题，即大数据技术是否能使计划经济成为可能。根据上文分析，技术专家制计划经济理论并不涉及制度问题，因为它强调的是大企业如何通过"计划经济"来提高经济效率。因此，技术专家制在此关注的是后者。总体而言，大数据技术对技术专家制计划经济理论的推动体现在以下三个方面。② 首先，大数据技术为计划经济提供了充分的数据基础和强大的计算工具，这为计划经济的施行提供了技术支撑。其次，大数据技术让实时预测成为可能，这为随时调整经济计划提供了基础，避免造成计划滞后。最后，大数据技术可以进行个性化分析，可以在一定程度上满足不同个体的个性化需求，很好地解决了传统计划经济对于个体需求差异化关涉不足的问题。当然，也需要看到，大数据技术本身仍存在很多问题，如数据质量问题，如果不能保证数据质量的话，以此为基础形成的计划将会出现错误。③ 又如方法论问题，大数据技术强调相关性分析方法而忽略因果性分析方法，这会使它的解释力存在一定局限。④ 因此，

---

① John K. Galbraith, *The New Industrial State*, Boston: Houghton Mifflin Company, 1967, pp. xx – xxi.

② BinBin Wang and Xiaoyan Li, "Big Data, Platform Economy and Market Competition: A Preliminary Construction of Plan-Oriented Market Economy System in the Information Era", *World Review of Political Economy*, Vol. 8, No. 2, Summer 2017, pp. 146 – 147.

③ Luciano Floridi, "Big Data and Information Quality", in Luciano Floridi and Phyllis Illari, eds, *The Philosophy of Information Quality*, Cham: Springer, 2014, p. 309.

④ 兰立山、潘平：《大数据的认识论问题分析》，《黔南民族师范学院学报》2018年第2期。

关于大数据技术对技术专家制计划经济理论的推动，应保持谨慎。

尽管大数据、物联网、人工智能等信息通信技术在技术层面很好地推动了技术专家制计划经济理论的发展，但这并不能在本质上应对或弱化批评者对这一理论的责难。因为在批评者看来，技术专家制计划经济理论的真正局限并非技术问题，而是价值分配问题。在普特南看来，关于价值问题，技术专家制主要强调技术进步和物质生产，他们并不关心分配的社会正义问题。[①] 对于分配正义的忽略，或许并非技术专家制者有意而为之，因为这一问题本质上是"是"与"应该"的问题。既然以"是"，即科学理论和技术方法为自己的理论基础，那么对于"应该"的问题他们就只能避而不谈，这从圣西门、凡勃仑的思想就能看出。而加尔布雷思最后在《经济学与公共目标》中提出"新社会主义"这一观点，则是技术专家制对这一问题最直接也是最无奈的回应。加尔布雷思认为，由"技术专家阶层"掌权的计划体系并不能保证公共目标的最终实现，因此需要通过市场体系来平衡计划体系的权力以实现公共目标。[②] 目前，虽然大数据等信息通信技术为国家宏观调控提供了很多数据基础，同时也为公众带来了一些分配福利，如平台经济，但技术专家制计划经济理论的分配正义问题并未得到很好的解决。

三 技术专家制的管理学传统

根据上文对技术专家制两个核心原则的论述，技术专家制显然有着非常丰富的管理思想。正因为如此，一些学者认为技术专家制与泰勒科学管理思想在一定程度上是等同的，都是科学主义的主要表现。笔者将在本部分对技术专家制的管理思想进行分析，以更加全面地阐述技术专家制的理论内涵。

---

① Robert D. Putnam, "Elite Transformation in Advanced Industrial Societies: An Empirical Assessment of the Theory of Technocracy", *Comparative Political Studies*, Vol. 10, No. 3, October 1977, p. 387.

② John K. Galbraith, *Economics and the Public Purpose*, Boston: Houghton Mifflin Company, 1973, pp. 221–222.

第一章　技术专家制的界定及 Technocracy 的中文译名

技术专家制管理思想主要强调社会管理的科学化，其中的重要代表有圣西门、泰勒、库克（Morris Cooke）等。作为技术专家制之父，除了对经济理论、政治理论贡献卓著，圣西门在技术专家制管理理论的发展中也发挥了重要作用。对此，丹尼尔·贝尔曾直言："列宁与马克思的关系犹如泰勒与圣西门的关系。"① 在后期的著作中，圣西门虽然仍强调科学方法在解决政治问题与提高社会福利作用的唯一性，但对于政治权力问题，他已从前期强调科学家掌权转变为科学家、企业家、行政管理者与法官共同执政。② 这说明圣西门已经意识到科学家在政治上的局限性，因此不再强调科学家掌权，而转为强调科学方法在社会治理中的优越性。泰勒的科学管理思想很好地传承和发展了圣西门的这一思想，但他并未将自己的理论完全从企业推广至公共领域，完成这一工作的是他的助手库克。库克认为，政府部门"应该利用科学和技术来实现公共利益"③，于是主张将科学管理方法应用于社会公共领域。库克将科学管理理论成功地引入公共管理领域，极大地影响了凡勃伦的技术专家制思想——凡勃伦的"阶级意识""技术人员苏维埃"等观点都吸收了库克的观点。④ 尽管凡勃伦的思想在技术专家制运动中被证明存在诸多局限，但并未被完全否决。罗斯福很好地吸收了技术专家制的有益思想，他的很多"新政"内容被看作技术专家制理论的应用。⑤ 罗斯福之后，美国的很多总统都传承和发展了技术专家制在社会治理中的作用，如肯尼迪、约翰逊

---

① Daniel Bell, *The Coming of Post-Industrial Society: A Venture in Social Forecasting*, New York: Basic Books, 1973, p. 353.

② Richard G. Olson, *Science and Scientism in Nineteenth-Century Europe*, Champaign: University of Illinois Press, 2008, p. 46.

③ ［美］尼尔·A. 雷恩、［美］阿瑟·G. 贝德安：《管理思想史》，孙健敏等译，中国人民大学出版社 2017 年版，第 140 页。

④ ［苏］Э. B. 杰缅丘诺克：《当代美国的技术统治论思潮》，赵国琦等译，辽宁人民出版社 1987 年版，第 30 页。

⑤ Yongmou Liu, "American Technocracy and Chinese Response: Theories and Practices of Chinese Expert Politics in the Period of the Nanjing Government, 1927-1949", *Technology in Society*, Vol. 43, November 2015, p. 79.

等。这样，技术专家制逐渐转变为一种治理或管理理论，尽管仍然在政治中产生影响，但已不涉及掌权问题。

技术专家制之所以强调要对社会进行科学化管理，主要缘于三个理论基础。其一，社会科学化，即认为社会是自然界的一部分，可以运用自然科学理论和方法来对社会进行管理。由于受牛顿影响，圣西门一直致力于运用物理学方法来分析社会关系和对社会进行改革。[1] 之后，孔德（Auguste Comte）发展了圣西门的思想，认为"科学的社会"可以通过物理科学方法来发现和解释[2]。在技术专家制运动中，斯科特受诺贝尔化学奖获得者索迪（Frederick Soddy）的影响，打算运用能量理论来解释和改革社会，也是这一思想的体现。[3] 其二，社会工程化，即认为社会已经完全工业化，可以按照工程方法来对社会进行治理。在技术专家制思想家中，以"工业社会"为基础来论述技术专家制的学者不在少数，较具代表性的如凡勃仑的"工业体系"、加尔布雷思的"新工业国"、丹尼尔·贝尔的"后工业社会"等。其三，社会技术化，即认为社会已经完全技术化，可以运用科学方法和技术工具来对社会进行管理。布热津斯基是从信息技术视角来论述技术专家制的主要代表，他认为，随着电子技术，特别是电脑与通信技术的发展，我们的社会已经变成一个"电子技术时代"或"电子技术社会"，这与工业社会完全不同。[4] 目前，在信息通信技术的快速发展下，技术社会经历了"信息社会—网络社会—泛在社会"的演化。[5] 而在智能技术的推动下，泛在社会正在步入新的阶段，即"智能社会"。

发展至今，技术专家制管理理论发生了两点重要转变。其一，从

---

[1] Richard G. Olson, *Science and Scientism in Nineteenth-Century Europe*, Champaign: University of Illinois Press, 2008, p. 42.

[2] Patrick M. Wood, *Technocracy Rising: The Trojan Horse of Global Transformation*, Mesa: Coherent Publishing, 2015, p. 12.

[3] William E. Akin, *Technocracy and the American Dream: The Technocracy Movement, 1900–1941*, Berkeley: University of California Press, 1977, p. 67.

[4] Zbigniew Brzezinski, *Between Two Ages: America's Role in the Technetronic Era*, New York: The Viking Press, 1970, p. 9.

[5] 刘永谋、吴林海、叶美兰：《物联网、泛在网与泛在社会》，《中国特色社会主义研究》2012年第6期。

第一章 技术专家制的界定及Technocracy的中文译名

科学化管理到技术化治理。在技术专家制的视域中,科学和技术并没有严格的区分:在说技术专家时也就包含了科学家,在说科学方法时也就包括了技术方法。但是,需要看到,从方法论视角来看,技术专家制管理理论所强调的重点已发生明显变化,即从科学化管理转向技术化治理,主要表现为社会治理的技术化。这种变化的基础是信息通信技术的快速发展,特别是在物联网、大数据、人工智能等智能技术的快速发展下,社会治理已经逐渐网络化、数据化、智能化。智慧城市是一个典型的例子,它以泛在计算、数字化工具等为技术支撑搭建城市环境,在此基础上对城市中的人和物进行实时监控、管理、反馈等,这可以被视为一种广义的技术专家制。[1] 其二,从官僚制组织到技术专家制组织。费希尔认为,对技术理性的追求与官僚制、技术专家制的兴起是同时出现的,三者之间相互需要、相互促进。简言之,技术专家制的核心任务是协调官僚制与当代社会的技术使命相一致。[2] 然而,随着信息通信技术的发展,官僚制组织的局限开始显露,如官僚层级较多会影响决策效率,因而技术专家制组织逐渐取而代之。较官僚制组织而言,技术专家制组织的主要特点包括:专家与非专家部分的极化、官僚层级的扁平化、内部工作层级的消失、强调证书的重要性等。[3] 当前,世界大多数国家都在使用或建设的电子政府或数字政府是技术专家制组织的最好例证。

作为一种以效率为导向的管理理论,技术专家制主张的技(术)治(理)与法(律)治(理)、(道)德治(理)在当代社会治理中形成很好互补。刘永谋等人认为,技治"强调运用科学理论、技术方法和工具进行社会治理,关注如何高效地治理社会公共事务,它可以被视为一种区别于法律治理与道德治理的社会治理方式,也是对二者

---

[1] Rob Kitchin, "The Real-Time City? Big Data and Smart Urbanism", *GeoJournal*, Vol. 79, No. 1, February 2014, p. 2.

[2] Frank Fischer, *Technocracy and the Politics of Expertise*, Newbury Park: SAGE Publications, 1990, pp. 63 – 64.

[3] Beverly H. Burris, *Technocracy at Work*, New York: State University of New York Press, 1993, p. 2.

的有效补充"①。关于法治、德治与技治形成互补,可以从两个层面来区分。其一,从政治制度层面来看。法治的基础是民主制(Democracy),德治的基础是尚贤制(Meritocracy),技治的基础是技术专家制(Technocracy)。不难看出,在目前的社会运行中,民主制、技术专家制等是结合使用的。如斯蒂(Anne E. Stie)所言,欧盟的一般立法程序其实是民主伪装下的技术专家制模式。② 其二,从方法论层面来看。法治是通过法律规则对人进行规范,德治是通过道德准则对人进行规范,而技治是通过技术律令对人进行规范。关于法律规则、道德规范对人的规范作用,已不用赘述。现在的问题是,技术律令能否在规范人的过程中发挥作用?拉图尔(Bruno Latour)给出了肯定的回答,他以汽车减速带为例进行了说明,即驾驶员在安有减速带的路段会减速行驶。拉图尔认为,驾驶员在技术律令的"治理"下必须按照法律规则和道德规范减速行驶,要不汽车就有可能出现安全问题。③ 在维贝克(Peter-Paul Verbeek)看来,这种通过技术设计来影响人类行为并最后解决道德问题的方式是一种含蓄的技术专家制。④ 戴弗(Laurence Diver)在维贝克技术中介理论的基础上指出,当技术人工物对法律执行产生直接影响时,它本身就已经成为法律体系的一部分了。⑤ 这样,技术律令就能很好地与法律规则、道德规范一起在规范人的过程中发挥作用,即技治与法治、德治能很好地互补。

尽管技术专家制主张的技术治理模式能很好地弥补法治与德治的不足,但它自身也存在一些局限,如上文提到的方法论局限就是一个

---

① 刘永谋、兰立山:《泛在社会信息化技术治理的若干问题》,《哲学分析》2017年第5期。

② Anne E. Stie, *Democratic Decision-making in the EU: Technocracy in Disguise?*, London: Routledge, 2013, p. 186.

③ Bruno Latour, "Where Are the Missing Masses? The Sociology of a Few Mundane Artifacts", in Wiebe E. Bijker and John Law, eds. *Shaping Technology / Building Society: Studies in Sociotechnical Change*, Cambridge: The MIT Press, 1992, p. 244.

④ Peter P. Verbeek, *Moralizing Technology: Understanding and Designing the Morality of Things*, Chicago: University of Chicago Press, 2005, p. 133.

⑤ Laurence Diver, "Law as a User: Design, Affordance, and the Technological Mediation of Norms", *SCRIPTed*, Vol. 15, No. 1, August 2018, p. 37.

第一章 技术专家制的界定及 Technocracy 的中文译名

重要方面。此外，价值论的局限也备受批判，如人文主义者认为技术专家制将人当作机器管理，自由主义者批评技术专家制极大地限制了人的自由等。① 当前，随着信息通信技术的快速发展，技术专家制管理理论引起的伦理问题再次引来诸多批评，首当其冲的是隐私问题。与目前主要关注个人隐私不同，弗洛里迪关注的是"群体隐私"。他认为，目前公开的很多群体数据虽然没有直接涉及个人信息，但通过对群体数据进行分析也可以分析出某一群体的很多隐私数据，如他们的爱好、住处、疾病等。② 因此，对于群体数据的公开与保护需要引起注意。此外，关于算法治理带来的歧视问题、责任模糊问题等也备受关注。③ 不难看出，与德治缺乏强制性、法治具有滞后性一样，技治的局限也非常明显，即对价值或伦理问题关注不够。当然，正因如此，三者的结合也就成为必要。在社会技术化的背景下，即"技术创新及其成果多渠道、多层次、多环节地渗入社会生活的众多领域，促使现代社会越来越按照技术逻辑、原则、规范建构与运行，更加注重各种社会文化价值实现的机制及其有效性"④，技治的重要性已愈发突出，如何协调好它与德治、法治的关系，将是智能社会治理的重中之重。

综上所述，技术专家制主要具有三个理论传统，即政治学传统、经济学传统、管理学传统，并在当代社会得到很好的发展和应用。可见，对于当代技术专家制的认识，不应再局限于传统的政治乌托邦视域，而应该从更广泛的视角来理解，如上文所论述的政治、经济、管理维度，这样才能更好地理解当代技术专家制的内涵和发挥它的作用。

---

① Yongmou Liu, "The Benefits of Technocracy in China", *Issues in Science and Technology*, Vol. 33, No. 1, Fall 2016, p. 27.

② Luciano Floridi, "Open Data, Data Protection, and Group Privacy", *Philosophy and Technology*, Vol. 27, No. 1, 2014, p. 1.

③ Luciano Floridi and Mariarosaria Taddeo, "What Is Data Ethics?" *Philosophical Transactions of the Royal Society A: Mathematical, Physical and Engineering Sciences*, Vol. 374, No. 2083, December 2016, p. 3.

④ 王伯鲁：《社会技术化问题研究进路探析》，《中国人民大学学报》2017 年第 3 期。

第三节 技术专家制的两种主要用法

尽管定义多样,但总的来说,在当前的文献中,技术专家制主要具有两种用法,即狭义技术专家制和广义技术专家制。狭义技术专家制将技术专家制定义为一种完全由科技专家掌握政治权力的政治制度,广义技术专家制主要强调科技专家与科学技术在社会运行与治理中的重要作用。在本节中,笔者将对技术专家制的两种主要用法及其关系进行分析,以使人们能全面地理解技术专家制的内涵和推动技术专家制的理论研究。

一 狭义技术专家制

具体而言,狭义技术专家制将技术专家制视作完全由科技专家掌握政治权力的政治制度,这是技术专家制被提出以来的主流定义。虽然技术专家制的思想可以追溯到培根、圣西门等人,但技术专家制的英文词 Technocracy 直到 1919 年才由美国工程师史密斯创造出来。在史密斯看来,技术专家制指"人民通过他们的公仆即科学家和技术人员来进行有效的统治"[1]。按照 Technocracy 一词的构造,即"Techno-"(技术或技艺)与"-cracy"(统治或政治)以及史密斯对 Technocracy 的定义,很难让人不将其与 Democracy(民主或民主制)和 Bureaucracy(官僚制)关联起来。

事实上,Democracy 和 Bureaucracy 在提出之初都是作为一种政治制度出现的,且现在仍具有政治制度的内涵,这也就使得人们很容易将 Technocracy,即技术专家制当作一种政治制度对待。除了词汇构造的原因,人们将技术专家制视作一种政治制度还与一些重要的技术专家制思想有关,这些思想都非常明确地表达了应该由科技专家掌握政治权力,典型如培根、圣西门、凡勃伦等人的思想。此外,技术专家

---

[1] [美]丹尼尔·贝尔:《后工业社会的来临:对社会预测的一项探测》,高铦等译,新华出版社 1997 年版,第 381 页。

第一章 技术专家制的界定及 Technocracy 的中文译名

制被人们视作一种政治制度与风靡一时的美国技术专家制运动也有一定关系。在技术专家制运动中，激进派领袖斯科特"直接贬低民主制、支持精英制"①，这让人们更加确信技术专家制的本质是一种完全由科技专家掌握政治权力的政治制度。

在当代社会中，狭义技术专家制思想仍被一些学者所提及和使用，但狭义技术专家制思想的用法与技术专家制运动之前相比发生了一些变化。技术专家制运动失败之后，狭义技术专家制很少再被当作一种政治主张或理论主张来使用，即很少有人再主张去建立一个完全由科技专家掌握政治权力的政治制度或政治理论。因而，狭义技术专家制在当代社会主要被用来对一些社会现象进行描述或总结，即某一个国家的发展和运行主要由科技专家主导。

如麦克唐纳（Duncan Mcdonnell）和瓦尔布鲁齐（Marco Valbruzzi）通过研究认为，迪尼（Lamberto Dini）和蒙蒂（Mario Monti）时期的意大利政府、鲍伊瑙伊（Gordon Bajnai）时期的匈牙利政府、沃克罗尤一世（Nicolae Vacaroiu I）时期的罗马尼亚政府、贝罗夫（Lyuben Berov）时期的保加利亚政府、费希尔（Jam Fischer）时期的捷克政府都可以被视为"真正存在的技术专家制政府"（real-existing full technocratic governments）。在麦克唐纳等人看来，这些政府的总理由技术官僚（Technocrat）担任，内阁中的大部分人员也主要由技术官僚组成，而且技术官僚在政府掌握着绝对的权力，他们可以主导整个国家的走向。②

按照麦克唐纳和瓦尔布鲁齐的观点，他们所谓的"真正存在的技术专家制政府"的实质就是狭义技术专家制，因为他们在此指代的就是由科技专家主导政治权力的政府。但需要看到，麦克唐纳和瓦尔布鲁齐在此对狭义技术专家制的使用并不是在表达他们的政治主张或理

---

① 刘永谋：《高能社会的科学运行：斯科特技术治理思想述评》，《科学技术哲学研究》2019 年第 1 期。

② Duncan Mcdonnell and Marco Valbruzzi, "Defining and Classifying Technocrat – led and Technocratic Governments", *European Journal of Political Research*, Vol. 53, No. 4, November 2014, pp. 662 – 666.

论主张，而是用狭义技术专家制来对某一些现实政治现象进行描述或总结。

虽然狭义技术专家制很好地表达了技术专家制运动及其之前的技术专家制思想，如圣西门、凡勃伦等人的技术专家制思想，且在当代社会仍被一些学者所使用，但在技术专家制运动之后技术专家制发生了理论转向，这使得狭义技术专家制很难将理论转向后的技术专家制含括在内。如上所言，技术专家制运动失败之后，技术专家制开始转向温和，不再强调科技专家掌握政治权力问题，而是强调科技专家及其科学技术在政治决策、经济发展、社会治理等方面的重要作用。按照这一观点，转向温和的技术专家制显然已经不能再被视为一种政治制度。

具体而言，狭义技术专家制将技术专家制定义为一种完全由科技专家掌握政治权力的政治制度存在两点明显的局限。其一，狭义技术专家制不能表达出当代技术专家制的丰富内涵。在上文的分析中，当代技术专家制至少有三种理论内涵，即政治学内涵、经济学内涵、管理学内涵。而狭义技术专家制却只表达了技术专家制的政治学内涵，这显然难以将当代技术专家制的多元内涵表达出来。因而，将技术专家制定义为一种完全由科技专家掌握政治权力的政治制度是有局限的。

其二，狭义技术专家制与当代技术专家制的实际运行模式并不相符。在当代社会中，技术专家制在社会运行与治理中发挥重要作用并形成了多种技术专家制模式，如拉丁美洲的技术专家制模式、欧盟的技术专家制模式等，这些技术专家制模式主要强调科技专家及其专业知识在政治决策、公共管理、社会治理中的重要作用。不难看出，当代社会的技术专家制模式与狭义技术专家制的定义并不相符，这说明狭义技术专家制的定义在当代社会的解释力非常有限。

二 广义技术专家制

由于狭义技术专家制不能很好地表达当代技术专家制的理论内涵且与当代技术专家制的现实运行模式不符，因而，学界出现了多种与

第一章 技术专家制的界定及 Technocracy 的中文译名

狭义技术专家制有明显不同的技术专家制定义，如将技术专家制定义为一种组织形式、经济理论、决策模式、治理理论等。笔者将这种不将技术专家制视为政治制度的技术专家制称为广义技术专家制。

广义技术专家制这一概念是相对于狭义技术专家制提出，它本身仍属于技术专家制的范畴，提出的主要目的是对不同内涵的技术专家制进行区分或分类。犹如我们在谈论技术时也有狭义技术和广义技术之分，前者将能满足人类社会物质文化需求的技术形态称为技术，如耕作技术、建筑技术等；而后者在狭义技术的基础上还将维持社会运行的社会组织、体制机制等也视作技术，典型如将管理学、政治学等也视为一种技术。[①] 广义技术专家制之"广义"主要体现为在理论内涵上包含当代技术专家制所涉及的主要学科，如包括上文所提及的政治学、经济学、管理学等，而不是将技术专家制的理论内涵限制在政治学学科。此外，广义技术专家制之"广义"还体现在技术专家制的实践模式是多元的，而非唯一或统一模式，如上文所提到的拉丁美洲技术专家制模式、欧盟技术专家制模式等。据此可知，狭义技术专家制是广义技术专家制的一种特殊形式。

概言之，广义技术专家制指科技专家主导并运用科学原理、技术原则来引导社会运行的治理理论。之所以将广义技术专家制定义为一种治理理论，主要在于"治理理论"能很好地表达当代技术专家制的多学科内涵。治理理论主要指政府通过运用政治权威引导非政府机构共同解决国家中的社会、经济、公共事务，以推动国家的高效运行与和谐发展。在整个过程中，政府是治理的发起者，但权力不限于政府。[②] 根据治理理论的定义，它的范围涉及政治学、经济学、行政管理学等领域，且不限于这些领域，这恰好涵盖了上文所提及的当代技术专家制所涉及的学科。

另外，"治理"本身所蕴含的本质特征也是本书将广义技术专家

---

① 王伯鲁：《社会技术化问题研究进路探析》，《中国人民大学学报》2017年第3期。
② [英] 格里·斯托克：《作为理论的治理：五个论点》，华夏风译，《国际社会科学杂志（中文版）》1999年第1期。

制定义为治理理论的一个重要原因。关于"治理"的特征,有学者指出,"治理不是一整套规则条例,也不是一种活动,而是一个过程;治理过程的基础不是控制和支配,而是协调;治理既涉及公共部门,也包括私人部门;它不意味着一种正式的制度,而是持续的互动"①。在上文的分析中,笔者已经指出当代技术专家制并没有统一的运行模式,它主要强调科技专家及科学技术在社会运行与发展中的重要作用,这显然与"治理"所具有的特征不谋而合。因而,将广义技术专家制定义为一种治理理论与当代技术专家制的实际运行模式相符。

广义技术专家制与狭义技术专家制的区别主要体现在两个方面。其一方面体现在"治理"与"统治"的区别上。"治理"与"统治"是两个具有本质区别的概念,"治理虽然需要权威,但这个权威并非一定是政府机关;而统治的权威则必定是政府。统治的主体一定是社会的公共机构,而治理的主体既可以是公共机构,也可以是私人机构,还可以是公共机构和私人机构的合作"②。从广义技术专家制与狭义技术专家制的定义可以清晰看到,两者的本质区别恰好体现在"治理"和"统治"的区别上。因为广义技术专家制明确将自己定义为一种治理理论,弱化了自己的政治(学)内涵,且将技术专家制的适用范围扩展至社会中的各领域;而狭义技术专家制主张建立由科技专家完全掌握政治权力的政治制度,强调由科技专家来统治国家和社会。

另一方面,广义技术专家制和狭义技术专家制的区别还体现在"咨询"与"决策"的区别上。作为一种治理理论,广义技术专家制不像狭义技术专家制那样强调科技专家在政治决策中的决定性作用,在具体的决策中,科技专家的主要身份是咨询者而非决策者,智库体系是一个较具代表性的例子。在具体的运行中,智库体系"制度性地将政治权力的一部分通过智库方式交由专家掌管,实施一定程度、一定范围的专家政治。专家掌管的政治事务往往以效率为最高考量,具有某种意义的非政治性,即以科学事实而非政治价值作为判定标准。

---

① 吴志成:《西方治理理论述评》,《教学与研究》2004年第6期。
② 俞可平:《治理和善治引论》,《马克思主义与现实》1999年第5期。

第一章　技术专家制的界定及 Technocracy 的中文译名

显然,智库体系并非把所有政治权力交给专家"①。

尽管广义技术专家制并不具有统一的运行模式,但在具体运行中都基本遵循两个原则或具有两点特征,即技术治理和专家咨询。技术治理具有两重内涵,一是应用技术工具来作出治理决策和落实治理政策,如当前人们较为熟知的大数据治理、智能治理等;一是通过技术上的设计来实现治理社会的目的,较为典型的例子是区块链。伊恩斯蒂(Marco Iansiti)等人认为,在区块链中,通过将契约嵌入代码并将数据存储在透明的数据库里,由于契约不可篡改和删除,且所有数据都可以共享、识别和验证,因而个人、组织、机器可以在没有任何中介,如律师、银行等的情况下进行交易。② 不难看出,区块链治理的运行完全依赖于预先设计好的技术代码,并无人为因素干扰。

专家咨询是广义技术专家制的重要特征,强调科技专家在政治决策、经济发展、社会治理等过程中的咨询建议作用。如费希尔所言,当代技术专家制主要表现为一种技术性方法和辩论模式,它的机理是一种讨论方式而非决策标准,真正作出决策的仍然是政治家,专家主要提供的是政策选择的框架和范围。③

由于广义技术专家制主要强调科技专家在政治决策、公共管理、社会治理等过程的咨询建议作用,这使得广义技术专家制大大弱化了学界对技术专家制的很多批判,如民主批判。自被提出以来,技术专家制一直饱受批判的主要原因之一是它强烈的反民主倾向。如梅诺所言,技术专家制是直接反民主的,它忽视公众的意见,追求的是一种技术官僚的专制。④ 但在广义技术专家制的视域中,技术专家制的民主批判被大大弱化。如上文所言,广义技术专家制并不主张科技专家

---

① 刘永谋:《技术治理、反治理与再治理:以智能治理为例》,《云南社会科学》2019 年第 2 期。

② Marco Iansiti and Karim R. Lakhani, "The Truth about Blockchain", *Harward Business Review*, March 01, 2017, https://hbr.org/webinar/2017/02/the-truth-about-blockchain.

③ Frank Fischer, *Technocracy and the Politics of Expertise*, Newbury Park: SAGE Publications, 1990, p. 20.

④ Jean Meyanud, *Technocracy*, trans. Paul Barnes, New York: Free Press, 1969, pp. 58 – 59.

掌握绝对的政治权力或决策权力，它只强调科技专家在政治决策、公共管理、社会治理等领域的咨询建议作用，最后的决策由政治家作出。据此可知，广义技术专家制是在民主的监督下运行的，它本身并没有直接违反或侵蚀民主。当然，需要指出，广义技术专家制仍然具有极大的民主风险，因为当面对非常专业的问题时，政治家的决策在很大程度上依赖于科技专家的专业建议，而科技专家的建议其实就决定了政治家的决策选择，此时很难说科技专家咨询是在民主监督下进行的。因而，技术专家制从狭义转向广义只是弱化了学界对技术专家制的民主批判，而非彻底解决了这一问题。

综上所述，技术专家制在当代社会主要表现为一种广义技术专家制形式，即由科技专家主导并按照科学原理、技术原则来运行的治理理论，这与过去将技术专家制视为一种完全由科技专家掌握政治权力的政治制度的狭义技术专家制有本质区别。由于广义技术专家制主要作为一种治理理论存在，因而它可以大大弱化人们对技术专家制的一些批判，如民主批判。

第四节 Technocracy 的中文译名

在以上三节中，笔者从三个维度，即核心原则、理论传统、主要用法对技术专家制的内涵进行了界定。在本节中，笔者将以以上三节的内容为基础，分析 Technocracy 即技术专家制的中文译名问题，以为统一 Technocracy 的中文译名提供新的视角。因为自民国时期将 Technocracy 思想译介到国内至今，Technocracy 一直未形成统一的译名，这极大地影响了国内学界对 Technocracy 的研究。

一 Technocracy 中文译名的历史演变

从 20 世纪 30 年代被译介到国内至今，Technocracy 的中文译名发生了多次变化，出现了多种中文译名，如"推克诺克拉西""技术主义""技术统治（论）""技术政治""专家政治""专家治国（论）""科技兴国论""科技治国论""技术专家治国论""技术专家统治"

第一章 技术专家制的界定及 Technocracy 的中文译名

"技术官僚治国""技治主义""技术治理""技术专家制"等。虽然 Technocracy 的中文译名繁多，但总的来说主要从两个维度来进行翻译。一是从音译的维度对 Technocracy 进行翻译，如"推克诺克拉西"。一是从意译的维度对 Technocracy 进行翻译，即按照 Technocracy 的两个核心原则来对其进行翻译。如"技术主义""技术统治（论）""技术治理"等是根据科学管理原则来对 Technocracy 进行翻译，而"专家政治""专家治国（论）""技术专家治国论""技术官僚治国"等则是按照专家政治原则来对 Technocracy 进行翻译。

从音译视角将 Technocracy 翻译为"推克诺克拉西"主要出现在 Technocracy 刚被译介至国内的民国时期。彼时，人们对 Technocracy 的理解尚处于萌芽阶段，因此出现了多种 Technocracy 的中文译名，如"技术政治""技术统治""推克诺克拉西"等。[1] 对此，沈养义认为，根据 Technocracy 的词源"Techno-"（即技术或工艺）和"-cracy"（即政治或统治）可将 Technocracy 翻译为"技术政治"或"技术统治"。但从 Technocracy 的内容看来，它主要关注的却是经济方面、社会方面的内容，因此，从政治维度来对 Technocracy 进行翻译不太妥当，音译更为合适，即将 Technocracy 翻译为"推克诺克拉西"。[2] 在赖孟德（Allen Raymond）的著作《What is Technocracy?》的中译本《推克诺克拉西》的"译序"中，李百强也表达了将 Technocracy 翻译为"推克诺克拉西"更为恰当的观点。[3] 尽管在民国时期还有一些学者将 Technocracy 翻译为"推克诺克拉西"，如张素民[4]，但相较于根据意义来对 Technocracy 进行翻译的学者，根据发音将 Technocracy 翻译为"推克诺克拉西"的学者仍属小众。因而，随着使用者逐步减少，"推克诺克拉西"这一译名也渐渐淡

---

[1] 吴越秀：《民国时期专家治国的理念研究》，《贵州大学学报》（社会科学版）2007年第5期。

[2] 沈养义：《推克诺克拉西的理论和社会经济计划》，《东方杂志》1933年第30卷第11期。

[3] [美]赖孟德：《推克诺克拉西》，李百强译，世界书局1933年版，第2页。

[4] 张素民：《马克思第二斯高德与推克诺克拉西》，《新中华杂志》1933年第1卷第4期。

出历史。

  从意译维度来对 Technocracy 进行翻译的一个主要译法是根据 Technocracy 的科学管理原则来对 Technocracy 进行翻译，较具代表的译名有"技术统治（论）""技术治理"。如上文所言，"技术统治（论）"这一译名在民国时期就已出现。蒋铎在 1935 年将美国 Technocracy 运动三大领袖之一罗伯的著作 *Life in a Technocracy：What It Might Be Like* 翻译为《技术统治》①就是一个很好的例子。此后，"技术统治（论）"这一译名一直被学界所沿用。②"技术治理"是刘永谋近年来提出的一种根据科学管理原则对 Technocracy 进行翻译的新译名，他认为"Technocracy 主要指的是一种社会治理模式或者政治运行体制，并非专指一种体系化的支持技术治理的理论"，"因此，把 technocracy 译为中性的'技术治理'可能更为妥帖"。③目前，"技术治理"这一译名已被一些学者所接受。④还有一些根据科学管理原则来对 Technocracy 进行翻译的中文译名，如"科技兴国论"⑤"科技治国论"⑥"技术政治"⑦等，但这些译名的使用者并不多。

  按照专家政治原则来对 Technocracy 进行翻译是从意译维度对 Technocracy 进行翻译的另一主要译法，较为常见的译名是"专家政治"和"专家治国（论）"。在民国时期，Technocracy 的中文译名主要根据科学管理原则来进行翻译，根据专家政治原则来进行翻译的中

---

① ［美］罗伯:《技术统治》，蒋铎译，商务印书馆 1935 年版。
② ［美］卡尔·米切姆:《通过技术思考》，陈凡等译，辽宁人民出版社 2008 年版，第 49 页；梁树发:《技术统治论思潮评析》，《教学与研究》1990 年第 5 期；洪涛:《作为机器的国家——论现代官僚/技术统治》，《政治思想史》2020 年第 3 期。
③ 刘永谋:《技术治理的逻辑》，《中国人民大学学报》2016 年第 6 期。
④ 张丙宣:《技术治理的两幅面孔》，《自然辩证法研究》2017 年第 9 期；张铤、程乐:《技术治理的风险及其化解》，《自然辩证法研究》2020 年第 10 期。
⑤ 安维复:《Technocracy——一种价值无涉的工具理性》，《求是学刊》1996 年第 5 期。
⑥ ［美］丹尼尔·贝尔:《后工业社会的来临：对社会预测的一项探测》，高铦等译，新华出版社 1997 年版，第 381 页。
⑦ 罗骞、滕藤:《技术政治、承认政治与生命政治——现代主体性解放的三条进路及相应的政治概念》，《武汉大学学报》（哲学社会科学版）2020 年第 1 期。

第一章 技术专家制的界定及 Technocracy 的中文译名

文译名其实并不多,"专家政治"是目前少有的记载之一。①究其原因,主要与当时美国 Technocracy 运动主张通过科学原理、技术手段、工程方法来解决美国经济大萧条有关,这导致国内很多学者在译介 Technocracy 时主要强调它的科学管理原则内容,进而在翻译时偏向于从科学管理原则的视角切入。目前,仍有学者用"专家政治"来翻译 Technocracy。②"专家治国(论)"是现有按照专家政治原则来对 Technocracy 进行翻译的较为流行的中文译名,目前有一批学者在使用这一译名。③但这一译名并非在民国时期就已出现,而是近年才开始被使用的。因为在民国时期中国也出现了专家治国的思潮,而这一思潮中的"专家治国"与 Technocracy 有本质区别。④为将两者区分开来,这一时期并不将 Technocracy 译为"专家治国(论)"。除了"专家政治""专家治国(论)"这两种译名外,仍有一些根据专家政治原则来对 Technocracy 进行翻译的译名,如"技术专家治国论"⑤、"技术专家统治"⑥、"技术官僚治国"⑦、"技术官僚制"⑧ 等,但使用者都不多。

"技治主义"是 Technocracy 当前较为流行的译名之一,这一译名也是从内容维度来对 Technocracy 进行翻译,只是这一译名试图将 Technocracy 的两个核心原则都包含在内,而非仅体现某一原则的内

---

① 邓丽兰:《20世纪中美两国"专家政治"的缘起与演变——科学介入政治的一个历史比较》,《史学月刊》2002年第7期。
② 张海柱:《知识与政治:公共决策中的专家政治与公众参与》,《浙江社会科学》2013年第4期。
③ 梁孝:《西方专家治国论合法性的历史演变及其困境》,《石河子大学学报》(哲学社会科学版)2006年第2期;陶文昭:《论信息时代的专家治国》,《电子政务》2010年第8期;刘超:《出山要比在山清?——现代中国的"学者从政"与"专家治国"》,《清华大学学报》(哲学社会科学版)2020年第4期。
④ 吴越秀:《民国时期专家治国的理念研究》,《贵州大学学报》(社会科学版)2007年第5期。
⑤ 蔡海榕、杨廷忠:《技术专家治国论话语和学术失范》,《自然辩证法通讯》2003年第2期。
⑥ 刘永谋:《技术治理的逻辑》,《中国人民大学学报》2016年第6期。
⑦ 段伟红:《技术官僚的"谱系"、"派系"与"部系"——对西方"中国高层政治研究"相关文献的批判性重建》,《清华大学学报》(哲学社会科学版)2012年第3期。
⑧ 张乾友:《技术官僚型治理的生成与后果——对当代西方治理演进的考察与反思》,《甘肃行政学院学报》2019年第3期。

容。因为"技治主义"既可视为"技术统治（论）主义""技术治理主义"等的简称，也可当作"技术专家统治主义""技术官僚治国主义"等的缩写。除了因其能很好地体现 Technocracy 的主要内容，"技治主义"这一译名的流行还与国内喜欢将某某思想或思潮称为"XX主义"有关，如"民主主义""官僚主义"等。李醒民是第一个将 Technocracy 翻译为"技治主义"的学者，他在 2005 年发表的文章《论技治主义》中开始使用这一译名。[①] 在这之后，刘永谋以"技治主义"为题发表了一系列文章[②]，使得"技治主义"这一译名逐渐流行。虽然之后刘永谋转向使用"技术治理"来作为 Technocracy 的译名，但是"技治主义"这一译名已被一些学者接受。[③]

总的来说，从民国时期将 Technocracy 译介到国内至今，Technocracy 的中文译名经历了多次变化，主要的译名有"推克诺克拉西""技术统治（论）""专家政治""专家治国（论）""技治主义""技术治理"等。而除了"推克诺克拉西"，其他译名目前仍被人们所使用。显然，这些译名在一定程度上表达了 Technocracy 的理论内涵，不然不会被学者长期使用。但是，这同时也说明，这些译名本身或多或少存在着局限，否则很难解释为何 Technocracy 在国内经历了近百年的研究仍没有形成统一译名这一现象。

二 Technocracy 现有中文译名的局限

根据内容来翻译 Technocracy 之所以出现诸多不同的译名，主要原因在于学者对 Technocracy 的理论内涵理解各异。如不同学者对

[①] 李醒民：《论技治主义》，《哈尔滨工业大学学报》（社会科学版）2005 年第 6 期。

[②] 刘永谋：《论技治主义：以凡勃伦为例》，《哲学研究》2012 年第 3 期；刘永谋：《尼尔·波兹曼论技治主义》，《科学技术哲学研究》2013 年第 6 期；刘永谋、仇洲：《技治主义与当代中国关系刍议》，《长沙理工大学学报》（社会科学版）2016 年第 5 期；刘永谋：《安德鲁·芬伯格论技治主义》，《自然辩证法通讯》2017 年第 1 期；刘永谋：《哈耶克对技治主义的若干批评与启示》，《天津社会科学》2017 年第 1 期。

[③] 肖滨、费久浩：《政策过程中的技治主义：整体性危机及其发生机制》，《中国行政管理》2017 年第 3 期；周千祝、曹志平：《技治主义的合法性辩护》，《自然辩证法研究》2019 年第 2 期；滕藤：《技治主义的逻辑及其存在论困境》，《科学经济社会》2019 年第 1 期。

第一章 技术专家制的界定及 Technocracy 的中文译名

Technocracy 主张掌握权力的主体是科学技术还是专家的理解有所不同，结果就出现了"技术统治"和"专家政治"等不同的译名。又如不同学者对 Technocracy 所言的专家是一般专家还是技术专家的界定有所区别，这就出现了"专家政治"和"技术专家治国"等不同的译名。在本部分中，笔者将通过阐明 Technocracy 的理论内涵来对 Technocracy 现有主要中文译名的合理性进行分析，以厘清 Technocracy 现有主要中文译名的局限。由于 Technocracy 的音译中文译名"推克诺克拉西"在民国之后就已基本不被使用，因此笔者将不对其局限进行专门分析。

根据 Technocracy 科学管理原则的内容来对其进行翻译是目前较为流行的译法之一，但这一译法存在着非常明显的局限，即误将科学管理原则作为 Technocracy 的理论内涵。Technocracy 确实一直非常强调科学技术在社会发展与治理中的重要作用，如在美国 Technocracy 运动中斯科特主张运用能量理论来解释和改造社会[1]。然而，这并不是说 Technocracy 追求的仅仅是按照科学原理、技术方法来对社会进行科学管理。如若这样，史密斯就没必要在泰勒 1911 年出版《科学管理原理》一书之后，于 1919 年再创造出 Technocracy 一词来阐述他的思想。在史密斯看来，Technocracy 的主旨是"人民通过他们的公仆即科学家和技术人员来进行有效的统治"[2]。众多重要的 Technocracy 思想家也都表达了与史密斯类似的观点，如培根、圣西门、凡勃伦、普莱斯、加尔布雷思等。据此可知，Technocracy 的理论内涵是由科技专家来运行和治理社会，而不是应用科学技术来运行和治理社会，或是由科学技术作为主体来运行和治理社会。如萨托利（Giovanni Sartori）在他的名著《民主新论》中所言，Technocracy 的最终掌权者是科技专家而非科技。[3] 这样，按照科学管理原则来对 Technocracy

---

[1] William E. Akin, *Technocracy and the American Dream: The Technocracy Movement*, 1900–1941, Berkeley: University of California Press, 1977, p. 67.

[2] ［美］丹尼尔·贝尔：《后工业社会的来临：对社会预测的一项探测》，高铦等译，新华出版社 1997 年版，第 381 页。

[3] Sartori Giovanni, *The Theory of Democracy Revisited*, Chatham: Chatham House Publishers, Inc., 1987, pp. 437–438.

进行翻译就不太合理，因为科学管理原则本身并不能完全体现 Technocracy 的理论内涵。也就是说，"技术统治（论）""科技兴国论""技术政治""技术治理"等按照科学管理原则来对 Technocracy 进行翻译的译名均不合理。

现有根据专家政治原则来对 Technocracy 进行翻译的中文译名也都存在一些局限，主要体现为两点。其一，一些译名对 Technocracy 的前缀 "Techno" 翻译有误。目前，按照专家政治原则来对 Technocracy 进行翻译的中文译名对 Technocracy 的前缀 "Techno" 的翻译并不统一，主要有"专家""技术专家""技术官僚"等。之所以出现这种情况，主要是因为学者们对 Technocracy 的"专家"范围理解有所不同。梅诺认为，Technocracy 中的专家主要指受过科学训练的专家。[①] 而在费希尔看来，Technocracy 中"专家"的鉴定方式在于他解决问题时所使用的方法，只要他应用的是实证主义方法或数学方法，那他就可以被认定为 Technocracy 所定义的"专家"。根据梅诺和费希尔的观点，Technocracy 的专家主要指的是受过自然科学训练的科学家和技术专家。因而，将 Technocracy 的前缀 "Techno" 翻译为"专家"就不够准确，这会让人们误认为一切学科或领域的专家都可被视作 Technocracy 所言的专家，如伦理学家、艺术家等。关于"技术专家"和"技术官僚"两种翻译谁更合适作为 "Techno" 的译名的问题，需要从两者的关系去看。梅诺指出，当技术专家掌握了政治权力时便会成为技术官僚，但并不是所有技术专家都能成为技术官僚。[②] 如此，技术官僚便隶属于技术专家。而 Technocracy 主张的是由科技专家来运行和治理社会，而非仅仅是技术官僚，因此，以"技术官僚"作为 Technocracy 中文译名的前缀就不太合适。总的来说，以"技术专家"作为 Technocracy 的前缀 "Techno" 的翻译更为合理。当然，这里需要强调一下，在 Technocracy 的视域

---

① Jean Meyanud, *Technocracy*, trans. Paul Barnes, New York：Free Press, 1969, p. 9.
② Jean Meyanud, *Technocracy*, trans. Paul Barnes, New York：Free Press, 1969, pp. 30 – 31.

第一章　技术专家制的界定及Technocracy的中文译名

中,科学与技术是没有严格区分的,并且可以互换使用,科学家与技术专家也是如此。①

其二,一些译名对Technocracy的后缀"cracy"的翻译存在局限。在目前的翻译习惯中,主要将以"cracy"作为后缀的英文单词翻译为"政治"和"制",如Democracy主要被译为"民主""民主政治""民主制",Bureaucracy主要被译为"官僚政治""官僚制""科层制"等。一方面,"cracy"有"政治和统治"之意,因而一开始人们习惯于从政治维度对其进行翻译,即将以"cracy"为后缀的英文词翻译为"××政治"。另一方面,随着理论的发展及其应用范围的扩大,Democracy、Bureaucracy等已经不仅仅被视作一种政治理论或体制,而是已经扩展到其他学科,如毕瑟姆(David Beetham)指出,Bureaucracy有政治学、组织社会学、公共行政(管理)学、政治经济学等不同学科的用法②,这样,人们开始用"制"作为"cracy"的翻译以表达Democracy、Bureaucracy等的多学科内涵。按此标准,现有根据专家政治原则进行翻译的Technocracy中文译名中就只有"专家政治""技术官僚制"的后缀翻译符合当前的主流翻译标准或习惯。诚然,不能仅仅因为一些译名不符合当前的主流翻译标准或习惯就将其否定。但是,也需要看到,如若同一类词语或理论并无统一的翻译标准或习惯,这显然会影响到这类词语或理论的比较研究,当前国内很少看到Technocracy和Democracy、Bureaucracy等的比较研究就是佐证,而国外对三者的比较研究则非常多。

"技治主义"这一译名有将Technocracy以上几种译名整合在一起的想法,虽然出发点很好,但也带来了一些问题。首要的问题是"技治主义"这一译名语义不清。所谓"技治"是"技术统治""技术政治",还是"技术治理"?抑或是"技术专家统治""技术专家政治"?如果不能明确表明"技治"是指何种表达,那么这一译名就很

---

① 兰立山、刘永谋:《技治主义的三个理论维度及其当代发展》,《教学与研究》2021年第2期。
② [英]戴维·毕瑟姆:《官僚制》,韩志明、张毅译,吉林人民出版社2005年版,第3—6页。

难有解释力。此外,"技治主义"将 Technocracy 的后缀"cracy"翻译为"主义",这并不符合上文所言的以"cracy"为后缀的英文词语的中文翻译标准或习惯。不可否认,将以"cracy"为后缀的英文词语翻译为"××主义"并非没有,如 Democracy。在 Democracy 刚被译介到中国时,有一类译法将 Democracy 视为一种主义,一般以"主义"作为后缀翻译,如"民众主义""民权主义""民本主义""民主主义""平民主义""唯民主义""庸民主义""民治主义""庶民主义"等。① 但是,随着学术翻译逐渐规范,Democracy 主要被翻译为"民主""民主政治"或"民主制","××主义"的翻译方式已很少出现。如此,仍将以"cracy"为后缀的英文词语翻译为"主义"就不太合适。同样的例子还出现在 Bureaucracy 的翻译上,现在已经很少将 Bureaucracy 翻译为"官僚主义",主流的翻译为"官僚政治"和"官僚制"。总之,将 Technocracy 翻译为"技治主义"也存在一些局限。

综上,合理的 Technocracy 中文译名应该根据专家政治原则来对 Technocracy 进行翻译,且将前缀"Techno"翻译为"技术专家"(符合的现有译名有"技术专家治国论""技术专家统治")、后缀"cracy"翻译为"政治"和"制"(符合的现有译名有"专家政治""技术官僚制")。不难看出,现有主要 Technocracy 中文译名并不存在同时满足以上三个条件者。为此,本书将在下一部分中提出一个新的 Technocracy 中文译名方案,以为统一 Technocracy 中文译名提出新的视角。

三 Technocracy 现有中文译名局限的应对之策

根据上文分析,为应对 Technocracy 现有中文译名存在的主要局限,Technocracy 的新中文译名需要满足两个条件。一方面,内容要符合 Technocracy 的内涵。目前 Technocracy 中文译名难以统一的一大原

---

① 俘玉平、终德志:《"Democracy"的多重语义流变——以中国近代以来思想界民主观念的转型为例》,《探索与争鸣》2013 年第 6 期。

第一章 技术专家制的界定及 Technocracy 的中文译名

因在于不同学者对于 Technocracy 的理论内涵理解存在差异，如掌握权力的主体是科学技术还是科技专家，这导致最后 Technocracy 的中文译名存在很大差异。另一方面，翻译要符合主流翻译标准或习惯。一个翻译除了能很好地体现该词的内涵之外，还需要符合该词所属词类的翻译标准或习惯，如此才能更好地体现该词的词性、所属学科等。在本部分中，笔者将以以上两个条件为标准来提出 Technocracy 的新中文译名方案。

按照以上两个标准，本书认为将 Technocracy 翻译为"技术专家制"比较合理。关于将 Technocracy 的前缀"Techno"翻译为"技术专家"的原因，上文已经从 Technocracy 的掌权或治理主体和 Technocracy 的专家范围给出了解释，在此不再赘述，这里主要从以"cracy"作为后缀的英文词语的中文翻译标准或习惯作出一点补充。常见以"cracy"作为后缀的英文词语有 Democracy（常见中文译名为"民主""民主政治""民主制"）、Bureaucracy（常见中文译名为"官僚政治""官僚制""科层制"）、Meritocracy（常见中文译名为"精英政治""贤能（人）政治""尚贤制"）。不难看出，三者都主要以"人"作为自己的前缀翻译。Democracy 和 Meritocracy 的前缀都是"人"，前者的前缀为"民"，而后者则为"精英"或"贤人"。Bureaucracy 虽然也主要以"人"为前缀，即"官僚"，但也出现了"科层"这样的非人前缀。对此，阎布克指出，将 Bureaucracy 翻译为"科层制"一直存在争议，主要翻译仍为"官僚制"。[①] 如此，Bureaucracy 的中文译名也主要以"人"，即"官僚"为前缀。根据 Democracy、Bureaucracy、Meritocracy 等中文译名都以"人"作为前缀翻译的这一标准或习惯，Technocracy 的前缀"Techno"也应翻译为"人"才更为合适。不可否认，"Techno"是"技术"之意，但当它与"cracy"组合成一个词时，就不能再简单地将它的意思理解为"技术"。如 Bureaucracy 的前缀"Bureau"意为"办公桌"或"桌子"，但当它与"cracy"组合时，就被引申为"由坐在办公桌（室）的人来统

---

① [英]马丁·阿尔布罗：《官僚制》，阎步克译，知识出版社1990年版，第7页。

治或掌握权力"。依此类推，当"Techno"与"cracy"组合成新词时，就应该被引申为"由拥有技术的人来统治或掌握权力"。这样，Technocracy 的前缀"Techno"应该翻译为"技术专家"才更为合理。

"技术专家制"最终选择"制"而不是"政治"作为后缀，主要基于以下两点考虑。首先，选择"政治"作为后缀，会将 Technocracy 的理论范围限制在政治学领域。Technocracy 一般被当作一种政治理论来看待，这从其专家政治原则内容就可看出。然而，如上所述，Technocracy 沿着政治学、管理学、经济学等不同传统发展至今。如果以"政治"作为后缀的话，Technocracy 的经济学、管理学等维度的理论将被弱化。更为重要的是，Technocracy 在当代还发展出了其他维度的理论，如将 Technocracy 作为一种文化现象[①]、从组织理论视角来研究 Technocracy[②]、把 Technocracy 当作一种公共政策决策模式[③]、视 Technocracy 为一种治理模式[④]等。显然，将"政治"作为 Technocracy 中文译名的后缀将很难体现和表达 Technocracy 在当代社会的丰富理论内涵。其次，Bureaucracy 被翻译为"官僚制"为将 Technocracy 的中文译名后缀选择为"制"提供了有力支撑。如上文所言，毕瑟姆总结了官僚制的四种主要用法，即政治学的用法、组织社会学的用法、公共行政（管理）学的用法、政治经济学的用法，这说明以"制"为后缀可以很好地表现"官僚制"所具有的多学科内涵。据此，将"制"作为 Technocracy 中文译名的后缀就比将"政治"作为后缀更能表达 Technocracy 所具有的多学科内涵。

与"官僚制"一样，"技术专家制"的"制"并非指一种政治制度，而是指一种工具层面的运行体制，如行政体制、管理制度、决策模式等。在提出之初，官僚制确实被当作一种与代议制相对应的政治

---

① Theodore Roszak, *The Making of a Counter Culture: Reflections on the Technocratic Society and Its Youthful Opposition*, New York: Doubleday & Company, Inc., 1969.

② Beverly H. Burris, *Technocracy at Work*, New York: State University of New York Press, 1993.

③ Massimiano Bucchi, *Beyond Technocracy: Science, Politics and Citizens*, trans. Adrian Belton, New York: Springer, 2009.

④ 刘永谋、兰立山：《大数据技术与技治主义》，《晋阳学刊》2018 年第 2 期。

第一章 技术专家制的界定及 Technocracy 的中文译名

制度来使用。① 但随着理论的发展,官僚制的理论开始走向多元,如上文提到的组织社会学用法、公共行政学用法等。对此,阿尔布罗(Martin Albrow)指出,"在有关现代社会的大量不同理论中,官僚制概念是一个通用的术语。它联系着第三产业的增长,社会功能的分化,人对工作的异化,寡头制的发展,理性化的一般进程等等,它是关于各种各样组织中的规章、等级制、信息交流、参与和决策等等相当专门的理论的组成部分之一"②。在此基础上,阿尔布罗总结出了作为官员统治的官僚制、作为公共行政的官僚制、作为组织的官僚制等七种现代官僚制观念。由此可以看出,现代社会中的官僚制已不再作为一种政治制度而存在,而是以一种工具层面的运行体制在发挥作用。根据上文论述,Technocracy 与官僚制的情况一样,它在当代社会中主要表现为公共政策决策模式、组织形态、治理理论等,这显然不再作为一种政治制度,而是作为一种工具意义上的运行体制。其实,Technocracy 的真正追求从来就不是建立一种由科技专家掌握政治权力的政治制度,而是"去政治化",即将政治完全技术化,通过技术方法、技术手段来解决政治问题,从而使政治失去存在的意义。③ Technocracy 之所以主张由科技专家掌握治理权力,其目的是让整个社会更好地按照技术原则来运行。

除了能很好地表达 Technocracy 的理论内涵和符合英译汉的翻译标准或习惯,将 Technocracy 翻译为"技术专家制"对促进 Technocracy 在国内的多学科研究和比较研究也具有重要价值。国外关于 Technocracy 的研究主要具有两个特点,一是从多学科(如政治学、行政管理、公共政策等)视角来对 Technocracy 进行研究,代表著作有费希尔的《技术专家制与专家知识政治学》④、卡纳的《美国的技术专

---

① [英]戴维·毕瑟姆:《官僚制》,韩志明、张毅译,吉林人民出版社 2005 年版,第 3 页。
② [英]马丁·阿尔布罗:《官僚制》,阎步克译,知识出版社 1990 年版,第 77 页。
③ Robert D. Putnam, "Elite Transformation in Advanced Industrial Societies: An Empirical Assessment of the Theory of Technocracy", *Comparative Political Studies*, Vol. 10, No. 3, October 1977, pp. 385 – 386.
④ Frank Fischer, *Technocracy and the Politics of Expertise*, Newbury Park: SAGE Publications, 1990.

家制：信息国的兴起》①、斯蒂的《欧盟的民主决策：伪装的技术专家制?》②；二是对 Technocracy 与 Democracy、Bureaucracy 等进行比较研究，分析各自在具体应用中的利弊，如达金特（Eduardo Dargent）的《拉丁美洲的技术专家制与民主制：专家管理政府》③ 一书就对三者进行了比较研究。与国外不同，国内对 Technocracy 的研究主要集中于科学技术哲学领域，且聚焦于 Technocracy 理论本身进行分析。出现这一现象的一大原因在于国内学界对 Technocracy 的学科定位并不准确，很少将 Technocracy、Democracy、Bureaucracy 等放在同一维度进行研究，这从当前国内 Technocracy 的主要翻译就可看出，如"技术统治（论）""专家治国（论）""技术专家制"等。而将 Technocracy 翻译为"技术专家制"，无疑在翻译层面上将 Technocracy、Democracy、Bureaucracy 定位为同一学科，或者是将三者放在同一维度上来对待，这将极大丰富 Technocracy 的研究视角。

综上所言，较之于目前 Technocracy 已有的主要中文译名，"技术专家制"这一译名更能体现 Technocracy 的主要内容和学科定位。如此，"技术专家制"译名的提出不仅可以让人们更好地理解 Technocracy 的内涵，而且还可以很好地推动 Technocracy 的研究，如 Technocracy 与 Democracy、Bureaucracy 的比较研究。

---

① Parag Khanna, *Technocracy in American: Rise of the Info - State*, North Charleston: Create Space, 2017.

② Anne E. Stie, *Democratic Decision-making in the EU: Technocracy in Disguise?*, London: Routledge, 2013.

③ Eduardo Dargent, *Technocracy and Democracy in Latin America: The Experts Running Government*, Cambridge: Cambridge University Press, 2015.

第二章　技术专家制的历史演进

在界定完技术专家制之后，本章将对技术专家制的历史进行总结。自提出以来，技术专家制主要经历了三个发展时期。第一个发展时期为技术专家制运动（1919年）之前的时期。在这一时期，技术专家制主要被视为一种完全由科技专家掌握政治权力的政治乌托邦或政治制度。第二个发展时期为技术专家制运动的十余年时间（1919—1933年）。技术专家制在这一时期主要作为一种社会运动存在。第三个发展时期为技术专家制运动失败（1933年）至今，在这一时期，技术专家制成为西方社会的重要思潮，主要强调科技专家与科学技术在社会运行与治理中的重要作用。

第一节　作为一种政治乌托邦的技术专家制

虽然美国工程师史密斯早在1919年就创造了"技术专家制"一词，但直到20世纪三四十年代在美国发生的技术专家制运动，技术专家制思想才开始受到世人的关注。[①] 而在美国技术专家制运动之前，技术专家制思想其实已经存在多年，如培根的"所罗门之宫"、圣西门的"牛顿会议"等思想，只是这些技术专家制思想主要被视作一种政治乌托邦。因为这些思想主要是对未来美好社会的一种构想，它

---

① Yongmou Liu, "American Technocracy and Chinese Response: Theories and Practices of Chinese Expert Politics in the Period of the Nanjing Government, 1927–1949", *Technology in Society*, Vol. 43, November 2015, p. 75.

并未在当时的历史中真正出现过。尽管其主要被当作一种政治乌托邦被建构出来,但这些构想为后来的技术专家制思想的正式提出和走向实践提供了重要基础。因此,在本部分中,笔者将对作为一种政治乌托邦的技术专家制进行论述,主要论述柏拉图、康帕内拉(Tommaso Campanella)、培根、圣西门的技术专家制思想,以全面了解技术专家制思想在技术专家制运动之前的历史发展和主要内容。

一 柏拉图

关于技术专家制思想的开创者,学界一直有争议。但总的来说,主要聚焦于三个人,即柏拉图、培根、圣西门。然而,由于柏拉图主张的是哲学家掌握政治权力,这与技术专家制主张的科技专家掌握政治权力有本质区别,因此将柏拉图视为技术专家制思想的开创者的学者并不多。笔者认为,就严格意义上来说,柏拉图确实算不上技术专家制思想的开创者。但由于他的"哲学王"思想对于技术专家制的发展有重要影响,如康帕内拉、培根等人的技术专家制思想受到柏拉图的极大影响。因此,在本部分中,本书将对柏拉图的"哲学王"思想与技术专家制的关系做简要分析。

在《理想国》一书中,柏拉图系统论述了他的"哲学王"思想。柏拉图指出,"除非哲学家成为我们这些国家的国王,或者我们目前称之为国王和统治者的那些人物,能严肃认真地追求智慧,使政治权力与聪明才智合而为一;那些得此失彼,不能兼有的庸庸碌碌之徒,必然排除出去。否则的话,……对国家甚至我想对全人类都将祸害无穷,永无宁日"[①]。之所以主张由哲学家来掌握政治权力,主要在于哲学家是理性的以及追求理性的。在柏拉图看来,哲学家是"不会停留在意见所能达到的多样的和个别事物上的,他会继续追求,爱的锋芒不会变钝,爱的热情不会降低,直到他心灵中的那个能把握真实的,即与真实相亲近的部分接触到了每一事物真正的实体,并且通过

---

① [古希腊]柏拉图:《理想国》,郭斌和、张竹明译,商务印书馆1986年版,第214—215页。

心灵的这个部分与事物真实的接近,交合,生出了理性和真理,他才有了真知,才真实地活着成长着,也只有到那时,他才停止自己艰苦地追求过程"①。

基于哲学家掌握政治权力的观点,柏拉图主张建立一种贤人政体。通过对荣誉政体、寡头政体、民主政体、僭主政体进行分析,柏拉图认为这些政体都是存在局限的,只有贤人政体才是最为理想的政体,也即由哲学家完全掌握政治权力的政体。对此,肯尼(Anthony Kenny)指出,"对于柏拉图来说,离开理想国贤人政体一步,就是离开正义一步"②。在此基础上,柏拉图认为,"一个社会是否合乎正义与公道,衡量的标准之一就是贫富差距是否过大。他谴责私有财产,认为私产之下无好执政者甚至会毁灭社会"③。而理想国追求的"并不是为了某一阶级的单独突出的幸福,而是为了全体公民的最大幸福"④。

据上所述,柏拉图的"哲学王"思想与技术专家制有着诸多关系。其一,"哲学王"思想与技术专家制都强调政治的理性化运行。刘永谋指出,"在西方文明中,追求社会运行尤其是政治运行理性化的思想源远流长,比如柏拉图的'哲学王'思想,向下则绵延不绝"⑤。而技术专家制是西方政治科学化运行思想在当代社会的发展,它主张用科学方法、技术工具来代替非理性的民主方法进行政治决策,以使政治运行更加理性。⑥ 在技术专家制运动之后,技术专家制虽然不再强调科技专家掌握政治权力问题,从一种政治制度或乌托邦转向一种治理体制,但它所主张的社会科学化或技术化运行的观点并

---

① [古希腊]柏拉图:《理想国》,郭斌和、张竹明译,商务印书馆1986年版,第237—238页。
② [英]安东尼·肯尼:《牛津西方哲学史》(第一卷古代哲学),王柯平译,吉林出版集团股份有限公司1986年版,第68页。
③ 王岩:《西方政治思想史》,世界知识出版社1986年版,第17页。
④ [古希腊]柏拉图:《理想国》,郭斌和、张竹明译,商务印书馆1986年版,第133页。
⑤ 刘永谋:《行动中的密涅瓦——当代认知活动的权力之维》,西南交通大学出版社2014年版,第67页。
⑥ Frank Fischer, *Technocracy and the Politics of Expertise*, Newbury Park: SAGE Publications, 1990, p. 22.

未改变。具体而言，在技术专家制运动之后，技术专家制所主张的社会科学化或技术化运行的范围进一步扩大，即从政治领域扩大到了整个社会。

其二，"哲学王"思想与技术专家制都主张由理性的专家来掌握政治权力以及追求一种贤人政体。由于都追求将政治运行理性化，"哲学王"思想与技术专家制都主张由"理性"的专家来掌握政治权力。但因为所处时代不同，"哲学王"思想与技术专家制思想对理性的定义和对理性专家的选择有所不同，这导致前者选择的理性专家是哲学家，而后者选择的理性专家则是科技专家。对于应该由专家掌握政治权力的强调，使得哲学王思想与技术专家制都导向一种贤人政体。关于哲学王思想追求的是一种贤人政体，上文已做过论述，在此不再赘述。而关于技术专家制本质上是一种贤人政体，其实已被很多学者提及。如卡纳指出，贤人政体是真正技术专家制的命脉。① 据此可知，将技术专家制的思想源头追溯至柏拉图的"哲学王"思想具有其合理性。

其三，"哲学王"思想与技术专家制都主张公有制。如上所言，柏拉图的"哲学王"思想追求的是一个公有制社会。而在技术专家制的诸多重要思想家中，也都主要主张建立一个公有制社会，如康帕内拉、圣西门、凡勃伦等人。在技术专家制运动中，斯科特、罗伯等人的目的就是要取消资本主义以价格体系为基础的分配制度，以建立一个高效、理性、丰裕的社会。在斯科特、罗伯等人看来，以美国当时的科学技术水平已经完全可以满足人们的物质要求，但是却出现经济萧条、就业不足、资源浪费等现象，主要原因在于资本主义以私有制为基础的经济制度存在局限。因为它们是按照利润高低来进行生产和分配的，而不是按照人们的需要来进行生产和分配的，这使得科学技术所具有的高效生产力无法完全发挥出来。为了应对经济大萧条，技术专家制者认为唯一的方法是由科技专家按照科学原理、技术原则

---

① Parag Khanna, *Technocracy in American: Rise of the Info-State*, Singapore: Create Space, 2017, p. 68.

来运行社会，进而克服资本主义私有制存在的局限，以建立一个以公有制经济制度为基础的高效、丰裕社会。①

总的来说，虽然不能将柏拉图视为技术专家制思想的创始者，或者是技术专家制之父，但可以认为技术专家制思想与柏拉图有着千丝万缕的关系并且可以将技术专家制思想追溯至柏拉图。通过下文对康帕内拉、培根的技术专家制思想的论述，我们将能更清晰地看到技术专家制思想与柏拉图的关系。

二　康帕内拉

相比于柏拉图、培根、圣西门等人在技术专家制思想史中的巨大影响，康帕内拉在技术专家制思想的历史发展中的地位一直被忽略。具体而言，康帕内拉是技术专家制思想从柏拉图发展到培根的过渡人物。如上所述，虽然技术专家制的诸多核心思想都能在柏拉图的思想中找到渊源，但由于柏拉图主张由哲学家掌握政治权力与技术专家制主张由科技专家掌握政治权力有本质区别，因而一般只将柏拉图作为技术专家制的思想来源而不将其视为"技术专家制之父"。柏拉图之后，培根被视为技术专家制思想创始人的首要人选，这主要源于他在未完成的著作《新大西岛》中首次明确提出了由科学家掌握政治权力的观点。但其实在培根之前，已经有思想家系统提出了技术专家制思想的核心观点，这个人就是康帕内拉。对此，古纳尔（John G. Gunnell）指出，康帕内拉在他的乌托邦名著《太阳城》中首次阐述了与技术专家制直接相关的观点，如通过技术工具来改变人类的生活境况、通过机器进行休闲娱乐等。② 事实上，康帕内拉所阐述的技术专家制思想要比古纳尔所说的丰富得多，如主张将科技专家视为领导阶层的重要组成部分、废除私有制等。

康帕内拉是与培根同时期的意大利哲学家，他在乌托邦名著《太

---

① William E. Akin, *Technocracy and the American Dream: The Technocracy Movement*, 1900 - 1941, Berkeley: University of California Press, 1977, pp. x – xi.

② John G. Gunnell, "The Technocratic Image and the Theory of Technocracy", *Technology and Culture*, Vol. 23, No. 3, July 1982, p. 394.

阳城》中系统阐述了他的技术专家制思想。按年龄来看，培根要比康帕内拉大几岁，之所以将康帕内拉视为技术专家制思想发展史中柏拉图与培根之间的过渡人物，原因在于康帕内拉的技术专家制著作《太阳城》的撰写及出版时间比培根的技术专家制著作《新大西岛》早。关于《太阳城》的成书时间，目前仍有争议，但1613年康帕内拉就已将《太阳城》由意大利文翻译为拉丁文，这说明《太阳城》的成书时间在1613年之前。① 而培根是在1623年开始撰写《新大西岛》一书，该书在他死后于1627年出版。②

由于受柏拉图的影响，康帕内拉认为国家的政治权力应由形而上学者（即哲学家）掌握，他将这一职务称之为"太阳"（即国王）。③ 在"太阳"下面设有三位领导人，即"威力""爱""智慧"。"威力"主要管理与军事相关的事务，是战争时期的最高统帅。"爱"主要负责有关生育的事务，以使太阳城的后代都能成为最为优秀的人。"智慧"主要掌管由艺术部门、手工业部门和各个科学部门，"属于他所管的职员中属于科学方面的有：占星家、星源学家、几何学家、历史学家、诗人、逻辑学家、修辞学家、文法学家、医生、物理学家、政治家和道德学家"。"威力""爱""智慧"与"太阳"共同组成国家的领导机构，但"太阳"具有最高决策权。④

虽然康帕内拉对于科学的界定与当前我们对于科学的界定有一些区别，但按照他对三个主要部门的设置和学科划分可以看出，康帕内拉显然已经看到科学技术在社会发展中的重要作用，不然他不会将工业、科学等科目作为一个部门的重要组成部分。如赫茨勒（Joyce O. Hertzler）在《乌托邦思想史》一书中所言："和培根一样，康帕内拉要求将科学在他的乌托邦国民生活中置于显

---

① [苏] Ф. А. 彼得罗夫斯基：《〈太阳城〉的版本和译本》，载 [意] 康帕内拉《太阳城》，陈大维等译，商务印书馆1997年版，第116页。

② [苏] Ф. А. 柯冈-别仑斯坦：《关于弗兰西斯·培根的〈新大西岛〉》，载 [英] 弗·培根《新大西岛》，何新译，商务印书馆2012年版，第43页。

③ [苏] В. П. 沃尔金：《康帕内拉的共产主义乌托邦》，载 [意] 康帕内拉《太阳城》，陈大维等译，商务印书馆1997年版，第97—98页。

④ [意] 康帕内拉：《太阳城》，陈大维等译，商务印书馆1997年版，第6页。

第二章 技术专家制的历史演进

要的地位。"① 对此,沃尔金(В. П. Волгин)也指出,"这里应该指出,康帕内拉也具有当时许多先进思想家(例如培根)所具有的思想:利用技术来减轻人类的劳动"②。可见,就此意义上来说,康帕内拉与当代技术专家制者强调科学技术在社会运行与治理中的重要作用或优先作用已经很接近。当然,在此有一点需要说明,科学概念的内涵本身是一直在演化和发展的,因而不必去过多地强调康帕内拉所言的"科学"与当代"科学"的区别,况且当代科学的重要学科是包含在康帕内拉所界定的"科学"里的,如几何或数学、物理学。

在强调科学技术在社会发展中的重要作用的基础上,康帕内拉将科技专家视为统治者的重要候选。康帕内拉指出,"'太阳'手下的三位统治者应当研究的只是属于他们管理范围内的科学,他们只是通过直观教学的方法,学习大家都要学习的其他学科。自然,他们必须比其他任何人更精通各种东西。……而且,这些统治者还必须是哲学家、历史学家、政治学家和物理学家"③。在康帕内拉的思想中,科技专家虽然不是掌握最终政治权力的领袖以及唯一的候选人,但他们已经进入领导阶层且作为领袖的候选之一,这使得他的观点比柏拉图更接近于技术专家制的思想。

此外,康帕内拉还专门强调科学技术是获得政治权力的基础。在康帕内拉看来,国家领袖和政府官员的候选人员"仅限于那些在文艺和科技方面所受训练使得他们最适合于治国的人"④。很明显,康帕内拉的这一观点与技术专家制主张科技知识是获得政治权力的重要基础的观点已基本一致,区别仅在于他在强调科技知识是获得政治权力的基础之外,同时还强调了文艺知识也是获得政治权力的基础。

康帕内拉的技术专家制思想尽管导向一种贤人政体,但他给民主

---

① [美]乔·奥·赫茨勒:《乌托邦思想史》,张兆麟等译,商务印书馆1990年版,第155页。
② [苏]В. П. 沃尔金:《康帕内拉的共产主义乌托邦》,载[意]康帕内拉《太阳城》,陈大维等译,商务印书馆1997年版,第94页。
③ [意]康帕内拉:《太阳城》,陈大维等译,商务印书馆1997年版,第15页。
④ [美]乔·奥·赫茨勒:《乌托邦思想史》,张兆麟等译,商务印书馆1990年版,第153页。

留下了空间。沃尔金认为,"太阳城有人民议会(大会),它可以批评统治者的工作,在一定的场合下否决他们的要求,拟定担任官员的候选人。但是,由最高司祭、他的三个助手以及一些高级官员组成的会议,才是这个共和国的最高政权机关。这个会议可以自己补充成员,也可以从人民推举出的候选人中遴选会议的成员。最高司祭和他的三个助手是不可更换的。可见,太阳城的政治体制是民主的原则与'贤人政治'的原则相结合的"①。按照康帕内拉的构想,技术专家制与民主在现实运行中其实是可以兼容的,即通过民主方式选出科技专家来担任相应的领导职务。当然,关于这一观点的可行性以及合理性问题笔者在此不予置评。在此笔者仅想说明,康帕内拉关于技术专家制与民主可以兼容的观点对于当代推动技术专家制与民主的结合使用提供了很好的基础和视角。另外,康帕内拉关于技术专家制与民主可以兼容的观点事实上被很好地传承和发展,培根、圣西门、凡勃伦等人的技术专家制思想其实都为技术专家制与民主的结合使用留下了空间。

  在上文的分析中,笔者指出,技术专家制与柏拉图"哲学王"思想的渊源还体现在都主张公有制。与两者类似,康帕内拉的太阳城也强调废除私有制及坚持公有制。在康帕内拉看来,"太阳城的居民却在一切公有的基础上采用这种制度。一切产品和财富都由公职人员来进行分配;而且,因为大家都能掌握知识,享有荣誉和过幸福生活,所以谁也不会把任何东西攫为己有"②。以公有制为基础,太阳城的分配方式是按需分配。康帕内拉指出,在太阳城中,人们"能从公社里得到所需的东西;负责人员严密地监视着,不让任何人获取超过他所应得的东西,但也不会不给他所必须的东西"③。300多年之后,面对经济大萧条,美国技术专家制运动的领袖之一罗伯提出了与康帕内拉一样的观点。罗伯认为,面对资本主义制度所引起的经济大萧条,

---

① [苏] B. Π. 沃尔金:《康帕内拉的共产主义乌托邦》,载[意]康帕内拉《太阳城》,陈大维等译,商务印书馆1997年版,第98页。
② [意]康帕内拉:《太阳城》,陈大维等译,商务印书馆1997年版,第9—10页。
③ [意]康帕内拉:《太阳城》,陈大维等译,商务印书馆1997年版,第10页。

"显然的解决方法,就是不顾购买力,而根据需要去分配货物"①。不难看出,在经济制度及其分配制度问题上,技术专家制与康帕内拉有着诸多相似之处,抑或说两者在本质上是一致的。

综上所言,在培根之前,康帕内拉其实已经形成了较为系统的技术专家制思想。然而,由于种种原因,如科技专家只是领导阶层的一个组成部分而非唯一或主要组成部分,这使得康帕内拉的技术专家制思想一直不被人们重视。笔者认为,有必要加强对康帕内拉技术专家制思想的研究,以更好地推动技术专家制的研究。此外,在凡勃伦之后,技术专家制与社会主义的关系就一直被学界所关注,加尔布雷思、丹尼尔·贝尔等人对此问题都有过论述。同时作为技术专家制与社会主义的思想先驱,康帕内拉的技术专家制思想显然对于厘清技术专家制与社会主义的关系也有重要价值。

三 培根

作为同时代的技术专家制思想家,且同样师从于意大利哲学家特勒肖(Bernardino Telesio),培根与康帕内拉关于技术专家制的思想有很多共同点。如别仑斯坦所言:"在培根和康帕内拉的乌托邦作品中有不少这种相似之处。这些相似之处都表示用来为人类生活实际直接需要服务的科学在本色列和太阳人的国家中都占着极高的地位。"②但根据已有的文献来看,培根才是第一个明确提出由科技专家掌握政治权力的思想家,他在他未完成的乌托邦著作《新大西岛》中阐述了这一思想。对此,费希尔指出,培根写《新大西岛》的目的是将未来社会的统治者由柏拉图主张的哲学家转换为科学家。③ 就这个意义而言,培根的思想比康帕内拉的思想更接近技术专家制的内涵。

---

① [美]哈罗德·罗伯:《技术统治》,蒋铎译,上海社会科学院出版社2016年版,第24页。
② [苏]Ф. А. 柯冈-别仑斯坦:《关于弗兰西斯·培根的〈新大西岛〉》,载[英]弗·培根《新大西岛》,何新译,商务印书馆2012年版,第67页。
③ Frank Fischer, *Technocracy and the Politics of Expertise*, Newbury Park: SAGE Publications, 1990, p. 64.

也正是因为这个原因，一些学者将培根视为技术专家制思想的创始人。

在《新大西岛》中，培根的技术专家制思想主要是围绕一个叫"所罗门之宫"的组织来论述的。关于"所罗门之宫"的历史及性质，培根指出，"我们那位国王的许多光辉的事迹当中有一件最突出的，那就是我们称之为'所罗门之宫'的兴建和创办。它是一个教团，一个公会，是世界上一个最崇高的组织，也是这个国家的指路明灯。它是专为研究上帝和创造的自然和人类而建立的"①。按照培根的描述，"所罗门之宫"似乎与技术专家制并无关系，因为它与科技专家、科学技术没有任何关联。此外，"所罗门之宫"还被视为一个教团，这显然与主张科技专家掌握政治权力或治理权力以及建立一个科学城邦的技术专家制背道而驰。

然而，随着论述的深入，"所罗门之宫"与技术专家制的关联逐渐显现出来。在论及创办"所罗门之宫"的目的时，培根指出，"我们这个机构的目的是探讨事物的本原和它们运行的秘密，并扩大人类的知识领域，以使一切理想的实现成为可能"②。尽管培根在此没有直接说"所罗门之宫"的目的是进行科学研究，但从他所言的"探讨事物的本原和它们运行的秘密"来看，培根所表达的意思本质上就是如此。在之后的论述中，创办"所罗门之宫"的目的开始从科学研究转向运用科学知识征服和控制自然，即强调科学的实践功能。如别仑斯坦所言："所罗门之宫的主题思想是要指出科学在征服自然的过程中和扩张人类控制自然的范围上的潜力。"③ 培根对于科学的实践功能而非理论价值的强调其实并不只在《新大西岛》中出现，或者说首次在《新大西岛》中出现，而是一直作为培根整体思想的核心甚至基础。对此，罗素（Bertrand Russell）曾指出，"培根哲学的全部基础是实用性的，就是借助科学发现与发明使人类能制驭自然

---

① [英] 弗·培根：《新大西岛》，何新译，商务印书馆2012年版，第20页。
② [英] 弗·培根：《新大西岛》，何新译，商务印书馆2012年版，第32页。
③ [苏] Ф. А. 柯冈－别仑斯坦：《关于弗兰西斯·培根的〈新大西岛〉》，载 [英] 弗·培根《新大西岛》，何新译，商务印书馆2012年版，第74页。

第二章 技术专家制的历史演进

力量"①。

基于对科学的实践价值的强调,培根开始将科学的实践价值从征服自然和控制自然扩展至推动社会进步和提高人类生活水平。在赫茨勒看来,培根"看到了人类舒适生活的理想境界,要求人们系统地运用知识并利用科学控制自然这一理想成为可能。他和他同时代的人认为,靠科学的物质文明进步以提高人类社会的水平可以医治一切社会创伤,使之不再受忧虑和贫困的苦恼"②。至此,培根明确表达了技术专家制的一个核心观点,即运用科学原理、技术工具来运行和治理社会。

那么,对于科技专家的社会地位,培根是怎么看的?根据上文的分析,"所罗门之宫"实质上是一个主要由科学家组成的组织,因为它的主要目的是进行科学研究和运用科学知识来征服自然和运行社会。可见,在培根的视域中,科技专家在社会中的地位其实就是"所罗门之宫"在社会中的地位。别仑斯坦认为,"全国的主要资源,几乎是全部关键性工业部门,都属于所罗门之宫所有,所罗门之宫从事生产活动,也用各种各样的发明和革新来改进工业和农业。正是所罗门之宫的这种生产活动构成了它的权力的基础,它的社会地位。……这些职能本是国家权力的特权;因此,拥有这些职能的所罗门之宫实际上便是本色列社会的领导机构"③。也就是说,以科学家为主组成的"所罗门之宫"事实上掌握着整个国家的政治权力或治理权力,他们是这个国家的实际领导者。不难看出,培根的这一观点事实上就是技术专家制主张科技专家掌握政治权力或治理权力的表达。

培根之所以主张科技专家掌握政治权力或治理权力,是因为科学

---

① [英]伯特兰·罗素:《西方哲学史》(下卷),马元德译,商务印书馆2013年版,第66页。
② [美]乔·奥·赫茨勒:《乌托邦思想史》,张兆麟等译,商务印书馆1990年版,第147页。
③ [苏]Ф. А. 柯冈-别仑斯坦:《关于弗兰西斯·培根的〈新大西岛〉》,载[英]弗·培根《新大西岛》,何新译,商务印书馆2012年版,第74页。

◇◆◇　技术专家制研究

技术是人类社会发展和变迁的核心力量，而科技专家远比政治家、军事家等对社会发展的推动力量要大得多。① 培根能如此具有前瞻性地得出这一结论，与培根所生活的年代密切相关。彼时，正是英国资本主义开始快速发展的阶段，为了保证国内经济的发展与增长，大力发展科学技术成为当时十分重要的手段。此外，相较于当时的法国、荷兰等国，英国的军事实力和经济实力都处于落后状态，因而，英国十分希望通过发展科学技术来提高自身的军事能力和经济能力，以使自己有能力与法国、荷兰等国抗衡。"由于这种情况，资产阶级和新贵族对于提高劳动生产率的渴望是一天比一天加强——因为投入这些工业部门的正是他们的资本；同时对于技术发明的必要性也一天比一天更被人感觉到了。技术改进的重要性和科学与生活实际需要相结合的必要性，深入到了越来越广大的企业家的意识中。"②

虽然由科技专家组成的"所罗门之宫"实际掌握国家的政治权力或治理权力，但他们并非国家名义上的领袖，在他们之上还有一个国王，国王才是国家合法的最高领袖。也就是说，"所罗门之宫"名义上仍在为国王服务，这就与柏拉图所言的应该由哲学家当"国王"的观点有本质区别。因为柏拉图主张"专家"（即哲学家）同时是名义上和实际上的最高统治者，而培根则只是主张"专家"（即科技专家）作为实际上的统治者。在培根之后，技术专家制一直按照培根的这一思想继续发展，只强调科技专家在社会运行与治理中的重要作用而非作为最高领袖，如圣西门、凡勃伦、普莱斯等人的思想，这也就为技术专家制与民主的兼容留下了空间。

与柏拉图、康帕内拉不同，培根在《新大西岛》中并不主张废除私有制而建立公有制。别仑斯坦指出，"在《新大西岛》的最初几页我们就已看出，本色列国的社会是建立在私有制的原则上，建立在阶级和不同的社会地位的差别上的，在本色列社会里没有财产和社会地

---

① 夏保华：《人的自由王国何以可能——培根对技术转型的划时代呐喊》，《东北大学学报》（社会科学版）2018年第6期。
② ［苏］Ф.А.柯冈-别仑斯坦：《关于弗兰西斯·培根的〈新大西岛〉》，载［英］弗·培根《新大西岛》，何新译，商务印书馆2012年版，第47页。

第二章 技术专家制的历史演进 ◆◈◆

位的平等"①。赫茨勒表达了与别仑斯坦类似的观点,他指出,"培根的社会不是建立在财富共有的基础上,而是建立在知识共有的基础之上的"②。在著名的技术专家制者中,像培根这样明确地支持私有制或资本主义是较为少见的。在已有的较具代表性的技术专家制思想家中,大部分思想家不是否定私有制或资本主义(如凡勃伦),就是改良私有制或资本主义(如加尔布雷思)。培根之所以旗帜鲜明地支持私有制,显然与他所处的阶级有关。培根生于新贵族家庭,官至掌玺大臣,彼时新贵族阶级与资产阶级属于同一阶级,因而他主张私有制或为资本主义辩护也就很好理解了。

培根的技术专家制思想对于私有制的支持,对我们重新理解技术专家制与资本主义的关系具有重要意义。一般而言,技术专家制被视为一种政治制度或理论,主张科技专家掌握政治权力。但是,在20世纪三四十年代,即技术专家制在美国兴起之时,技术专家制实际上是作为一种经济理论出现的。作为一种经济理论,技术专家制反对资本主义市场经济,主张施行计划经济以及按需分配,凡勃伦是这一观点的主要代表。由于反对市场经济以及支持计划经济,很多西方学者将技术专家制与社会主义等同起来。在凡勃伦之后,虽然技术专家制的经济思想仍然对资本主义经济制度持批判态度,但态度温和了许多,从反对资本主义经济制度转向改良,典型如加尔布雷思。不难发现,自技术专家制在20世纪三四十年代兴起以来,技术专家制一直是作为反对或批判资本主义的角色出现的。然而,培根的技术专家制思想却完全相反,他试图通过技术专家制来推动资本主义的发展。那么,技术专家制与资本主义到底应该是什么关系?本书并不想对此问题作出任何回答,但很显然,培根的技术专家制思想为我们回答这一问题提供了非常重要的视角。

---

① [苏] Ф. A. 柯冈-别仑斯坦:《关于弗兰西斯·培根的〈新大西岛〉》,载 [英] 弗·培根《新大西岛》,何新译,商务印书馆2012年版,第54页。
② [美] 乔·奥·赫茨勒:《乌托邦思想史》,张兆麟等译,商务印书馆1990年版,第148页。

四 圣西门

尽管与康帕内拉、培根一样，圣西门的技术专家制也作为一种政治乌托邦思想被提出，但与前两者提出的时代背景不同，在圣西门的时代，科学技术得到了很好的发展且它们的社会功能已具有非常突出的表现。彼时，以牛顿（Isaac Newton）力学三大定律为代表的科学思想在社会上产生巨大影响，人们纷纷认为通过科学可以解释和解决一切社会问题，圣西门便是其中的重要代表之一。有学者指出，圣西门"不仅要使万有引力定律来解决政治问题，而且他还要用这门实证科学改变人类生活"[1]。而与此同时，人类也经历了第一次工业革命，技术对于社会运行与发展的巨大影响已显露无遗。在此背景下，圣西门认为，人类社会将进入一个新的社会，即工业社会，并以此为基础系统阐述了他的技术专家制思想，进而被称为"技术专家制之父"。[2]

相较于柏拉图、康帕内拉、培根等人的思想，圣西门的技术专家制思想要丰富得多，涉及技术专家制的政治思想、经济思想、治理思想等。在政治思想方面，圣西门主张由以科技专家为核心组成的"牛顿会议"来掌握政治权力。圣西门指出，"由牛顿会议总会领导一切工作，它将竭尽全力阐明万有引力定律的作用"[3]。而在牛顿会议总会下面又设有四个部，即英国部、法国部、德国部、意大利部，每一个分部都设有自己的牛顿会议，它的组织形式与总会一样。每一个人都需要参与到其中的某一分部中，并参与其中的分会工作。在圣西门看来，每一级的"牛顿会议"均由三个数学家、三个物理学家、三个化学家、三个生理学家、三个文学家、三个画家和三个音乐家组成，且由一名得票最多的数学家担任主席。[4] 圣西门的"牛顿会议"中虽然加入了文学

---

[1] 曾欢：《西方科学主义思潮的历史轨迹——以科学统一为研究视角》，世界知识出版社2009年版，第97页。

[2] [美]丹尼尔·贝尔：《后工业社会的来临：对社会预测的一项探测》，高铦等译，新华出版社1997年版，第373—374页。

[3] 《圣西门全集》第1卷，王燕生等译，商务印书馆2010年版，第24页。

[4] 《圣西门全集》第1卷，王燕生等译，商务印书馆2010年版，第23页。

家、画家、音乐家，但按照他的论述，"牛顿会议"的主体仍然是科技专家，且领导者也是科技专家，即数学家。

圣西门之所以主张由科技专家来掌握政治权力，主要缘于他的科学主义倾向。如上所言，圣西门试图运用科学方法来解释和解决一切社会问题，即方法论的科学主义。在圣西门看来，"人类理性的进步已经达到这样的地步：政治问题的最重要论据已经可以并且应当直接从高级科学和物理科学方面获得的知识产生出来。赋予政治以实证性质，这就是我的成名成家思想所要追求的目的"①。在此基础上，圣西门指出，"政治将变成一门实验科学，而政治问题最后将交由研究实证的人类科学的人士，采用现在对有关其他现象的问题所采用的同样方式和方法来加以讨论"②。不难看出，通过将政治问题科学化，圣西门很自然地得出了科技专家掌握政治权力的结论。

然而，关于科技专家完全掌握政治权力的观点，圣西门并没有一直坚持。如上所言，在后期的著作中，圣西门的观点发生转变，不再主张科技专家完全掌握政治权力，而是强调科技专家与企业家、行政管理者、法官等共同执政。这说明圣西门也看到了科技专家掌握政治权力具有其局限性，进而不再主张科技专家掌握政治权力，而是转向强调科技专家与科学技术在社会运行与治理中的重要作用。如此，圣西门的技术专家制思想就变成了主要强调科技专家与科学技术在社会运行与治理中发挥重要作用的治理体制或理论，这也就是当代技术专家制的主要内容。如有学者指出，随着互联网、大数据、人工智能等信息通信技术的快速发展和有力支撑，技术专家制在当代社会得到很好发展，已然成为当代社会运行与治理的重要基础和主要特征，主要强调科技专家与科学技术在社会运行与治理中的重要作用。③

圣西门的这一观点与一百多年后的普莱斯的"科学阶层"观点十分相似。普莱斯认为，随着科学技术在社会运行中作用的凸显，以科

---

① 《圣西门全集》第1卷，王燕生等译，商务印书馆2010年版，第89页。
② 《圣西门全集》第1卷，王燕生等译，商务印书馆2010年版，第82页。
③ 兰立山、刘永谋：《技治主义的三个理论维度及其当代发展》，《教学与研究》2021年第2期。

技专家为主体构成的科学阶层将与政治阶层、行政阶层、专业阶层一起决定整个国家或社会事务的运行。[①] 两者的区别仅在于圣西门强调的是科技专家与企业家、行政管理者、法官等共同执政，而普莱斯主张的是科技专家与政治阶层、行政阶层、专业阶层共同治理。此外，泰勒的科学管理思想也在一定程度上受到了圣西门技术专家制治理思想的影响。当然，在此需要说明一下，泰勒科学管理思想与技术专家制有着非常密切的关系，如泰勒科学管理思想就是美国技术专家制运动的主要思想渊源之一。又如，在奥尔森看来，泰勒科学管理思想与技术专家制具有很多相同点，在很大程度上是一致的，两者在很多时候其实可以等同或互换使用。[②] 总而言之，圣西门技术专家制治理思想被之后的思想家很好地传承和发展。

除了技术专家制的政治思想与治理思想，圣西门的技术专家制思想还涉及经济问题。经济问题是圣西门毕生关注的一个问题，他将经济问题的重要性置于政治问题之上。如上所述，在圣西门看来，为了维持文明的进步和社会的发展，政府的主要工作是推动经济的发展，也即成为维持经济发展的计划体系。对于经济问题的关注以及计划经济的强调，实际上也就构成了圣西门技术专家制经济思想乃至技术专家制经济思想的核心内容。[③] 拉达利对圣西门的技术专家制经济思想给予了高度评价。在拉达利看来，技术专家制思想提出的主要目的是解决经济问题，而在柏拉图、培根、圣西门三人中，只有圣西门涉及了经济问题并提出了具体主张，因而，圣西门才是真正意义上的"技术专家制之父"。[④]

不难看出，与培根从资本主义视角来论述技术专家制不同，圣西门

[①] Price K. Don, *The Scientific Estates*, Cambridge: The Belknap of Harvard University Press, 1965, p.135.

[②] Richard G. Olson, *Science and Scientism in Nineteenth - Century Europe*, Champaign: University of Illinois Press, 2008, p.41.

[③] 兰立山、刘永谋：《技治主义的三个理论维度及其当代发展》，《教学与研究》2021年第2期。

[④] Claudio M. Radaelli, *Technocracy in the European Union*, London: Routledge, 1999, pp.12 – 14.

显然是从社会主义的视角来论述技术专家制的。更具体地说，圣西门提出技术专家指思想主要是为了实现其社会主义理想。或者说，在圣西门的思想体系中，技术专家制是实现社会主义的工具或手段。作为一名空想社会主义者，圣西门追求的是一个物质丰裕、社会和谐、人类自由的社会。为了实现这一目标，技术专家制无疑是一种非常合适的手段。因为物质丰裕、社会和谐、人类自由等无一不与科学技术的发展相关，没有先进的科学技术作为基础，以上理想很难完全实现。据此可知，圣西门实际上只是从工具层面来建构和对待技术专家制，而非将其视为一种价值追求。也就是说，技术专家制只是圣西门实现他的价值追求的一种手段，而不是圣西门所追求的终极价值目标。

圣西门之后，技术专家制思想在欧洲继续发展，只是此时的技术专家制思想主要主张应用科学原理来解释和改良社会，很少提及科技专家掌握政治权力的问题，如孔德、斯宾塞、奥斯瓦尔德（Friedrich W. Ostwald）等人的科学主义思想。而随着技术专家制思想在欧洲影响的扩大，它逐渐被传到美国。对此，费希尔指出，欧洲技术专家制与美国的联系是很容易建立的，美国在19世纪末发生了影响颇巨的进步主义运动，关注政治问题的进步主义者自然对欧洲的技术专家制思想感兴趣并将其引入美国。[①] 在技术专家制被传播到美国之后不久，通过凡勃伦、斯科特、劳滕斯特劳赫、罗伯等人的共同努力，技术专家制思想从一种政治乌托邦或理论构想正式走向实践，即在美国爆发了风靡一时的"技术专家制运动"，这极大地推动了技术专家制思想的发展和传播。

第二节 作为一种社会运动的技术专家制

20世纪三四十年代，为应对经济大萧条，美国发生了在世界范围内具有重大影响的技术专家制运动。除经济原因外，政治原因、科

---

① Frank Fischer, *Technocracy and the Politics of Expertise*, Newbury Park: SAGE Publications, 1990, p. 77.

技原因、思想原因等也是技术专家制爆发的重要原因。在政治方面，俄国社会主义革命在1917年的胜利给西方资本主义国家带来了巨大的震动，这促使资本主义国家开始反思自己的政治制度和经济制度。在科技方面，19世纪下半叶发生的电力革命进一步提高了人们对科学技术力量的信心，而科学家、工程师、技术专家的社会地位也随之提升。[1] 在思想方面，19世纪末至20世纪初在美国发生的进步主义运动为技术专家制运动的爆发提供了丰富的思想资源，如以克罗利（Herbert Croly）为代表的强调对政府进行改革的进步主义思想、以泰勒为代表的科学管理思想以及凡勃伦的"技术人员苏维埃"思想等。[2] 而在这些思想中，凡勃伦的思想无疑对技术专家制运动的影响最大，因为技术专家制运动是以凡勃伦的著作《工程师与价格体系》为指南开展的。

一 凡勃伦的技术专家制思想及其对技术专家制运动的影响

在技术专家制的历史发展中，凡勃伦具有非常重要的地位，他是推动技术专家制从政治乌托邦走向实践的关键人物。一方面，凡勃伦的技术专家制思想是指向现实而非未来构想。凡勃伦之前的技术专家制思想（如培根、康帕内拉、圣西门等的思想）主要是对未来社会的一种构想，因此具有浓厚的乌托邦色彩。而凡勃伦则不同，他的技术专家制思想主要是为了对资本主义经济制度进行改良而提出。另一方面，凡勃伦为技术专家制运动的开展提供了行动指南，同时参与了技术专家制运动的前期活动。如上文所言，凡勃伦的《工程师与价格体系》一书被称为技术专家制运动的《圣经》，可见凡勃伦对技术专家制运动的影响之大。此外，凡勃伦还参与了技术专家制运动的前期活动（一般将斯科特1919年主持成立"技术联盟"作为技术专家制运动的开端），直至1929年去世。

---

[1] 刘永谋、李佩：《科学技术与社会治理：技术治理运动的兴衰与反思》，《科学与社会》2017年第2期。
[2] William E. Akin, *Technocracy and the American Dream: The Technocracy Movement, 1900 - 1941*, Berkeley: University of California Press, 1977, pp. 1 - 27.

第二章 技术专家制的历史演进

凡勃伦的技术专家制思想主要是基于他对资本主义的分析而提出。在凡勃伦看来，资本主义企业或多或少都存在运行低效的情况，而这种低效在很大程度上是资本家有意为之的。因为随着科学技术的快速发展，生产力水平得到了极大提高，如果资本家完全根据生产力的水平来进行生产的话，将会造成产品过剩进而导致产品价格下降。因此，资本家只能通过有意的低效来维持产品价格。凡勃伦认为，这种有意的低效造成了极大的浪费，主要的浪费包括："（a）物质资源、设备和人力的闲置，整体地或部分地，有意地或无意地；（b）销售（包括不必要的批发商和商店的增加，分店和专卖店的增加）；（c）生产和销售过剩产品和假货；（d）出于商业战略考虑的系统性的错误、怠工和重复。"[①]

以此为基础，凡勃伦进一步分析了资本家有意低效的深层原因，即资本主义的价格体系。凡勃伦指出，在资本主义的价格体系中，资本家的生产主要是为了追求利润，而价格的高低由产量决定，这就使得资本家会"有意低效"。也就是说，资本家的"有意低效"或者资本主义制度的经济低效问题，在当前的资本主义制度中是无法彻底解决的。[②] 据此，凡勃伦认为，如果不对当前的资本主义制度进行改良或者革命，资本主义将会因它自身的矛盾与局限走向崩溃。正如凡勃伦所预测的那样，在他死后不久，美国就爆发了持续4年之久的经济大萧条。也就是在这样的背景下，风靡一时的技术专家制运动爆发。而作为技术专家制运动的精神领袖，凡勃伦的准确预测在很大程度上提高了技术专家制运动的影响力。

为解决资本主义制度的内在矛盾，凡勃伦认为应该将企业或工业体系的运行权力交给主要由工程师、科学家、技术专家等组成的"技术人员苏维埃"。一方面，工程师关注效率而不关注利润。如上所述，凡勃伦认为，在资本家的价格体系中资本家的最终目的是追求利润最

---

① Thorstein B. Veblen, *The Engineers and the Price System*, New York: Harcourt, Brace & World, 1963, p. 64.

② 刘永谋：《"技术人员的苏维埃"：凡勃伦技治主义思想述评》，《自然辩证法通讯》2014年第1期。

大化，而这反过来降低了经济体系的运行效率。但工程师与资本家不同，他们的目的是通过发展科学技术以及通过科学技术来提高整个社会的运行效率。① 因此，当企业或工业体系的运行权力交给"技术人员苏维埃"时，资本家的"有意的低效"问题就会得到很好的解决。另一方面，工程师最了解工业体系的运转。在经历两次工业革命之后，凡勃伦所生活的社会已然成为一个工业社会或工业体系。因此，凡勃伦认为，只有由最了解工业体系的工程师来掌握运行权力，整个工业体系才能高效运转。通过"技术人员苏维埃"按照社会需求进行物质生产和分配，物质匮乏、工人失业等问题就会得到完全解决。

需要指出，"技术人员苏维埃"中的专家并不仅限于工程师、科学家、技术专家，还包括经济学家、管理学家等。这与很多技术专家制思想家的看法相同，如圣西门、加尔布雷思等人。在圣西门的"牛顿会议"中，除了数学家、物理学家、化学家，还有文学家、画家、音乐家，只是这一会议的领袖由科学家即数学家担任。加尔布雷思"技术专家阶层"的专家范围则更加广泛，在科技专家之外还包括了法学家、广告专家、营销专家等。当然，这并不是说技术专家制的专家范围在无限扩展，所有"专家"都能被视为技术专家制所言的专家，而是在技术专家制的视域中，"专家"的划分标准不在于他的职业，而在于他受到的教育和工作中所使用的方法。② 也就是说，当一个人的教育背景是理工科以及在工作中使用的方法主要是科学方法、技术方法、工程方法，或者说是数学方法时，这个人就可以被视为技术专家制的"专家"。

尽管凡勃伦的技术专家制思想是基于对资本主义经济制度的分析和批判提出来的，相较于培根、圣西门等人的技术专家制思想更具现实性，但这一思想也具有一定程度的乌托邦色彩，这主要体现在工程师如何获得权力上。凡勃伦认为，目前，工业体系的运行权力仍主要

---

① Thorstein B. Veblen, *The Engineers and the Price System*, New York: Harcourt, Brace & World, 1963, p.148.

② 兰立山：《Technocracy 中文译名的历史演进、主要局限及应对之策》，《自然辩证法研究》2022 年第 11 期。

第二章　技术专家制的历史演进

掌握在资本家手中，工程师掌权还需等待。为了获得权力，凡勃伦主张发动"工程师革命"。但这场"工程师革命"与"暴力革命"不同，它并不是通过暴力来迫使资本家交出权力，而是通过工程师联合工人进行总罢工而使资本家交出权力。在凡勃伦看来，经过"工程师革命"，资本家虽然有点勉强，但最终将自愿且平静地将权力转交给工程师。① 然而，在之后的技术专家制运动中，工程师不仅没有顺利掌握工业体系的运行权力，还在不到半年的时间里迅速走向失败。显然，凡勃伦对于工程师掌权还是过于理想化了。

当然，作为一名经济学家，凡勃伦在掌权问题上的理想态度是很容易理解的，毕竟他并不是从政治或政治学的视域来研究技术专家制。具体而言，凡勃伦主要是从经济学视域来分析技术专家制，其目的是对当时的资本主义经济制度进行改良，而技术专家制则是他的改良方案。与圣西门一样，凡勃伦的技术专家制经济思想也主张计划经济。在凡勃伦看来，通过科技专家运用科学方法、技术手段对整个社会进行严格的计划经济，资本主义社会中的物质匮乏、经济浪费、大量失业等问题就能得到完全解决。② 在凡勃伦之后，加尔布雷思很好地继承和发展了技术专家制的经济思想，进而形成了技术专家制的经济学传统。由于凡勃伦与加尔布雷思同为制度经济学的重要代表，这也使得技术专家制与制度经济学有着千丝万缕的关系。

在建构起自己的技术专家制思想之后，凡勃伦很快就将其付诸行动。1919年秋天，凡勃伦成立"新学院"，目的是召集工程师来实践他的技术专家制思想，加入"新学院"的工程师中就有后来成为技术专家制运动主要领袖的斯科特。此时，斯科特也成立了他自己的组织，即技术联盟。由于很多活动两个组织都是在一起进行的，而凡勃伦在当时的学界及社会有一定的声望，因而，凡勃伦是这一时期技术

---

① 刘永谋:《知识进化与工程师治国：论凡勃伦的科学技术观》，《华东师范大学学报》（哲学社会科学版）2012年第2期。

② Thorstein B. Veblen, *The Engineers and the Price System*, New York: Harcourt, Brace & World, 1963, pp. 127–128.

专家制运动的实际领袖。彼时，技术专家制运动的主要工作是开展"北美能源调查"（Energy Survey on North America）项目，它的目的是调查能源的"生产—分配"数据，了解能源消耗与商品、服务间的关系，以为建立一种新的社会形态奠定基础。换言之，"北美能源调查"的目的是对社会进行有计划的生产与分配，以解决当时的经济发展所存在的问题。1921年，由于技术联盟解体，该项目被迫暂停。尽管"北美能源调查"被暂停，但是凡勃伦对于技术专家制的实践并未停止，并一直持续到最后去世。

在凡勃伦去世之后，斯科特成了技术专家制运动的真正领袖，但整个运动的核心思想仍然是凡勃伦在《工程师与价格体系》中表达的技术专家制观点。如温纳所言，技术专家制运动主要依据的是凡勃伦在《工程师与价格体系》中的想法，"其目的是按照由最优秀的技术人员实施的全面控制计划来重新组织整个美国经济，该计划将把生产力水平提高到一个新高度，为每个人的富裕提供保障"[①]。虽然很快走向失败，但技术专家制运动使得凡勃伦的技术专家制思想得到真正的践行，同时也使得技术专家制受到社会各界的关注。更为重要的是，经过技术专家制运动，技术专家制思想在20世纪五六十年代逐渐发展成为西方国家的主流意识形态。[②] 但是很遗憾，凡勃伦并未看到这一切。

1929年，也就是凡勃伦去世的那一年，美国爆发了严重的经济危机，各种救世方案被纷纷提出，出现了多种社会运动，如加利福尼亚的"汤森运动"（Townsend Movement）、"结束贫困"（End Poverty in California）运动等。1932年，技术专家制作为应对美国经济危机的方案被正式提出，轰动一时的技术专家制运动随之爆发。

二 技术专家制运动的主要内容

总的来说，技术专家制运动主要经历了三个阶段，即酝酿期、鼎

[①] ［美］兰登·温纳：《自主性技术：作为政治思想主题的失控技术》，杨海燕译，北京大学出版社2014年版，第129页。
[②] ［苏］Э. В. 杰缅丘诺克：《当代美国的技术统治论思潮》，赵国琦等译，辽宁人民出版社1987年版，第39页。

第二章　技术专家制的历史演进

盛期、衰退期。虽然技术专家制运动正式爆发是在1932年8月，但由于技术专家制运动的领袖之一斯科特关于技术专家制运动的准备工作在1919年底就已开始，所以一般将技术专家制运动开始的时间定在1919年底。另外，凡勃伦尽管参与了大量技术专家制运动的前期工作，同时在1919年秋天成立了"新学院"来推广和实施他的技术专家制思想，但他主要作为精神领袖存在，很多实际工作主要由斯科特开展，且技术专家制运动正式爆发时他已去世几年，因此一般不将"新学院"成立的时间作为技术专家制运动开始的时间。

技术专家制运动的第一阶段是酝酿期，时间为1919年底至1932年7月。1919年底，斯科特组织成立了技术联盟，这一组织一开始主要承担凡勃伦给定的任务，之后主要承担由斯科特自己牵头设计的"北美能源调查"项目。尽管这一组织在1921年由于财政问题被迫解散，但这一组织前期的工作为技术专家制运动的开展建立了基础。技术联盟解散以后，斯科特并未放弃他的技术专家制理想，一直独自坚持着相关工作。

1932年5月，通过朋友琼斯（Bassett Jones）介绍，斯科特与技术专家制运动的另一领袖劳腾斯特劳赫相识。由于都有对社会物资的生产与分配进行科学调查的想法，两人很快达成合作意向。之后，两人以在哥伦比亚大学成立的技术专家制委员会（the Committee on Technocracy）为基础，重启了斯科特的"北美能源调查"项目，直至技术专家制运动失败。

技术专家制的第二阶段是鼎盛期，时间为1932年8月至1933年1月。1932年8月，劳腾斯特劳赫及其同事向公众公开介绍了他们正在进行的"北美能源调查"项目。劳腾斯特劳赫指出，这个项目的结果将说明必要的社会重组的精确本质。尽管他们并未给出具体的实施蓝图，但他们明确了将通过科学的方法对社会进行测量，同时表明工程师是实现这一目的的最佳人选。[1] 在这之后，技术专家制运动的

---

[1] William E. Akin, *Technocracy and the American Dream*: *The Technocracy Movement*, 1900 - 1941, Berkeley: University of California Press, 1977, p. 47.

工作和思想开始受到社会的关注和重视,这也标志着技术专家制运动步入鼎盛期。

受技术专家制委员会工作的影响,在美国和加拿大迅速出现了大量的技术专家制组织。尽管观点各异,但他们都自称为技术专家制者,都追求物质丰裕、生活悠闲的目标。在1932年底与1933年初,技术专家制组织成立的数量达到顶峰,较有影响的组织有加利福尼亚技术专家制联盟(the Technocratic League of California)、合作技术专家制协会(the Cooperative Technocratic Society)、美国技术专家制者联盟(the American Technocratic League)、美国技术专家制委员会(the American Council of Technocracy)等。

技术专家制运动的第三阶段是衰退期,时间为1933年1月至1949年。随着关注度的增加,对于技术专家制运动的批评和质疑也开始增多,如技术专家制的构想会限制人的自由,技术专家制只是描绘了一个社会愿景但没有给出具体实现方案,等等。[1] 对技术专家制运动的批评在1933年1月中旬达到高潮,事情的起因是斯科特在面向全国的演讲中表现不佳,这极大地影响了他和技术专家制委员会的声誉。在这之后,美国工程委员会站出来质疑"北美能源调查"项目的方法、数据以及结论。在外界巨大的压力之下,哥伦比亚大学校长巴特(Nicholas Bulter)马上与技术专家制委员会划清界限,同时宣布解散这一组织。[2] 至此,以技术专家制委员会主导的技术专家制运动宣布破产。

然而,技术专家制运动并未因为技术专家制委员会的解散而结束,其他技术专家制组织仍然在继续开展相关的技术专家制活动,只是已呈衰退之势。除了上文提到的主要技术专家制组织,技术专家制委员会在被解散后也迅速重新成立了两个组织,一个是罗伯领导的大陆技术专家制委员会(the Continental Committee on Technocra-

---

[1] William E. Akin, *Technocracy and the American Dream: The Technocracy Movement*, 1900-1941, Berkeley: University of California Press, 1977, p.87.

[2] William E. Akin, *Technocracy and the American Dream: The Technocracy Movement*, 1900-1941, Berkeley: University of California Press, 1977, p.88.

cy），另一个是斯科特领导的技术专家制公司（Technocracy, Inc.）。大陆技术专家制委员会在1936年宣告解散，其他技术专家制相关组织也相继解散或停止工作。技术专家制公司一直存在至今，但在1949年之后已无重要活动，因此，技术专家制运动在1949年就已算完全结束。

在技术专家制运动中，虽然组织众多、形式各异，但都坚持两个观点。其一，通过科学方法、技术工具对社会进行改革。通过科学方法和技术工具来运行与治理社会是技术专家制者的共识，但不同技术专家制者对于具体的科技方法却各有偏爱。如斯科特和罗伯对于物理学方法比较青睐，他们都试图运用能量定律来解释社会的运行，同时倡导用能量券来代替货币进行流通。劳腾斯特劳赫则比较重视工程方法，这与他深受泰勒、甘特（Henry L. Gantt）等人的科学管理思想影响有关。他试图运用工程学的方法来对社会进行改造，将社会改革视为一种社会工程活动。

其二，工程师应在社会改革中发挥核心作用。对工程师地位的强调是技术专家制的一大内容，但对于工程师是否应该掌握政治权力，技术专家制者的观点并不一致。激进派技术专家制者认为，工程师应该完全掌握政治权力，只有这样，整个国家才能按照技术专家制的计划运行，代表人物如斯科特。温和派技术专家制者则强调工程师在社会改革和运行中的重要作用，如面对专业问题时应由工程师来解决，或者让工程师在政府中任职等，并不提及掌权问题，代表如劳腾斯特劳赫、罗伯等。[①]

理论上的局限与组织上的混乱，是技术专家制运动失败的两个主要原因。在技术专家制运动中，虽然劳腾斯特劳赫在向社会公布他们的工作和想法时得到了巨大反响。但随着了解的深入，公众开始质疑技术专家制理论，理论上的局限致使他们很快走向失败。[②] 如完全按

---

① 刘永谋：《论技治主义：以凡勃伦为例》，《哲学研究》2012年第3期。
② Claudio M. Radaelli, *Technocracy in the European Union*, London: Routledge, 1999, p. 20.

照科学方法来运行社会,个人还有自由吗?由工程师掌握政权,那民主还有存在的空间吗?既然技术专家制社会如此美好,那我们如何实现?等等。面对这些质疑,技术专家制者并没有直面回答,而是保持沉默。当斯科特想在面对全国的演讲中给出回应时,却表现极差,这也直接导致了技术专家制运动的破产。

但在阿金看来,技术专家制运动失败的最主要原因并非理论问题,而是组织问题。他认为,无论是斯科特还是劳腾斯特劳赫,他们对如何来组织和改革社会并不感兴趣,他们只关注如何运用科学方法去分析社会现有的问题。[1] 因此,对于如何组织革命、如何获取政治权力、如何实现技术专家制的目标等,他们并无具体方案。由于没有清晰的组织计划和行动纲领,技术专家制运动的失败也就在情理之中了。

除了以上两个原因,技术专家制运动失败还在一定程度上与当时的科学技术发展水平有关。彼时,西方各国虽已相继完成第二次工业革命,物理学、生物学等自然科学也得到巨大发展,但科学原理或方法、技术原则或工具在政治运行、公共管理、社会治理等领域中所发挥的作用并不十分明显,它们的作用主要体现在对经济、交通等领域发展的推动上。以泰勒科学管理思想为例,它虽然已成为当时企业管理、公共治理等领域的重要特征,但它的科学性却一直饱受非议,因为在一些学者看来,泰勒科学管理只是在寻找管理中的"科学",而不是将科学原理或方法运用与管理活动中。[2] 在此背景下,技术专家制运动主张通过运用科学技术来解决经济危机及其社会问题的方案显然也就很难自圆其说,最终得不到政府和公众的支持以及走向失败也就在所难免。

三 技术专家制运动的重要意义

技术专家制运动虽然最终走向失败,但它并非毫无价值。事实

---

[1] William E. Akin, *Technocracy and the American Dream: The Technocracy Movement, 1900 - 1941*, Berkeley: University of California Press, 1977, p.111.

[2] Richard G. Olson, *Scientism and Technocracy in the Twentieth Century: The Legacy of Scientific Management*, Lanham: Lexington Books, 2016, p.6.

第二章 技术专家制的历史演进

上,技术专家制运动对技术专家制思想的发展具有非常重要的意义,特别是在理论推广方面,它使得技术专家制受到学界极大关注并发生理论转向,为技术专家制之后的理论发展和实际应用奠定了重要基础。总的来说,技术专家制运动主要具有三个方面的重要意义。

首先,技术专家制思想从政治乌托邦走向实践。在技术专家制运动之前,技术专家制思想已经存在多年,但这些观点无疑都是乌托邦式的构想或理论上的建构,如康帕内拉、培根、圣西门等人的思想。然而,作为一个与科学技术、科技专家密切相关的思想,在科学技术已经得到很好发展并且在社会运行中发挥重要作用的背景下,技术专家制有了走向实践的现实基础。正是在这样的背景下,技术专家制运动应运而生。尽管技术专家制运动很快走向失败,但它的爆发使得技术专家制思想得以真正走向实践,让人们知道技术专家制并非仅仅是一种乌托邦构想,而是能够指导实践并且能在实践中发挥重要作用的理论,这在技术专家制思想的发展过程中具有里程碑式的意义。此外,技术专家制运动还为之后的技术专家制实践提供了丰富的实际经验,这对之后技术专家制的应用而言意义重大。

其次,技术专家制思想由激进转向温和。从康帕内拉到培根再到圣西门,他们虽然并未明确科技专家应该掌握最高的政治权力,但都表达了整个国家的运转需要由科技专家来主导,这使得技术专家制给人的感觉是要建立一个完全由科技专家掌握政治权力的政治制度。在技术专家制运动中,技术专家制主张由科技专家完全掌握政治权力的观点得到很好继承,斯科特是其中的主要代表。但除此之外,技术专家制运动中还出现了相对温和的观点,这一观点仍然主张科技专家与科学技术在社会运行与治理中的重要作用,但已经不再强调科技专家完全掌握政治权力,其主要代表是劳腾斯特劳赫、罗伯等人。这说明在技术专家制运动中,一些技术专家制思想家已经意识到了科技专家完全掌握政治权力存在的问题,如政治上不具合法性、现实中难以实现等。

而在技术专家制运动之后,技术专家制由激进完全转向温和,不再涉及政治权力问题,主要强调科技专家在社会运行、公共管理、社

· 89 ·

会治理等领域中的重要地位。普莱斯、加尔布雷思、费希尔等人的思想就是很好的代表，他们都将技术专家制定义为科技专家在政治决策、经济发展、社会治理等领域具有重要作用的思想。显然，技术专家制运动的失败让很多技术专家制思想家意识到科技专家完全掌握政治权力并不现实，这使得他们将科技专家完全掌握政治权力的这一观点弱化，进而让技术专家制的思想更能让人们接受，特别是在民主思想已成为世界主流价值观的背景下。而由激进转向温和后，技术专家制思想在技术专家制运动之后开始被不同国家以不同形式吸收和应用，如美国"罗斯福新政"。就此来看，技术专家制运动的失败其实在很大程度推动了技术专家制思想的理论发展。

最后，技术专家制思想逐渐被人们熟知。一般认为，技术专家制的理论先驱是培根、理论之父是圣西门、理论称谓的创造者是史密斯，但使得这一理论被世人所熟知的却是技术专家制运动。从理论发展的角度来看，技术专家制运动并无太多实质性的贡献，这从很多技术专家制书籍对技术专家制运动都只是一笔带过就可看出，如温纳的《自主性技术》、费希尔的《技术专家制与专家知识政治学》等。当然，需要说明一下，这里说技术专家制运动没有在理论上作出太大贡献是将凡勃伦排除在技术专家制运动之外的，因为在技术专家制运动的鼎盛期凡勃伦已经去世。而在技术专家制运动的鼎盛期，斯科特等人实际上完全是按照凡勃伦的技术专家制开展运动的，因此，从这个意义上来说，技术专家制运动在理论上并未对技术专家制作出太多贡献。

但从理论推广的角度来看，技术专家制运动对技术专家制思想则具有重要贡献，因为它使得技术专家制思想在美国产生巨大影响，同时将这种影响传向世界各国，如加拿大、中国等。事实上，在技术专家制运动之前，技术专家制思想的影响非常有限。这一方面是因为康帕内拉、培根、圣西门等人的技术专家制思想是作为一种乌托邦思想被提出的，并无真正意义的实践；另一方面是因为"技术专家制"即 Technocracy 一词的创造者史密斯的社会影响力有限——尽管他早在1919年就开始使用 Technocracy 一词发表各种文章并出版著作，但

Technocracy 一词并未流行起来。而技术专家制运动的爆发恰好很好解决了这两个问题，它既让人们看到了技术专家制可以走向实践，也通过与凡勃伦、哥伦比亚大学的关系提高了技术专家制思想的社会影响力。因此，通过技术专家制运动，技术专家制虽然饱受批判，但它也让社会各界知道和记住了技术专家制思想。

技术专家制运动的失败让它的理论局限完全暴露出来。一些学者因此对技术专家制展开了猛烈攻击，如伯纳姆（James Burnham）、罗斯扎克等人。而另一些学者虽然也看到了技术专家制的理论局限，但他们并未将其完全否定，而是对技术专家制思想进行了改进或为技术专家制提供了温和辩护，认为在正在步入技术社会的当代社会中，技术专家制思想有其合理性和价值，这方面的主要代表有普莱斯、加尔布雷思、丹尼尔·贝尔等。不论是对技术专家制进行批判，还是对技术专家制进行辩护，都说明技术专家制受到了学界的极大关注，这也使得当代西方社会掀起了一股研究技术专家制的热潮，而技术专家制思想也逐渐成为当代西方社会的重要思潮。

第三节　作为一种社会思潮的技术专家制

在技术专家制运动失败之后，技术专家制不再提及掌握政治权力问题，主要强调科技专家与科学技术在社会运行与治理中的重要作用，这使得它的研究逐渐走向多元，如政治学视域的技术专家制研究[1]、经济学视域的技术专家制研究[2]、管理学视域的技术专家制研究[3]、文化视域的技术专家制研究[4]等，技术专家制已然成为当代

---

[1] Price K. Don, *The Scientific Estates*, Cambridge: The Belknap of Harvard University Press, 1965.

[2] ［美］约翰·肯尼思·加尔布雷思：《新工业国》，嵇飞译，上海世纪出版集团 2012年版。

[3] Beverly H. Burris, *Technocracy at Work*, New York: State University of New York Press, 1993.

[4] Theodore Roszak, *The Making of a Counter Culture: Reflections on the Technocratic Society and Its Youthful Opposition*, Garden City: Doubleday & Company, Inc., 1969.

◆◈◆ 技术专家制研究

西方社会的重要思潮。此时，人们已经很难简单地将技术专家制界定为某一学科的理论，学者们在使用技术专家制时都会首先明确技术专家制的学科范围。如拉达利在《欧盟中的技术专家制》一书中就直言，技术专家制可以被定义为一种政治体制、一种组织等，但他主要是在公共政策视域中来使用技术专家制，强调专家统治以及专家知识如何影响公共政策。[①] 在本部分中，笔者将对作为一种社会思潮的技术专家制进行分析。由于加尔布雷思是此次技术专家制思潮且是技术专家制思想的重要代表人物，因此，在本部分中笔者还将对加尔布雷思的技术专家制思想进行专门论述，以更加深入地理解技术专家制的内涵。

一 技术专家制思潮的出现

20世纪五六十年代，随着研究技术专家制思想的学者人数的增多，技术专家制逐渐成为当代西方社会的主要思潮。如杰缅丘诺克指出，技术专家制思想"在大多数西方资本主义国家都以某种形式得到传播。美国、法国、联邦德国、英国、意大利的一些著名资产阶级社会学家都与这种思潮有关。从这个意义上说，它是整个现代资产阶级意识所特有的跨国度的现象"[②]。学界逐渐关注技术专家制并展开研究除了与技术专家制运动带来的巨大影响有关，还与科学技术在第二次世界大战的广泛应用以及以信息技术、生物技术、新能源技术等为代表的第三次工业革命的爆发有关。通过这两个事件，人们越来越认识到科学技术与科技专家在社会运行与治理中的重要作用，进而从不同学科维度对技术专家制进行系统研究。

从政治学视域来看，技术专家制主张科技专家与科学技术在政治运行中的重要作用。由于受培根、圣西门等人将技术专家制视作一种政治制度或政治乌托邦的影响，当代学界仍主要从政治学视角来理解

[①] Claudio M. Radaelli, *Technocracy in the European Union*, London: Routledge, 1999, pp. 11–12.

[②] [苏] Э. В. 杰缅丘诺克：《当代美国的技术统治论思潮》，赵国琦等译，辽宁人民出版社1987年版，前言第3页。

第二章 技术专家制的历史演进

技术专家制。但与培根、圣西门等人不同,当代学界不再将技术专家制视为一种政治乌托邦或政治制度,而是将技术专家制视作一种政治理论或政治学研究领域,如普莱斯、丹尼尔·贝尔、费希尔等人。

在《科学阶层》一书中,普莱斯指出,随着科学技术的快速发展,科技专家在政治决策、社会治理等方面发挥的作用愈发重要,以科技专家为核心组成的科学阶层应该与专业阶层、行政阶层、政治阶层共同决定政府的运行与治理,以使国家高效运行。丹尼尔·贝尔表达了与普莱斯类似的观点,他认为:"政治发展进程现在必须考虑到科学阶层,或者更广义地说技术知识分子阶层,尽管从前可能没有考虑到他们。"[①] 与丹尼尔·贝尔和普莱斯不同,费希尔认为,技术专家制在当代社会已转变为一种新的政治学分支。在费希尔看来,技术专家制在20世纪五六十年代发生了一次理论转向,通过这次理论转向,技术专家制从一种政治制度变为一种政治学分支,主要研究科技专家及其专业知识对政治的影响,即专家知识政治学。[②]

加尔布雷思是当代从经济学视域来研究技术专家制的重要代表,他的这一思想主要集中在《新工业国》一书中。具体而言,经济学视域下的技术专家制或技术专家制的经济思想主张通过科技专家应用科学技术来对国家或社会施行计划经济,以使国家或社会经济高效发展、物质丰裕。圣西门是技术专家制经济思想的创始者。如上文所言,圣西门是第一个将技术专家制与经济问题关联起来的技术专家制思想家。凡勃伦很好地推动了圣西门的技术专家制经济思想,而加尔布雷思是凡勃伦之后这一思想的集大成者。

在加尔布雷思看来,随着科学技术的快速发展,我们进入了一个新的工业社会,即"新工业国"。在"新工业国"中,计划体系是它的核心特征。这一体系主要由大型技术企业组成,它们决定着整个社会经济的发展。与计划体系相对的是市场体系,它们主要由传统小业

[①] [美]丹尼尔·贝尔:《后工业社会的来临:对社会预测的一项探测》,高铦等译,新华出版社1997年版,第392页。

[②] Frank Fischer, *Technocracy and the Politics of Expertise*, Newbury Park: SAGE Publications, 1990, pp. 109–122.

· 93 ·

主组成，由于技术落后、资本有限，它们的发展主要由计划体系支配。加尔布雷思认为，计划体系以及计划经济之所以成为"新工业国"的核心特征，主要原因在于技术发展的需要，而与国家实行资本主义经济制度或社会主义经济制度并无关系。[1] 在此基础上，加尔布雷思指出，为了确保计划体系持续、高效地运行，它的实际运行权应由以科技专家为核心组成的"技术专家阶层"掌控。[2]

管理学视域的技术专家制研究是当代较为常见的技术专家制研究。这一研究视域将技术专家制定义为由科技专家应用科学原理、技术原则进行运转的管理或治理体制。伯里斯是当代管理学视域技术专家制研究的重要代表，他主要从组织管理的视角来研究技术专家制。伯里斯将技术专家制定义为一种组织形式，它是对人类过去所有组织控制形式的最新综合。在伯里斯看来，相较于过去的组织形式，技术专家制组织具有"专家与非专家极化""管理层级扁平化""技术知识是获得合法性权威的基础"等特点。[3]

埃斯马克主要将技术专家制视为一种治理理论，他认为，在后工业社会中，技术专家制已经从传统的技术专家制转变为一种新技术专家制，这种新技术专家制主要是由连接治理、风险管理、绩效管理等治理模式组成的治理理论。[4] 刘永谋的观点与埃斯马克相同，他也将技术专家制定义为一种治理理论。在刘永谋看来，技术专家制"主要指的是一种社会治理模式或者政治运行体制"[5]。

文化视角的技术专家制研究将技术专家制视作当代社会的一种文化现象，主要表现为对科技专家和科学技术的推崇，较具影响的代表有罗斯扎克、哈贝马斯（Jürgen Habermas）、波斯曼（Neil Postman）等。在罗斯扎克看来，技术专家制已经成为当代社会的一种主流文

---

[1] ［美］约翰·肯尼思·加尔布雷思：《新工业国》，嵇飞译，上海世纪出版集团2012年版，第31页。
[2] 兰立山：《论加尔布雷斯的技治主义思想》，《凯里学院学报》2019年第4期。
[3] Beverly H. Burris, *Technocracy at Work*, New York: State University of New York Press, 1993, p. 2.
[4] Anders Esmark, *The New Technocracy*, Bristol: Bristol University Press, 2020, p. 2.
[5] 刘永谋：《技术治理的逻辑》，《中国人民大学学报》2016年第6期。

化，它败坏了传统文化，同时催生了主流文化与反文化的对抗，使得整个社会笼罩在技术专家制文化的统治之中。① 哈贝马斯的技术专家制研究主要聚焦于意识形态问题，这与他将科学技术视作意识形态的著名观点密切相关。在哈贝马斯看来，技术专家制"的命题作为隐形意识形态，甚至可以渗透到非政治化的广大居民的意识中，并且可以使合法性的力量得到发展。这种意识形态的独特成就就是，它能使社会的自我理解同交往活动的坐标系以及同以符号为中介的相互作用的概念相分离，并且能够被科学的模式代替"②。

波斯曼关于技术专家制的论述主要集中在《技术垄断：文化向技术投降》一书中。在波斯曼看来，人类文化可分为三种类型，即工具使用文化、技术专家制文化、技术垄断文化，而当代社会人类的文化类型为技术垄断文化。③ 尽管波斯曼将技术专家制文化与技术垄断文化分开，但根据他的论述，他所谓的技术垄断文化本质上仍是技术专家制文化。因为波斯曼将泰勒的科学管理思想作为技术垄断文化的重要代表，而根据上文的论述，泰勒的科学管理思想与技术专家制有着诸多相似之处。

除此之外，社会学维度的技术专家制研究也是这一时期较为重要的研究维度，如布热津斯基的"电子技术时代"、丹尼尔·贝尔的"后工业社会"、托夫勒（Alvin Toffler）的"第三次浪潮"等，他们主要研究科学技术的发展所引起的社会结构的变化。以上技术专家制研究共同推动了西方社会技术专家制思潮的出现，通过这一思潮，技术专家制逐渐成为西方学界的主要问题。

二 加尔布雷思的技术专家制思想

在此次技术专家制思潮中，加尔布雷思无疑是最为重要的代表人

---

① Theodore Roszak, *The Making of a Counter Culture: Reflections on the Technocratic Society and Its Youthful Opposition*, Garden City: Doubleday & Company, Inc., 1969.

② ［德］哈贝马斯：《作为"意识形态"的技术与科学》，李黎等译，学林出版社1999年版，第63页。

③ ［美］尼尔·波斯曼：《技术垄断：文化向技术投降》，何道宽译，北京大学出版社2007年版，第11—32页。

物之一。一方面，加尔布雷思首次系统阐述了技术专家制的经济思想，这极大地丰富了技术专家制的内容。另一方面，加尔布雷思在美国乃至全世界具有非常高的声望，他对于技术专家制的论述及辩护很好地提高了技术专家制思想的影响力以及解释力。鉴于此，笔者将在本部分对加尔布雷思的技术专家制思想进行系统分析，以更加全面地理解技术专家制的理论内涵。

（一）新工业国

技术专家制的目的是将现代社会建成"科学城邦"，这是古代西方"真理城邦"的现代形式。① 在柏拉图看来，"真理城邦"应由理性的哲学家进行知识统治。② 但是，亚里士多德并不认同柏拉图的人治思想，他认为"真理城邦"的统治应由不受个人情感影响的理性统治者来进行，而唯独法律是不受一切情感所影响的神祇和理智的体现。③ 随着科学技术的快速发展及其在社会运行中作用的凸显，科学技术逐渐被当作理性的代名词。因此，以其为基础建立的"科学城邦"成为"真理城邦"近现代的表现形式。加尔布雷思的"新工业国"是当代"科学城邦"理论的重要代表，其他较有影响的理论还有布热津斯基的"电子技术时代"、贝尔的"后工业社会"等。

"所谓'新工业国'，指的是由现代大型垄断公司组成的'工业系统'"④，计划体系是它的核心特征。在加尔布雷思看来，当时的经济体由两部分组成，一部分是技术上充满活力、大规模资本化和高度组织化的公司，即"计划体系"；另一部分是数十万传统的小企业，即"市场体系"。关于计划体系出现的原因，加尔布雷思认为主要是技术发展的要求，即"在任何情况，技术都会导致计划"⑤。为了适应技术对资本、人才、资本等的需求，计划体系逐渐形成。由于计划

---

① 刘永谋：《论技治主义：以凡勃仑为例》，《哲学研究》2012年第3期。
② ［古希腊］柏拉图：《理想国》，刘国伟译，中华书局2016年版，第228页。
③ ［古希腊］亚里士多德：《政治学》，吴寿彭译，商务印书馆1965年版，第168—169页。
④ 付殷才：《制度经济学派》，武汉出版社1996年版，第77页。
⑤ ［美］约翰·K. 加尔布雷思：《加尔布雷思文集》，沈国华译，上海财经大学出版社2006年版，第54页。

第二章 技术专家制的历史演进

体系掌握先进技术并拥有雄厚资本,以及获得国家的相关业务和政策的支持,因此,整个经济体由计划体系主导,市场体系处于弱势地位。据此,加尔布雷思指出,当计划体系是整个经济体的核心时,新古典经济学以市场经济为基础的理论体系就已失效。制度经济学派自凡勃伦开始就以批判主流经济学为目标,认为现有的经济学理论并不"科学",加尔布雷思继承了这一传统,他从技术发展引起的经济体制的变化入手批判了新古典经济学理论。

"权力"理论是激进制度经济学派的一个重要理论,加尔布雷思是这一理论的重要代表,对这一问题的分析构成了他技术专家制思想的重要部分。加尔布雷思继承了技术专家制强调"专家政治"的传统,认为"新工业国"中的决策权将由以技术专家为核心的"技术专家阶层"掌握。在加尔布雷思看来,"由于技术和计划赋予技术专家阶层以权力,所以只要技术和计划是生产过程的一个特征,那么此处的技术专家阶层就都将拥有权力"[1]。以"技术专家阶层"掌权为基础,加尔布雷思讨论了市场主权问题。根据传统理论,市场上产品的品种、价格、数量等均由消费者决定,消费者主导着市场的发展,生产者主要是根据消费者的需求来生产产品,即"消费者主权"。但是,在"新工业国"中,计划体系基于技术和资本的优势主导着市场。在"技术专家阶层"的领导下,计划体系设计和生产产品,通过广告、推销机构等向生产者销售产品,并且掌握着定价权,如此,市场主权就由"消费者主权"转为"生产者主权"[2]。借助科学技术发展引起的企业与市场"权力"的变化,加尔布雷思再次批评了新古典经济学以市场经济为基础的理论体系的局限,同时也建构了以"技术专家阶层"为核心的技术专家制理论。

在加尔布雷思看来,"新工业国"的目标已不是传统观点所认为的"利润最大化"。加尔布雷思认为,"技术专家阶层"的主要目标

---

[1] [美]约翰·肯尼思·加尔布雷思:《新工业国》,嵇飞译,上海世纪出版集团2012年版,第97页。

[2] 厉以宁:《论加尔布雷思的制度经济学说》,商务印书馆1979年版,第125页。

有三。其一,维护自己在企业的自主权。"技术专家阶层"作为企业雇员,他们首要的工作是使企业能实现股东的最低利润要求,只有这样他们才不会被企业解雇。其二,推动企业的经济增长。在保证自己不被企业解雇之后,"技术专家阶层"需要促使企业得到一定程度的发展来巩固自己的权力,同时以此获得应有的奖励。但是,他们不会追求企业最大化利润,因为这会带来很多风险,一旦出现问题将由他们全权负责,而且所获利润的主要受益者是股东,所以他们会把利润和风险控制在安全的程度。其三,促进技术创新。关于这一点,加尔布雷思认为,"技术专家阶层"由于职业的原因对技术发展特别青睐,且技术创新还可以反过来推动经济增长。当然,"技术专家阶层"对于技术创新的追求是以企业实现最低利润为基础的。通过对第二个目标的分析,加尔布雷思达到了批评新古典经济学的企业追求"利润最大化"目标的目的。

(二)技术专家阶层

"技术专家阶层"是加尔布雷思技术专家制思想的一个核心概念,指以科学技术专家为核心组成的专家组合,主要"包括科学家、工程师、技师,还有营业员、广告员、推销员,有对外联络员、法学家、对华盛顿官场具有专门知识的人,有调解员、经理、董事"[①]。加尔布雷思这一概念的提出深受凡勃伦"技术人员苏维埃"思想的影响。凡勃伦认为,由于技术上的要求,国家的经济事务应该由"技术人员苏维埃"全权负责。[②] 但是,两个概念的分析前提大相径庭。凡勃伦把"技术人员苏维埃"当作解决经济危机的方案提出,这只是一个可能的设想。而加尔布雷思的"技术专家阶层"与之并不一样,加尔布雷思把它当成一个既成事实来分析。

加尔布雷思从两个方面解释了"技术专家阶层"掌权的原因。这一方面是因为企业决策愈加专业化和复杂化。在加尔布雷思看来,

---

① 付殷才:《加尔布雷思》,经济科学出版社1985年版,第78页。
② Thorstein B. Veblen, *The Engineers and The Price System*, New York: Harcourt, Brace & World, 1963, p.166.

第二章 技术专家制的历史演进

"随着公司规模的扩大,需要制定的决策的数量和复杂性,也会一并跟着增加。在这种情况下,专家组合对于制定决策所需的知识越来越具有垄断性,专家组合的权力也越来越大"①。另一方面则是出于企业自身发展的需要。当企业刚开始成立时,由于股东少、规模小,一个人可以很好地管理。当企业发展壮大后,企业股票逐渐分散,股东在企业的话语权逐渐减弱,且对企业的具体运营已不甚了解。此时,他们不得不将企业的决策权交由管理层。加尔布雷思对于这一问题的解释与伯纳姆在著作《管理革命》中给出的一致。伯纳姆认为,由于管理权与所有权的分离,企业的权力将由资本家转移到具有专业知识的"管理阶层"手中。②但是,与伯纳姆不同,加尔布雷思仅仅将"管理阶层"作为"技术专家阶层"的一个组成部分,认为管理者并不能真正掌握权力。

虽然技术专家制者都认为"技术专家"应该掌握政治权力,但他们对于权力的合法性问题却观点不一。凡勃伦从将人的本能区分为建设性本能与破坏性本能入手,通过分析建设性本能与技术的一致性最后得出"技术专家"掌权的结论。③而贝尔的论证则相对简单,他直接从精英主义的角度指出"技术专家"应该掌权。加尔布雷思对此问题的论证极具特点,他是从生产要素的稀缺性来论证"技术专家"权力的合法性的。在加尔布雷思看来,谁要是拥有了当时社会最为稀缺的生产要素,谁就掌握了权力。在封建社会,最为重要和稀缺的生产要素是土地。此时,地主占有土地,因此,他们也就理所当然地掌握了社会权力。但是,到了资本主义社会,资本代替土地成为最重要和稀缺的生产要素,因而权力也随之由地主手中转移到资本家手中。然而,随着资本的集中积累以及储蓄的增多,资本在社会中的重要性和稀缺性逐渐降低,以科学技术为核心的"专业知识"代替资本成为国家和企业的核心要素。因而,组织的权力向掌握专业知识的人转

---

① [美]约翰·K.加尔布雷思:《经济学与公共目标》,丁海生译,华夏出版社 2010 年版,第 95 页。
② 徐大同:《20 世纪西方政治思潮》,天津人民出版社 1991 年版,第 93 页。
③ 张林:《新制度主义》,经济日报出版社 2006 年版,第 25—26 页。

移,并逐渐转移到一个集体手中,即"技术专家阶层"。[①]

"科教阶层"是加尔布雷思创造的一个新词,这一词与"技术专家阶层"有着非常密切的关系,大大丰富了技术专家制中"技术专家"的范围和内涵。"科教阶层"是在学校、大学和研究机构中从事教育与研究的人员的统称。该词的发明受到普莱斯的"科学阶层"的影响。普莱斯将"科学阶层"定义为"由大学、企业和政府中的科学家们组成"且"在知识前沿从事纯理论研究,他们的职责是以最佳方法寻求科学原理,并接受科学学科的最高标准的评判"[②]。在加尔布雷思看来,"科教阶层"与"技术专家阶层"具有部分一致性。一方面,技术专家阶层对于专业知识极其需要,而这些知识需要科教阶层进行研究和传授。[③] 另一方面则是出于科教阶层是社会变革与社会创新的源泉,这使得技术专家阶层需要与他们保持良好的关系。但是,两者也并非在所有问题上都表现得一致,这主要体现在"科教阶层"的出现使得"技术专家阶层"与国家的关系发生变化。因为"科教阶层正在变为政治权力手中起着决定性作用的工具。这进而对政治机构与技术专家阶层的牢固联系构成了威胁"[④]。由于"科教阶层"不受组织的束缚,因而它在与政府的交往中具有相对较高的独立性,但它的政治影响力也因此不太稳定。虽然加尔布雷思强调科教阶层与技术专家阶层的区别,但从科教阶层对技术专家阶层功能上的辅助可知,科教阶层是技术专家阶层的扩展,这进一步丰富了技术专家制的"技术专家"的范围和内涵。

(三)技术教育

技术专家制对于"专家政治"的推崇决定了它会十分关注教育问

[①] [美]约翰·K.加尔布雷思:《我们时代的生活》,祁阿红等译,江苏人民出版社1999年版,第572页。

[②] [美]兰登·温纳:《自主性技术:作为政治思想主题的失控技术》,杨海燕译,北京大学出版社2014年版,第133页。

[③] [美]詹姆斯·斯坦菲尔德、杰奎琳·斯坦菲尔德:《约翰·加尔布雷思》,苏军译,华夏出版社2012年版,第154页。

[④] [美]约翰·肯尼思·加尔布雷思:《新工业国》,稽飞译,上海世纪出版集团2012年版,第278页。

第二章 技术专家制的历史演进

题。对此,贝尔就直言:"在后工业社会里,专门技术是取得权力的基础,教育是取得权力的方式。"[1] 然而,由于过于强调科学技术在教育中的位置,技术专家制遭致诸多批评。批评者认为,技术教育的科学主义倾向会导致人文教育失去空间,以致出现科技文化一支独大,其他文化式微的局面,最终使"文化在烙下科学技术的印记时愈加趋于单一化"[2]。作为一位制度经济学家,加尔布雷思深知技术与文化的关系,因此,他在强调技术教育的重要性时兼顾人文教育的作用,这使得他的技术教育思想比较成体系和合理。

在技术专家制看来,技术教育的一个重要目的是适应技术化社会的就业要求。对此,罗伯认为,"当儿童所受的教育达到某一点时,就去问他是不是愿意就已有九十二种工业门类的一种去继续研究,还是想从事于其他事业或没有意见"[3],这样才有利于进行专业化的培养以符合就业要求。与罗伯一样,加尔布雷思非常推崇专业化教育,视专业化技术教育为解决失业问题的重要途径。一般而言,失业主要缘于两个原因,即结构性失业和总体需求不足。为了解决失业问题,加尔布雷思指出,"如果失业是结构性的,那么药方就是对失业者进行再培训。但如果问题只是需求的不足,那么就要在总体上采取增加开支或者减少税收的措施"[4]。虽然技术教育可以解决失业问题,但是教育制度具有滞后性,这使得教育体系培养的学生难以符合市场的需求。因此,为了更好地解决就业问题,加尔布雷思认为应该对教育制度进行改革,以使培养出的学生在质量上和数量上都能满足市场的要求,这才能从根本上解决就业问题。

在加尔布雷思看来,技术教育是解决社会矛盾的主要途径。关于

---

[1] [美]丹尼尔·贝尔:《后工业社会的来临:对社会预测的一项探测》,高铦等译,新华出版社1997年版,第391页。

[2] 刘永谋、兰立山:《泛在社会信息化技术治理的若干问题》,《哲学分析》2017年第5期。

[3] [美]哈罗德·罗伯:《技术统治》,蒋铎译,上海社会科学院出版社2016年版,第86页。

[4] [美]约翰·肯尼思·加尔布雷思:《新工业国》,嵇飞译,上海世纪出版集团2012年版,第230页。

社会的主要矛盾,马克思(Karl H. Marx)认为,由于生产资料所有制的确立,社会的主要矛盾是资产阶级与无产阶级之间的矛盾,具体表现为资本家与无产者之间的矛盾。而在凡勃伦看来,由于对金钱与效率的不同追求,社会的主要矛盾是商业阶级与工业阶级之间的矛盾,具体表现为商人与工程师之间的矛盾。与他们不同,加尔布雷思指出,教育程度的不同是人们际遇不同的主要原因。因此,资本主义社会的主要矛盾已由资产阶级与无产阶级的矛盾转化为有识之士与无识之士之间的矛盾。[①] 加尔布雷思认为,当资本成为社会衡量成功与否的标准时,社会的主要矛盾表现为资产阶级与无产阶级的矛盾。然而,当代社会的成功标准已经改变,知识代替资本成为标准。因此,此时社会的主要矛盾也随之变为有识之士与无识之士间的矛盾。对于知识成为衡量成功与否的标准的原因,加尔布雷思认为,这缘于有识之士更能满足"计划体系"的要求,这使得他们能在"计划体系"中得到更好的职位,以致他们能过上富裕的生活。不难看出,加尔布雷思所言之"有识之士"其实就是"技术专家阶层"。如此,技术教育成为改变阶级以及解决社会矛盾的主要途径。

加尔布雷思虽在解决就业问题上强调技术教育的重要性,但并未走得太远,他同时看到了技术教育的局限,认为应该加强教育的多元化。加尔布雷思指出,"在知识领域,应该消除那种明显带有铜臭味的'有用论'或'无用论',消除以经济标准来衡量社会成就的做法"[②]。因此,为了解决技术教育带来的问题,加尔布雷思给出了三条建议。其一,保证教育机构有独立和充足的预算。加尔布雷思认为,教育机构只有有了独立且充足的预算,才能完全摆脱计划体系的控制。其二,教育资源应该公平地分配给不同学科。教育机构由于受到"计划体系"的资金支持,因此在教育资源的分配上明显倾向于"计划体系"所需要的科技学科,这使得其他学科所得经费较少。如

[①] [美]约翰·肯尼思·加尔布雷思:《新工业国》,稽飞译,上海世纪出版集团2012年版,第232页。
[②] [美]约翰·K.加尔布雷思:《经济学与公共目标》,丁海生译,华夏出版社2010年版,第257页。

第二章　技术专家制的历史演进

果不同学科得不到公平的资源分配，学生将很难有更多的机会和动力积极参与多元化教育。其三，教育界及教育者应担负起应有的责任。加尔布雷思指出，虽然"计划体系"深深地影响了教育机构的教育方向，但并非没有给多元化教育留下发展的空间。因此，需要教育界和教育者担负更多的责任。加尔布雷思对技术教育的担忧与斯诺（Charles P. Snow）所言的"两种文化"类似。斯诺认为，专业化教育是引起"两种文化"分裂的主要原因。[1]虽然二人对于专业化教育导致的结果表达不一，但都很准确地指出了专业化教育的弊端。

（四）对加尔布雷思的技术专家制理论的评价

纵观技术专家制的发展史，相对其他技术专家制者，如凡勃伦、斯科特、罗伯、布热津斯基、贝尔、奈斯比特、托夫勒等，加尔布雷思的技术专家制思想更加成体系。无论是对整个技术专家制思想框架的布局，还是对"新工业国""技术专家阶层"等的分析，都非常系统，且不乏创新。虽然在经济学界加尔布雷思一直被当作激进分子，但从技术专家制的视域来看，他并不算激进，应该介于温和派和激进派之间。从他对"新工业国"的改革、技术教育制度的批判等来看，他的技术专家制观点一直在寻求激进与温和间的平衡。

加尔布雷思系统阐述了技术专家制的"计划经济"理论，为技术专家制经济理论的发展奠定了坚实的理论基础。但在发现"计划经济"的局限后，他提出"资本主义"与"社会主义"趋同的"新社会主义"方案，有简单中和之嫌。对社会进行计划治理，一直是技术专家制的核心理念。[2]凡勃伦认为，由于有闲阶级的经济制度是财富和分配不均的体系[3]，为了提高生产效率和促进社会公平，应该按照"经济计划"来进行社会生产和分配。虽然凡勃伦提出了技术专家制计划经济

---

[1] [英]C. P. 斯诺：《两种文化》，纪树立译，生活·读书·新知三联书店1994年版，第16页。
[2] 刘永谋、兰立山：《大数据技术与技治主义》，《晋阳学刊》2018年第2期。
[3] [美]T. B. 凡勃伦：《有闲阶级论》，李华夏译，中央编译出版社2012年版，第153页。

的构想,但他并未深入分析——他只是含蓄地提出了计划经济的思路。凡勃伦之后,虽罗伯、贝尔等人也都提到计划经济的重要性,但也都是一笔带过,并未进行系统论述。加尔布雷思直接将"新工业国"当作一个计划体系看待,并详细阐述了计划的缘由、本质、目标、权力机构、具体操作等等。加尔布雷思在强调计划经济的同时也看到了其局限,为此,他提出"新社会主义"的解决方案,以此实现对计划经济与市场经济的平衡。[①] 但是,"新社会主义"有简单"中和"两种经济制度的嫌疑。因为"加尔布雷思将计划化、国家对公共领域的干预均视为'新社会主义'的范畴,但这种将公共领域问题的解决完全依托于一个注重个人产品与服务的政府,并将政府摆脱计划体系的控制寄希望于政府本身的设想,有着浓厚的理想主义色彩"[②]。

关于"专家政治"原则,加尔布雷思提出了很好的建构思路,如"技术专家阶层"的决策以集体决策为基础,这为民主留下了空间,但精英主义倾向仍然非常严重。技术专家制的"专家政治"原则一直饱受质疑,一方面是关于"专家政治"是否走向专制,即"专家政治"极大侵蚀了民主的空间;另一方面是关于专家是否能掌权——法伊尔阿本德就直言无法证明专家的政策比外行更好。[③] 加尔布雷思明确指出"技术专家阶层"的具体运行逻辑是集体决策,同时认为政府、工会、股东等在一定程度上会影响到"技术专家阶层"的权力,这在很大程度上限制了他们的权力空间,为民主参与提供了基础。关于专家是否能掌权的问题,加尔布雷思的应对策略是在以技术专家为核心的基础上进一步扩大"专家"的范围,同时引入"科教阶层"与"技术专家阶层"共存,这在一定程度上弱化了对专家是否能掌权的质疑。然而,加尔布雷思方案的"精英政治"色彩仍然非常浓烈,只是与之前的技

---

① [美]约翰·K.加尔布雷思:《经济学与公共目标》,丁海生译,华夏出版社2010年版,第95页。

② 刘合波、秦颖:《加尔布雷思的"新社会主义"论》,《当代世界与社会主义》2014年第6期。

③ 刘大椿、刘永谋:《思想的攻防——另类科学哲学的兴起和演化》,中国人民大学出版社2010年版,第138页。

第二章 技术专家制的历史演进

术专家制将"精英"聚焦于"科技专家"不同,他将"精英"的范围扩大到教育界,这与古德纳(Alvin Gouldner)所言的"由人文知识分子和技术知识分子组成新阶级"[①]非常相似。此外,加尔布雷思将教育程度的不同当作社会主要矛盾的原因,这进一步体现了他的"精英主义"倾向。

加尔布雷思虽然全面分析了"技术教育"问题,如提出多元化教育、对教育制度滞后性进行分析等,但对于具体如何进行改革和实施并未提出详细方案。显然,技术专家制的技术教育制度具有明显的科学主义、实用主义和专业主义倾向。对此,加尔布雷思非常清楚,因此,他指出应该通过加强教育的多元化和艺术化,这样才能更好地解放思想、改革社会。同时,加尔布雷思也看到了当前的教育制度具有滞后性。他认为,教育系统培养的学生很难满足"新工业国"的需求,这是造成失业率居高不下的一个重要原因。此外,"科教阶层"的提出虽有一定的政治色彩,但主要而言还是针对教育,对于这一阶层的强调,为技术教育乃至整个教育的发展提供了很好的基础。尽管加尔布雷思的技术教育思想已非常全面和系统,但仍存在一些局限。如在技术教育主导下的多元化教育应如何开展这一问题上,加尔布雷思并未进行深入分析,仅仅是强调了多元化教育的重要性,同时呼吁教育界和教育者要担负起应有的责任。又如在教育制度滞后问题上,加尔布雷思仍然停留于表面的探讨,只是指出教育制度的滞后会导致教育机构培养的学生不能满足计划体系的需求,从而最终造成失业率居高不下,至于如何对教育制度进行改革,加尔布雷思只字未提。

综上所述,技术专家制经历了从作为一种政治乌托邦到作为一种社会运动,再到作为一种社会思潮的演变。随着理论的发展与演变,技术专家制在当代的内涵与过去的内涵具有了很大区别。下一章将对当代技术专家制进行系统分析,以全面认识当代技术专家制的理论内涵、本质特征、基本类型。

[①] [美]艾尔文·古德纳:《知识分子的未来和新阶级的兴起》,顾晓辉、蔡嵘译,江苏人民出版社2002年版,第1页。

第三章　当代技术专家制

随着互联网、大数据、人工智能等信息通信技术的快速发展和有力支撑，技术专家制在当代社会得到很好的发展，已然成为当代社会运行与治理的重要基础和主要特征，主要强调科技专家与科学技术在社会运行与治理中的重要作用。[①] 不难看出，当代技术专家制与传统技术专家制[②]，即主张由科技专家完全掌握政治权力的技术专家制显然有着本质区别。那么，当代技术专家制为什么会发生理论转向？在发生理论转向之后，当代技术专家制的理论内涵是什么？具有哪些基本特征？更进一步，当代技术专家制以何种形式在当前社会运行与治理中发挥作用？有哪些主要类型？在本章中，笔者将对以上问题进行回答。

第一节　当代技术专家制的理论转向

如上所述，20世纪五六十年代，西方社会出现了一波研究技术专家制的浪潮，如政治学视域的技术专家制研究、经济学视域的技术专家制研究、文化视域的技术专家制研究、社会学视域的技术专家制

[①]　兰立山、刘永谋：《技治主义的三个理论维度及其当代发展》，《教学与研究》2021年第2期。

[②]　本书所言的当代技术专家制是指自20世纪五六十年代发展至今的技术专家制，与之相对，将20世纪五六十年代之前的技术专家制称为传统技术专家制。之所以如此划分，主要在于技术专家制在20世纪五六十年代发生了理论转向，而人们习惯于将20世纪五六十年代至今的时间段称为"当代"。

第三章 当代技术专家制

研究等。虽然研究视角不同,但这些研究都有一个共同特点,即不再像过去或传统那样将技术专家制视作一种完全由科技专家掌握政治权力的政治制度,而是将技术专家制视为一种强调科技专家与科学技术的重要社会作用的理论或现象。在这之后,当代技术专家制的研究一直沿着这一方向发展。显然,当代技术专家制的理论内涵已与传统技术专家制有本质区别,有学者因此指出当代技术专家制发生了理论转向。①

一般来说,当代技术专家制发生理论转向的原因可以总结为两个方面。一方面,这与20世纪三四十年代的美国技术专家制运动失败有关。在技术专家制运动中,斯科特、劳滕斯特劳赫等人主张通过科技专家应用科学方法、技术工具来改良社会以应对经济大萧条,但由于种种原因技术专家制运动很快走向失败。技术专家制运动的失败让技术专家制思想家明白,要建立一个完全由科技专家掌握政治权力的政治制度并不现实,因为在民主已成为主流价值观的背景下,科技专家并无掌握政治权力的合法性基础。② 因而,在技术专家制运动失败之后,技术专家制不再主张科技专家完全掌握政治权力,而是仅仅强调科技专家在政治运行中的重要作用,这使得当代技术专家制开始从一种政治制度转向一种政治学研究领域。③

另一方面,这与科学技术的快速发展和广泛应用密切相关。人类社会在20世纪五六十年代迎来了以信息技术、生物技术、新能源技术等技术为主要代表的又一次工业革命,这使得科学技术在社会运行中的作用更加凸显并进一步提高了科技专家的社会地位。在此背景下,出现了从不同学科视域研究科技专家的社会地位和科学技术的社会功能即技术专家制的浪潮,如上文所提到的经济学、社会学、文化

---

① Frank Fischer, *Technocracy and the Politics of Expertise*, Newbury Park: SAGE Publications, 1990, p. 19. Anders Esmark, *The New Technocracy*, Bristol: Bristol University Press, 2020, pp. 21 – 51.

② Claudio M. Radaelli, *Technocracy in the European Union*, London: Routledge, 1999, p. 20.

③ 兰立山、刘永谋:《技治主义的三个理论维度及其当代发展》,《教学与研究》2021年第2期。

等视域。这些著作主要将技术专家制当作一种社会现象，而不是当作一种政治制度或理论来进行研究，这让当代技术专家制的理论内涵开始从政治制度或理论转向多元。

关于当代技术专家制发生理论转向的总结，费希尔的"平静革命"是较具影响的观点。在费希尔看来，当代技术专家制已由过去主张科技专家完全掌握政治权力转向强调科技专家及其专业知识对政治运行的重要影响，这使得人们很难对当代技术专家制进行识别和监督。由于当代技术专家制的这一理论转向既表现了其内容转向"温和"，也表现了当代技术专家制的这一理论转向是在"平静"中完成的，因此费希尔将这一理论转向称为"平静革命"。[①] 费希尔指出，经历"平静革命"之后，当代技术专家制从一种政治制度转变为一个政治学研究领域或分支，主要研究科技专家及其专业知识对政治的作用和影响，即"专家知识政治学"。

"平静革命"的总结在一定程度上符合学界对当代技术专家制的界定，普莱斯、温纳等人的观点就是佐证。如上所述，在普莱斯看来，随着科技专家社会地位的提高及其在政治决策、公共管理等领域作用的凸显，以科技专家构成的科学阶层将与专业阶层、行政阶层、政治阶层一起决定政府与社会的运行。而在温纳看来，技术专家制"是对影响公共生活的两种力量的展现，我们已对它们进行了一定程度的论述：技术律令以及反向适应，它们对整个社会表现出不可抗拒的必然性的威力"[②]。不难看出，普莱斯、温纳对当代技术专家制的界定与费希尔将当代技术专家制定义为专家知识政治学较为一致。

尽管具有一定合理性，但费希尔将"平静革命"之后的当代技术专家制称为"专家知识政治学"也存在一些局限。其一，当代技术专家制在理论转向之后并非仅有政治学维度的理论内涵。在上文的分析中，已经提到当代技术专家制具有多种学科的研究视角，如政治学

---

① Frank Fischer, *Technocracy and the Politics of Expertise*, Newbury Park: SAGE Publications, 1990, pp. 19–20.

② [美]兰登·温纳：《自主性技术：作为政治思想主题的失控技术》，杨海燕译，北京大学出版社2014年版，第220页。

第三章　当代技术专家制

视角的技术专家制研究、经济学视角的技术专家制研究等。因此,将"平静革命"之后的技术专家制表达为"专家知识政治学"并不能完全表现出当代技术专家制在理论转向之后所涉及的理论或学科维度。

其二,"专家知识政治学"并不能准确表达技术专家制的内涵。学界对技术专家制中的"专家""专业知识"等概念的界定一直存在争议,即技术专家制所说的"专家"是何种专家?技术专家制主张的"知识"是何种知识?在此背景下,费希尔直接将"平静革命"后的当代技术专家制称为"专家知识政治学"就显得不够准确。如库尔基(Milja Kurki)所言,专家知识政治学并不必然就专指技术专家制,因为政治理论、规范性知识对政治的影响同样也可以被视为专家知识政治学。[1] 当然,更为重要的是,技术专家制主张的权力主体或治理主体是"人"而非"知识",也即是"人"运用"知识"来运行和治理社会,而非"知识"作为主体来运行和治理社会。如萨托利所言,技术专家制的权力主体是科技专家而非科技。因而,将理论转向之后的当代技术专家制称为"专家知识政治学"并不能很好地体现技术专家制的理论内涵。

笔者认为,将"平静革命"之后的当代技术专家制定义为一种治理体制更为合理,即当代技术专家制是一种主张由科技专家按照科学原理、技术原则来进行运转的治理体制。之所以将当代技术专家制定义为一种治理体制,这与兴起于20世纪七八十年代的治理理论有着密切关系。"治理"主张政府通过运用其政治权威来引导非政府机构以及与非政府机构合作来共同解决国家的政治、经济、社会等事务,但在整个治理过程中,权力并不限于政府。[2] 按照"治理"的定义,它涉及政治、经济、社会等诸多领域或学科。而上文的论述已经指出,当代技术专家制具有政治学、经济学等多种内涵,显然"治理"

---

[1] Milja Kurki, "Democracy through Technocracy? Reflections on Technocratic Assumptions in EU Democracy Promotion Discourse", *Journal of Intervention and Statebuilding*, Vol. 5, No. 2, June 2011, p. 216.

[2] [英]格里·斯托克:《作为理论的治理:五个论点》,华夏风译,《国际社会科学杂志(中文版)》1999年第1期。

能很好地表达当代技术专家制所具有的多学科内涵。当前，已有一些学者从治理视角来定义当代技术专家制，典型如埃斯马克。在埃斯马克看来，当代技术专家制本质上是一种新治理范式，在过去的三四十年中，它主要通过连接治理、风险治理、绩效治理等治理模式来影响政治和政策。[1]

据此，将当代技术专家制定义为一种治理体制就比将其定义为一种政治学理论即"专家知识政治学"更能体现当代技术专家制的多元内涵。这里需要说明一下，"体制"在此是从方法论维度来使用，主要指运行模式、组织形式、决策方式等，而不是从制度层面来使用，如政治制度、经济制度等。

当代技术专家制的理论转向除了表现为从一种政治制度转变为一种治理体制，还表现为比传统技术专家制更加强调从科学管理原则，即科学技术的维度来界定或使用技术专家制。无论是从技术专家制思想的开创者培根或圣西门的思想来看，还是从"技术专家制"一词的创造者史密斯对技术专家制的定义来看，技术专家制都主要是从专家政治原则来定义技术专家制的，即将技术专家制定义为由科技专家掌握政治权力或治理权力的思想。在20世纪五六十年代技术专家制思潮在西方社会兴起之时，学者也主要从专家政治原则视角来定义技术专家制，典型如梅诺、普莱斯、加尔布雷思等人。但在这之后，学界开始从科学管理原则来定义技术专家制，即将技术专家制定义为严格按照科学原理、技术原则来运行与治理社会的治理理论，强调科学技术在社会运行与治理中的重要作用。对此，国内一些学者将Technocracy翻译为"技术统治（论）"[2]、科技兴国论[3]、"技术治理"[4]等就是很好的说明。当然，在此需要说明一下，这里

---

[1] Anders Esmark, *The New Technocracy*, Bristol: Bristol University Press, 2020, p.2.
[2] 洪涛:《作为机器的国家——论现代官僚/技术统治》,《政治思想史》2020年第3期；梁树发:《技术统治论思潮评析》,《教学与研究》1990年第5期。
[3] 安维复:《Technocracy——一种价值无涉的工具理性》,《求是学刊》1996年第5期。
[4] 刘永谋:《技术治理的逻辑》,《中国人民大学学报》2016年第6期。

第三章 当代技术专家制

所言的更加强调从科学技术维度来界定当代技术专家制,并非是说当代技术专家制就不再从专家政治原则来界定当代技术专家制,而是说两者都成为界定当代技术专家制的方式。

温纳、芬伯格等人是从科学技术维度来界定或使用技术专家制概念的重要代表。在温纳看来,技术专家制"现象没有被视为不同寻常之事。它们的确只是正常政治活动的一部分。服从技术律令或者为反向适应之目的而工作,被视为政治现实主义的缩影"①。芬伯格主要从行政体制的视域来定义技术专家制。他认为,"技术专家制指一种广泛的行政体制,它是通过参考科学专业知识而非传统、法律或人民意愿来获得合法性的"②。不难看出,虽然从不同学科维度来定义技术专家制,但温纳、芬伯格都并未提及科技专家,两人主要强调了科学技术在技术专家制理论中的重要性。

当代技术专家制转向从科学技术维度来定义技术专家制与当代技术专家制不再主张科技专家掌握政治权力密切相关。当当代技术专家制不再强调科技专家掌握政治权力后,其与传统技术专家制就有了本质区别,特别是不能很好地表现出传统技术专家制的主要特征,即由科技专家来掌握政治或治理权力。为此,学者们尝试从其他维度来定义技术专家制以表现出当代技术专家制的独特内涵,进而更好地与其他理论相区分。作为技术专家制的另一核心原则,科学管理原则显然成为学者重新定义当代技术专家制的重要维度。此外,学者选择从科学技术维度来定义当代技术专家制还与科学技术的快速发展有一定关系。彼时,以信息通信技术为核心的第三次工业革命正在发生,人们开始从技术的维度来定义社会形态,如技术社会、后工业社会、网络社会等,这为学者从科学技术的维度来定义当代技术专家制提供了坚实的现实基础。

由于当代技术专家制转向从科学技术维度来定义技术专家制,其在内容上就与费希尔的"平静革命"有所不同,为与费希尔的"平

---

① [美]兰登·温纳:《自主性技术:作为政治思想主题的失控技术》,杨海燕译,北京大学出版社2014年版,第222页。

② Andrew Feenberg, *Questioning Technology*, London: Routledge, 1999, p.4.

静革命"相区别,笔者将当代技术专家制转向从科学技术维度来定义技术专家制的这一理论转向称为"深度革命"。"深度革命"中的"深度"一词借用了段伟文提出的"深度科技化"概念。在《人工智能与解析社会的来临》一文中,段伟文指出,"虽然现代以来,科技走向人自身的过程一直在持续展开之中,而智能革命对此进程所带来的影响不仅仅是速度和广度,而且正在将人类推向日益深度科技化的全新世代——基于数据和计算的智能感知和控制将使得科技在各种可能的尺度上介入人的生命、行为、认知乃至意识、情感和道德"①。在段伟文看来,"从'生命—智能—社会复合体'这一分析框架出发,有助于总体把握智能革命以及人类社会深度智能化的前景"②。根据段伟文的论述,"深度科技化"是指人类、社会、自然的科技化在进一步加深。而当代技术专家制开始从科学技术来定义技术专家制,主张科学技术在社会运行与治理方面的重要作用,即社会运行与治理的科学化或技术化,这使得当代技术专家制的解释力不断增大,其对于社会运行与治理的渗透也在加深。因为,如段伟文所言,当代社会是一个深度科技化的社会。

具体而言,当代技术专家制的"深度革命"有两层内涵。其一,当代技术专家制转向从科学技术,即科学管理原则来定义技术专家制,这使得当代技术专家制可以弱化很多传统技术专家制所遭受的批判,特别是反民主批判,这是对技术专家制思想的一种深化。其二,由于当代技术专家制主要从科技维度来定义技术专家制,而当代社会又是一个深度科技化的社会,这使得当代社会的技术专家制化逐渐加深,或者说当代社会正在成为一个技术专家制社会。如芬伯格所言,信息社会本质上是一个技术专家制社会,它给国家和企业的技术专家制运行提供了合法性基础。③

---

① 段伟文:《人工智能与解析社会的来临》,《科学与社会》2019年第1期。
② 刘大椿等:《智能革命与人类深度智能化前景(笔谈)》,《山东科技大学学报》2019年第1期。
③ Andrew Feenberg, *Alternative Modernity: The Technical Turn in Philosophy and Social Theory*, Berkeley: University of California Press, 1995, p.157.

综上所言，在经历理论转向之后，当代技术专家制已从过去的政治制度转变为一种治理体制，且逐渐强调从科学管理原则来界定技术专家制。当然，在此需要说明一下，当代技术专家制更多地表现为一种方法或工具，而非一种政治制度层面的价值追求。这种转变与官僚制的转换非常相似。毕瑟姆指出，官僚制一开始是以与民主制相对应的政治制度出现的，但随着发展，它逐渐转变为一种强调专业人士按照既有原则运行的管理体制。[1]

第二节 当代技术专家制的核心原则

由于已经从一种政治制度转变为一种治理体制，当代技术专家制的核心原则相较于传统技术专家制也发生了变化。具体而言，当代技术专家制主要秉持两个核心原则，即技术治理与专家咨询。

一 技术治理

在技术专家制的科学管理原则里，科学与技术并没有严格区分。但由于在技术专家制兴起之时，科学在社会中的地位优于技术，特别是彼时泰勒的科学管理思想如日中天，因此，技术专家制科学管理原则对科学的强调多于技术。技术专家制对于科学的重视，其实在培根那里就已得到很好的体现。如上所言，罗素认为，"培根哲学的全部基础是实用性的，就是借助科学发现与发明使人类能制驭自然力量"。在技术专家制运动中，技术专家制者对于科学的强调达到顶峰。斯科特指出，技术专家制的目的是通过科学方法来解决社会混乱，所谓的科学方法是"关于决定所有社会现象作用序列的物理科学综合合成的结果"[2]。由于受到泰勒、甘特等科学管理思想家的影响，技术专家

---

[1] ［英］戴维·毕瑟姆：《官僚制》，韩志明、张毅译，吉林人民出版社2005年版，导言第3页。

[2] Howard Scott, et al, *Introduction to Technocracy*, London: John Lane the Bodley Head Ltd, 1933, p. 39.

制运动的另一领袖劳腾斯特劳赫试图运用科学管理方法来分析和解决社会问题，他将技术专家制委员会的官方目标表述为发展出一套社会分析的科学理论。[①] 尽管劳腾斯特劳赫以技术专家制的名义将科学管理思想从企业推广至整个社会的目标并未实现，但泰勒的助手兼同事库克完成了这一工作，他以科学管理可以提高公共管理效率为契机成功地将科学管理思想推广至公共管理和行政管理领域。随着科学管理应用领域的扩展，到20世纪70年代，科学管理几乎拥有了技术专家制的思想特点。[②] 如此，当人们提到技术专家制时，就很容易将其与科学管理画等号。

在社会技术化逐渐深入的背景下，科学管理也经历了从管理科学到技术（化）管理的转变。每一种新思想提出之初，批评都不可避免，泰勒的科学管理思想也不例外。对泰勒科学管理的一大批评在于：它到底科不科学？批评者认为，泰勒并没有告诉你他运用了什么科学方法，而仅仅告诉你每一个具体的工作如何去做才高效，即科学，如如何搬生铁、每次搬多重等。也就是说，泰勒是在寻找每一项管理的科学原则，而非运用科学原理或方法来指导管理。正如奥尔森所言，泰勒毫无疑问夸大了他理论的科学性，他所谓推动了工业实践的科学方法仅仅是基于他自己的工作。[③] 这一批评虽未影响泰勒科学管理的扩散及其在管理思想史中的地位，但人们开始寻求更为"科学"的方法来进行管理。20世纪50年代，在物理学、统计学、运筹学等学科的快速发展下，科学方法开始被运用于管理领域。而此时，科学管理不再自称为"科学管理"，而更名为"管理科学"。对此，尼尔·A. 雷恩（Daniel A. Wren）等人指出，"现代的管理科学从科学管理开始发生了转变，与其说它是探索管理的科学，不如说它是努

---

① William E. Akin, *Technocracy and the American Dream：The Technocracy Movement*, 1900 - 1941, Berkeley：University of California Press, 1977, p. 64.

② Richard G. Olson, *Scientism and Technocracy in the Twentieth Century：The Legacy of Scientific Management*, Lanham：Lexington Books, 2016, p. 41.

③ Richard G. Olson, *Scientism and Technocracy in the Twentieth Century：The Legacy of Scientific Management*, Lanham：Lexington Books, 2016, p. 6.

力在管理中使用科学"①。随着信息通信技术的快速发展及其在管理领域的广泛应用，信息通信技术已成为管理研究和实践的重要工具，如当前企业普遍使用的信息管理系统、专家决策系统等，管理科学逐渐转变为技术（化）管理，当前较具代表的有信息化管理、网络化管理、智能化管理等。

据上分析，笔者认为，当代技术专家制的"科学管理"原则应更改为"技术治理"原则更为合适。在当代技术专家制的语境中，技术治理指按照技术原则、运用技术方法和工具对整个社会进行治理。目前，国内关于技术治理主要有两种用法。其一，将技术治理作为一种治理方法或模式来看待，强调通过技术方法、技术手段、技术工具来进行治理，即技术化治理。②渠敬东等人在《从总体支配到技术治理——基于中国30年改革经验的社会学分析》一文中开始将这一用法普及开来。他们认为，随着改革开放的深入，技术化治理开始成为我国政府、企业等的重要治理手段。③其二，将技术治理作为Technocracy的翻译，即将技术治理等同于本书所言的技术专家制。这一用法的主要代表是刘永谋，他认为，Technocracy在国外主要作为一种较为中性的治理理论或政治制度被使用，并无"主义"和"统治"等含义，因此译作"技术治理"较为合理。④在本书中，技术治理一词的用法与两者都有所区别。一方面，笔者将"技术治理"作为技术专家制的核心原则之一的科学管理原则在当代的表现形式或称谓，因而它并不能完全等同于Technocracy。另一方面，在技术专家制中，所谓科学管理或技术治理是指整个社会的科学化运行或技术化运行，而非仅仅将技术治理作为一种治理手段。总而言之，本书所言的技术治理是技术专家制科学管理原则在当代技术专家制中的表达。

---

① ［美］尼尔·A.雷恩、［美］阿瑟·G.贝德安：《管理思想史》，孙健敏等译，中国人民大学出版社2017年版，第361页。
② 刘永谋：《技术治理统论》，北京大学出版社2023年版，第36页。
③ 渠敬东、周飞舟、应星：《从总体支配到技术治理——基于中国30年改革经验的社会学分析》，《中国社会科学》2009年第6期。
④ 刘永谋：《技术治理的逻辑》，《中国人民大学学报》2016年第6期。

◇◆◇ 技术专家制研究

当代技术专家制的技术治理原则主要通过两种模式来体现。一方面，运用技术方法来进行社会治理，如算法治理。算法治理是指一种通过算法来进行治理的治理模式，在当代社会治理中发挥着重要作用。对此，凯伦·杨（Karen Yeung）指出，以大数据、普适计算、云储存等技术为核心的网络化数字通信技术的创新，正在形成一种新的社会管理系统，即算法管理系统。算法管理系统主要指一种决策体系，这个决策体系以动态的环境实时监控数据为基础，通过对这些数据进行连续计算形成知识来实现管理风险或改变行为，最终达到预期的结果。[①] 另一方面，按照技术原则来进行社会治理，即通过技术设计来实现治理目标。关于通过技术规则来实现治理目标，莱斯格（Lawrence Lessig）的"代码即法律"无疑是最具影响力的观点之一。在莱斯格看来，代码在网络空间中的治理功能与法律无异。[②] 目前，通过技术规则来完成治理目标的典型例子是区块链。

除了能很好地表达当代技术专家制的技术化特征，使用"技术治理"的称谓还具有两点作用。首先，可以避免技术专家制与科学管理在称谓上的混淆。技术专家制与科学管理有着千丝万缕的关系，如两者都可以追溯到圣西门，泰勒主义者甘特与凡勃伦两人的思想相互影响，技术专家制者领袖之一劳腾斯特劳赫又深受科学管理思想影响等。但总的来说，技术专家制与科学管理是两种不同的思想，它们是美国进步主义运动中兴起的众多思潮中较具影响力的两种。[③] 如此直接将"科学管理"作为技术专家制的一个核心原则会产生一些歧义。因而，将技术专家制"科学管理"原则更名为"技术治理"原则会减少一些不必要的表达歧义。其次，技术治理比科学管理更能表达技术专家制的"中立"态度。技术专家制者主张运用技术方法来解决政治问题，他们避免遭受价值标准、意识形

---

① Karen Yeung, "Algorithmic Regulation: A Critical Interrogation", *Regulation & Governance*, Vol. 12, No. 4, December 2018, p. 215.
② Lawrence Lessig, *Code and Other Laws of Cyberspace*, New York: Basic Books, 1999.
③ William E. Akin, *Technocracy and the American Dream: The Technocracy Movement*, 1900 – 1941, Berkeley: University of California Press, 1977, pp. 1 – 2.

态等的影响，以追求理性、高效的进行决策。① 然而，"无论是传统的权威国家、基于个人感召力的权威国家，还是基于法理权威的国家，其行政模式和行政行为都会被打上深深的意识形态印记，管理总是一定国家形态的管理。治理以其技术性远离意识形态，得以保持中性色彩"②。因此，运用"技术治理"比"科学管理"更能表达技术专家制的"去政治化"内涵。

综上所述，技术专家制的科学管理原则在当代技术专家制中被称为技术治理原则。当然，这种改变并没有改变技术专家制对于科学原理、科学方法、技术原则、技术工具等在政治决策、社会治理、行政管理中的强调，即没有改变技术专家制科学管理原则的内涵，只是将之前科学管理原则对"科学"的强调转向对"技术"的强调。这种转变既顺应了技术专家制的技术化趋势，也符合技术专家制的理论内涵，如强调中立的价值立场。

二 专家咨询

在当代社会中，技术专家制的专家政治原则与科学管理原则一样，其特征也发生了转变，即从强调科技专家掌握政治权力或对政治的影响，转向强调科技专家在公共事务中的咨询建议作用。本书将这一转向总结为从技术专家制的专家政治原则转变为"专家咨询"原则，即技术专家制专家政治原则在当代技术专家制中转变为"专家咨询"原则。如上所述，在"平静革命"之后，技术专家制已经不再强调掌握政治权力。在费希尔看来，此时技术专家制转变为"专家知识政治学"，主要强调专业知识对政治的影响。对此，笔者在前文中进行了质疑，认为技术专家制的范围并非仅仅局限于政治领域。因而，将"平静革命"之后的技术专家制称为"专家知识政治学"，或者说将"平静革命"之后技术专家制的专家政治原则称为"专家知

---

① Milja Kurki, "Democracy through Technocracy? Reflections on Technocratic Assumptions in EU Democracy Promotion Discourse", *Journal of Intervention and Statebuilding*, Vol. 5, No. 2, June 2011, p. 215.

② 程杞国：《从管理到治理：观念、逻辑、方法》，《南京社会科学》2001年第9期。

识政治学"并不合理。在笔者看来,"平静革命"之后的技术专家制在专家掌权问题上(即专家政治原则上)主要体现为"专家咨询",不再将自己的范围限定在政治领域,而是扩展至整个社会事务。关于这一观点,在普莱斯的技术专家制思想中体现得非常明显。普莱斯认为,"科学技术关注的问题超越政治制度,这能让管理和政治阶层软化和超越意识形态的冲突,形成更理性的决策。科学和职业阶层参与公共事务,促进经济繁荣,减少由于经济不安全导致的激进主义"①。不难看出,按照普莱斯的观点,技术专家制关注的是整个公共事务,而不只是政治问题。

专家咨询的主要形式包括科技专家在政府中任职、专家智库等,从功能上看,专家主要发挥的是咨询建议作用。如上所述,在费希尔看来,技术专家制强调的是一种技术性方法和辩论模式,它的机理是一种讨论方式而非决策标准,真正作出决策的仍然是政治家,专家主要提供的是政策选择的框架和范围。诚然,不可否认,也有一些科技专家通过在政府中任职而取得极大的政治决策权力或政策选择权力,但他们的权力是基于他们所处的政治地位,而非他们的科学技术知识。因此,不能就此认为科技专家以自己的科学技术知识就能获得极大的政治权力。

科学咨询是当代技术专家制专家咨询原则在当今社会的一个典型例子。由于具有强烈的反民主倾向以及学界对科学家的客观性和权威性的质疑逐渐增多,技术专家制不断受到批判。然而,在马森与魏因加看来,"尽管多数人认为传统科学专家的权威已经丧失,但在近几十年,决策者对专家咨询的依赖却有增无减。也许,说科学知识在这里扮演了另一个不同角色或许更为准确。它不再被视为一个确定的来源、一个无可争辩的事实,而是一种必要的决策资源,即使它在解释个案时,可能是有争议的"②。由于科学知识在决策中的重要性,使

---

① 刘永谋:《专家阶层的多元制衡:普赖斯论技术治理》,《华中科技大学学报》2019年第2期。
② [瑞士]萨因拜·马森、[德]彼德·魏因加:《专业知识的民主化?——探求科学咨询的新模式》,姜江等译,上海交通大学出版社2010年版,第7页。

第三章 当代技术专家制

得科学咨询在当今社会中的地位愈发明显,对于它的重视并非仅限于政府,企业、非营利组织、国际组织等对此也非常关注,如联合国就需要通过科学咨询来帮助落后国家发展科学技术。简言之,"科学咨询与其说是一个信息载体,不如说是一种程序,它使用有科学文化的流程来决策科学问题,这些流程高度依赖于同行评议和共识的达成,其中会清楚地展现各个领域的不确定因素、存在的分歧和有异议的地方"[1]。在科学咨询中,科学专家主要提供科学信息和政策建议,并不作为政治或政策决策者出现,因而,是当代技术专家制专家咨询原则的很好表现。

由于强调同行评议和共识达成,专家咨询与民主并不冲突,同时仍保持技术专家制所强调的科技专家及其专业知识在社会发展和建设中的重要性。关于专家咨询与技术专家制、民主的关系问题,学界一直存在分歧。在贾萨诺夫看来,专家咨询是技术专家制与民主政治的中间方式,它既可以解决技术专家制有可能走向极权或专制的不足,也可以弥补民主政治效率低下的局限。[2] 不难看出,按照贾萨诺夫的观点,专家咨询是一种不违反民主政治的决策模式,且也不乏技术专家制的高效和专业。与贾萨诺夫有所不同,伦次与魏因加特认为,专家咨询在民主治理中扮演着越来越重要的角色,它可以使政府部门与非政府部门共同合作进行决策。但是,在具体的实施过程中,专家咨询又呈现明显的技术专家制趋势,因此,需要协调好专家咨询与技术专家制的关系。[3] 笔者同意以上两种观点所言的专家咨询兼具技术专家制的高效且不违反民主政治的观点,但笔者认为将专家咨询视为当代技术专家制比较合适。因为在"平静革命"之后,技术专家制已经不再强调掌权问题,主要强调科技专家及其专业知识在社会发展和建设中的作

---

[1] 国际组织可持续发展科学咨询调查分析委员会:《知识与外交——联合国系统中的科学咨询》,王冲等译,上海交通大学出版社 2010 年版,第 16 页。
[2] [美]希拉·贾萨诺夫:《第五部门——当科学顾问成为政策制定者》,陈光译,上海交通大学出版社 2010 年版。
[3] [德]尤斯图斯·伦次、[德]彼得·魏因加特编:《政策制定中的科学咨询——国际比较》,王海芸等译,上海交通大学出版社 2010 年版,第 1—2 页。

· 119 ·

用，这与专家咨询的观点一致。贾萨诺夫和伦次等人之所以仍然强调技术专家制与专家咨询的不同，主要在于他们仍将技术专家制定义为一种强调掌握政治权力的理论，即传统技术专家制。

与技术专家制的模式一样，专家咨询的模式与它所处的政治文化背景有关，并没有一个统一的模式。关于技术专家制的模式，在上文中已有论述，这主要与不同国家或组织所处的政治文化有关。如美国基于民主政体的技术专家制模式、新加坡基于一党专政的技术专家制模式、欧盟作为一个国际政治组织的技术专家制模式、三边委员会以利益集团为基础的技术专家制模式等，这些国家或组织都被称为技术专家制，但它们除了强调科技专家及其专业知识在政治决策、政策制定等方面的重要性，在具体运作中并没有太多相同之处。作为当代技术专家制的主要形式，专家咨询也具有不同模式。在哈夫曼看来，当前的专家咨询机构主要有以下几种："带有预测和设计功能的规划局，带有思想库功能的战略咨询委员会，特定政府领域的专家技术咨询委员会，特定产业部门具有分支机构的部门委员会，前美国技术评估办公室之类的国会专家机构，带有重要咨询功能的政府研究所。"[①] 根据哈夫曼的总结，专家咨询机构的区别主要在于它们与政府的关系，即作为政府机构的专家咨询模式和非政府机构的专家咨询模式。

总的来说，当代技术专家制的两个核心原则的特征，较之于传统技术专家制发生了重要的变化，即科学管理原则转变为技术治理原则，专家政治原则转变为专家咨询原则。但是，两个核心原则的转变并没有改变它们的本质内涵，即两个核心原则仍然强调科技专家及其专业知识在社会建设、社会发展、社会治理等方面的重要性，它们的转变主要体现在技术专家制两个核心原则的特征上。一方面，科学管理原则从强调科学管理转向技术治理。这既与科学知识的客观性受到质疑、以物理学为主导的自然科学发展遇到瓶颈有关，也与技术，特

---

① ［荷］韦博·比克、［荷］罗兰·保尔、［荷］鲁德·亨瑞克斯：《科学权威的矛盾性——科学咨询在民主社会中的作用》，施云燕等译，上海交通大学出版社2010年版，第23页。

别是智能技术的强势发展及其成功应用于社会各领域有关。另一方面，专家政治原则从强调专家掌权和专家对政治的影响向专家在公共事务中发挥咨询建议作用转变，即专家政治原则转为专家咨询原则。技术专家制专家政治原则之所以在政治权力问题一再"让步"，这主要缘于在凡勃伦之后，技术专家制失去了批判向度和理想追求，沦为纯粹改良政治或治理手段的技术化主张，只问如何借助科学技术让政治决策更有效率，不问科学技术在为何服务。[1] 由于过于强调自身的工具性质和效率优势，技术专家制专家政治原则转变为专家咨询也就不难理解。

第三节 当代技术专家制的基本特征

由于技术专家制具有诸多源流和形式，因此学界至今仍未形成统一的技术专家制定义。[2] 尽管如此，这并不影响一些国家或组织被学界视为技术专家制国家或技术专家制组织，典型如新加坡、欧盟等。那么，为什么在技术专家制没有统一定义的前提下仍有一些国家或组织被学界视为技术专家制国家或技术专家制组织呢？很显然，虽然学者们在技术专家制的定义上有着不同观点，但他们都承认技术专家制具有一些理论特质或基本内涵。当某一个国家或组织拥有部分或全部技术专家制的基本特征时，就可以将该国家或组织视作技术专家制国家或组织。

关于技术专家制的基本特征，普特南的总结是较具影响力的。如上所言，在普特南看来，技术专家制具有六个基本特征：（1）政治问题应该被转化为技术问题，即政治问题技术化；（2）怀疑政治家和政治机构的作用；（3）不同情民主政治的开放和平等；（4）社会和政治冲突的出现是人为造成的；（5）拒绝意识形态或道德标准，

---

[1] 刘永谋：《行动中的密涅瓦——当代认知活动中的权力之维》，西南交通大学出版社2014年版，第63页。

[2] Frank Fischer, *Technocracy and the Politics of Expertise*, Newbury Park: SAGE Publications, 1990, p. 17.

主张实用主义；(6) 追求技术进步和物质生产率，不关注分配问题。总的来说，普特南的总结具有一定的合理性，特别是从传统技术专家制的视域来看，如将政治问题技术化、不同情民主、追求技术进步和物质生产率等。

然而，从当代技术专家制的视角来看，普特南总结的六个基本特征就有待商榷了。如上所述，当代技术专家制并不主张科技专家掌握政治权力，即专家咨询原则，这使得当代技术专家制并不必然不同情民主或反民主。可见，普特南所言之技术专家制的六个基本特征对当代技术专家制并不适用。总的来说，笔者认为当代技术专家制的基本特征包括如下几个方面。

一 科技优先

主张科技知识及其方法在治理过程中的优先性是当代技术专家制的第一个基本特征。这与传统技术专家制强调政治的科学化或技术化运行有很大不同。普特南指出，技术专家制认为科学方法、技术手段可以代替政治，其深信一切社会问题、政治问题等都可以通过理性、无偏见的科学方法、技术手段来解决。[1] 不可否认，普特南的总结具有其合理性，因为在重要的技术专家制思想家中不乏主张运用科学方法来解决一切社会问题的人，如圣西门就尝试用牛顿的万有引力定律来解释社会问题、技术专家制运动的领袖之一斯科特试图按照诺贝尔化学奖得主索迪的能量理论来改良社会等。但在技术专家制运动失败之后，仍持此种科学主义的技术专家制观点的思想家已基本没有。在具体的治理过程中，当代技术专家制主要强调科技知识及其方法的优先性而非唯一性。也就是说，当代技术专家制者在遇到具体问题时首先考虑的是用科技方法来解决，但科技方法并不是他们解决问题的唯一方法且通过科技方法得到的解决方案也并不一定会被完全接受。

---

[1] Robert D. Putnam, "Elite Transformation in Advanced Industrial Societies: An Empirical Assessment of the Theory of Technocracy", *Comparative Political Studies*, Vol. 10, No. 3, October 1977, pp. 385-386.

第三章　当代技术专家制

当代技术专家制之所以从政治运行或社会运行科学化或技术化转向科技优先，主要缘于两个方面的原因。一方面，科学原理、技术方法本身存在诸多局限。自第一次工业革命以来，科学技术一直是决定社会发展与运行的关键因素。然而，随着理论的不断发展，科学原理、技术方法的局限也逐渐突出。对于科学知识及方法的批判，SSK（Sociology of Scientific Knowledge，科学知识社会学）的观点非常具有代表性。"SSK 的基本观点是把科学看作和其他文化传统一样，是各种因素建构的；科学尽管有自己的特点，但是与其他知识没有根本的不同；科学家和文学家、艺术家等一样都具有社会性，社会在科学家那里打上的烙印并不比在其他人身上的烙印浅，所以不能把科学看作是纯粹的客观真理的发现过程。知识，包括科学知识是社会建构的。"[①] 如若科学知识及方法与其他知识及方法没有根本不同，那我们就没有必要一定要按照科学知识及方法来发展和运行社会。与科学知识及方法一样，技术知识及方法也饱受批判。以大数据技术为例，它主要运用相关性方法，这使得它并不关注因果方法，进而导致所得结果并不具有解释力。[②] 当技术知识及方法存在局限时，虽然人们仍然强调它在社会运行与治理方面的重要性，但不会再将它视为绝对正确的知识及方法。在此背景下，当代技术专家制只强调科技优先就很好理解。

另一方面，科学技术及其应用存在诸多风险。在经历两次世界大战之后，人们对于科学技术发展所存在的风险有了进一步认识，对于科学技术的态度也逐渐从乐观转向悲观。事实上，马克思对科学技术的很多风险早有论述，如科学技术应用对自然环境的影响、科学技术发展所导致的经济剥削、科学技术削弱人的自主性等，只是当时科学技术发展水平有限，马克思的观点没有引起人们的足够重视。而随着 20 世纪五六十年代第三次工业革命的爆发，科学技术的各种风险愈

---

① 刘大椿、张林新：《科学的哲学反思：从辩护到审度的转换》，《教学与研究》2010 年第 2 期。
② 兰立山、潘平：《大数据的认识论问题分析》，《黔南民族师范学院学报》2018 年第 2 期。

加明显。在这一时期,西方学界掀起了批判科学技术的浪潮,典型如马尔库塞认为当时的社会已经成为一种单向度社会[1]、哈贝马斯指出科学技术已然成为一种意识形态[2]、埃吕尔(Jacques Ellul)认为在技术面前人并无自主性可言[3]、波兹曼指出技术文化已经成为一种垄断文化[4]等。面对种种对于科学技术的批判,当代技术专家制者显然也看到了过度强调科学技术的社会功能会带来种种问题。因此,他们将科学技术的作用限制在一定范围内,而不是完全按照科学技术的原理和规则来运行。

关于当代技术专家制科技优先的特征,算法治理是一个很好的例子。随着计算机算法智能化水平的提高,具有独立自主学习和决策能力的算法已经在一些领域独立执行治理任务。有学者认为,"我们越来越受制于机器,被算法所掌控,并被智能物联网玩弄于股掌"[5]。这里所言之算法对我们的掌控,并非是说以算法支撑的智能技术已经统治了我们,而是说算法已经在极大程度上影响着我们的认知和决策。如斯坦纳(Christopher Steiner)所言:"以前,人类是所有重要问题的决策者;而今,算法与人类共同扮演这一角色。"[6] 当前,算法决策在社会治理已有诸多应用。典型的例子如智能交通,人们可以根据智能地图上的实时路况和路线推荐来避免交通拥堵,以提高交通效率。又如,通过算法信用评分系统的建立,很好地提高了人们的信用水平,因为一旦你有信用不良记录会极大影响算法对你的信用评

---

[1] [美]赫伯特·马尔库塞:《单向度的人——发达工业社会意识形态研究》,刘继译,上海译文出版社2014年版。

[2] [德]尤根·哈贝马斯:《作为"意识形态"的技术与科学》,李黎等译,学林出版社1999年版。

[3] Jacques Ellul, *The Technological Society*, trans. John Wilkinson, New York: Vintage Books, 1964.

[4] [美]尼尔·波斯曼:《技术垄断:文化向技术投降》,何道宽译,北京大学出版社2007年版。

[5] [比]彼得·汉森:《智能化生存——万物互联时代启示录》,周俊等译,中国人民大学出版社2017年版,第211页。

[6] [美]克里斯托弗·斯坦纳:《算法帝国》,李筱莹译,人民邮电出版社2014年版,第197页。

分，而信用评分过低的话，会影响到你生活的各方面，如银行贷款、保险购买等。尽管智能算法在个人信用评分中发挥着重要作用，但它的决策结果并不是不可更改和必须执行的，公众如对算法评分结果有异议可以提出修改或撤销等。①

二　科学技术是获得权力和权威的基础

科技知识是获得权力和权威的基础是当代技术专家制的第二个基本特征。当代技术专家制与传统技术专家制在这一特征上并无本质区别。在技术专家制的理论体系中，科技知识是获得权力和权威的基础是技术专家制非常重要的内容之一，因为它是技术专家制主张科技专家掌握政治权力或治理权力的基础，同时也是技术专家制区别于其他政治理论或治理理论的关键所在，如民主制、贵族制、官僚制等。

虽然都强调科学技术是获得权力和权威的基础，但不同思想家的论述视角并不相同。总的来说，技术专家制对于科学技术是获得权力和权威的基础的论述主要有两种不同的视角。其一，政治科学化或技术化。政治科学化或技术化主张政治问题可以通过科学方法或技术方法来解决，或者说，政治问题本质上就是一个科学问题或技术问题。如普特南指出，技术专家制试图利用技术来代替政治，它追求的是一种去政治的意识形态。② 因此，政治权力应该由拥有科学技术知识的人来掌握，因为只有他们才知道如何解决政治问题。圣西门是技术专家制思想家中主张政治科学化或技术化的重要代表，如上所言，在他看来，"政治将变成一门实验科学，而政治问题最后将交由研究实证的人类科学的人士"。按照圣西门的观点，他之所以认为科技知识是获得权力和权威的基础，原因在于政治问题本身已经成为一个科学问题。在美国技术专家制运动中，斯科特、罗伯等人尝试运用能量定理

---

① 张凌寒：《算法自动化决策与行政正当程序制度的冲突与调和》，《东方法学》2020年第8期。

② Robert D. Putnam, "Elite Transformation in Advanced Industrial Societies: An Empirical Assessment of the Theory of Technocracy", *Comparative Political Studies*, Vol. 10, No. 3, October 1977, pp. 385.

来分析经济危机以及提出相应对策,是政治科学化或技术化的很好例子。当前,随着大数据、物联网、人工智能等智能技术的快速发展,社会的技术化程度进一步加剧,当代技术专家制的"科学技术是获得政治权力和权威的基础"这一特征表现得愈加明显。

其二,科学技术是社会运行与治理的重要基础。与政治科学化或技术化的视角不太相同,科学技术是社会运行与治理的重要基础这一分析视角主要强调科学技术的重要社会功能,并不将科学技术的作用局限于政治领域,同时不注重将政治问题科学化或技术化。基于科学技术在社会运行与治理中发挥重要作用,技术专家制得出了科学技术是获得权力和权威的基础的观点。虽然,在康帕内拉、培根所生活的时代,科学技术的社会功能并不像第一次工业革命之后那么明显,但在那时两人就已经看到科学技术在社会建设与发展中的巨大潜力,这也是两人能提出技术专家制思想的重要原因所在。加尔布雷思的观点与康帕内拉、培根类似。在加尔布雷思看来,土地、资本分别是封建社会、资本主义社会最为重要的资源,彼时,拥有土地的地主和拥有资本的资本家是各自社会权力的拥有者。依此类推,科技知识是当前社会最为稀缺的资源,科技专家也就理应是社会权力的拥有者。[1] 丹尼尔·贝尔也从科技知识的社会功能维度来解释科技知识是获得权力和权威的基础。他认为,科技知识已经成为当代社会运行的重要基础,因此,它也就成为人们获得权力的一个重要方式和基础。[2]

当前,随着智能技术智能水平的提高,出现了新的科学技术是获得权力和权威的基础的分析视角,即科学技术的快速发展使得"技术"逐渐成为独立的权力主体,或者说,科学技术的快速发展成为自己获得权力和权威的基础。如果说以上两种分析视角的指向是科学技术是科技专家即"人"获得权力的基础的话,那么这一分析视角的指向则是科学技术是"技术"获得权力的基础。如弗洛里迪指出,

---

[1] 兰立山:《论加尔布雷斯的技治主义思想》,《凯里学院学报》2019年第4期。
[2] [美]丹尼尔·贝尔:《后工业社会的来临:对社会预测的一项探测》,高铦等译,新华出版社1997年版,第394—395页。

第三章　当代技术专家制

"人类已不再是信息圈毋庸置疑的主宰,数字设备代替人类执行了越来越多的原本需要人的思想来解决的任务,而这使得人类被迫一再地抛弃一个又一个人类自认为独一无二的地位"①。而比尔(David Beer)则直言,算法已经成为一种新的社会权力。② 关于技术作为独立于人的权力主体的观点事实上早已有之,典型如技术自主论。埃吕尔认为,"技术已经是自主的,它塑造了一个无孔不入的世界,这个世界遵循着技术的规则而且抛弃了自己所有的传统"③。在埃吕尔看来,"在技术的自主性面前,人类的自主性不可能存在"④。当然,关于算法权力在多大程度上证成技术自主论,笔者在此不予置评,但需要看到,算法权力确实为当代技术专家制的科学技术是获得权力和权威的基础特征提供了很好的分析视角。

三　科技专家在社会运行与治理中发挥重要作用

当代技术专家制的又一基本特征是科技专家在社会运行与治理中发挥重要作用。这与传统技术专家制主张科技专家完全掌握政治权力有本质区别。在技术专家制运动失败之后,技术专家制不再坚持科技专家掌握政治权力的观点,而是强调科技专家在社会运行与治理中发挥重要作用,主要体现在为最终决策提供专业咨询和建议。尽管当代技术专家制主要强调科技专家的咨询、建议作用,但这并非意味着科技专家对决策本身并无实质性或决定性的影响。因为科技专家在给出建议时本质上已经限定了政治家的决策选项,政治家需要做的不是要不要选择科技专家给出的建议,而是如何在科技专家给出的不同决策选项中选择一个他们认为最为合理的选项。因此,科技专家其实在很

---

① [英]卢西亚诺·弗洛里迪:《第四次革命——人工智能如何重塑人类现实》,王文革译,浙江人民出版社2016年版,第107页。
② David Beer, "The Social Power of Algorithms", *Information, Communication & Society*, Vol. 20, No. 1, 2017, pp. 1–13.
③ Jacques Ellul, *The Technological Society*, trans. John Wilkinson, New York: Vintage Books, 1964, p. 14.
④ Jacques Ellul, *The Technological Society*, trans. John Wilkinson, New York: Vintage Books, 1964, p. 138.

大程度上影响着整个决策的结果。总的来说,以下几种情况是科技专家在社会运行与治理中发挥重要作用的很好表现。

通过在政府部门中任职来对社会治理产生影响,一直是科技专家在社会治理中发挥作用的重要途径之一,这在当今社会也不例外。在技术专家制运动失败之后,技术专家制不再强调科技专家掌握政治权力,而是主张科技专家通过在政府部门中任职来改革社会,这在罗斯福"新政"以及肯尼迪、约翰逊政府中都得到很好的体现。奥尔森指出,当代美国的城市管理很好地继承了库克建立的科学行政管理模式,即通过城市议会来任命城市管理者及其委员会,这样科技专家就能进入城市管理的领导层和决策层。尽管很多重要决策仍由议会决定,但毫无疑问,科技专家已经能掌握一定的社会治理权力。[1] 由于备受好评,这一治理模式逐渐被州级政府和联邦政府效仿,从而使得很多科技专家被政府"收编",这也就使得很多科技专家在不通过政治选举途径的情况下掌握了社会治理权力。2013 年由斯诺登爆出的美国国家安全局实施的电子监控计划很好地说明了政府在社会治理方面对技术专家的依赖,因为如果没有大量技术专家的支持,这一计划很难实施。在当今社会中,由于智能技术在社会治理的作用进一步增强,技术专家在社会治理中的重要性更加凸显,通过在政府中任职,技术专家就能影响社会治理的决策和施行。

智库是科技专家在当前社会治理中发挥影响和作用的另一途径。"智库"一词兴起于二战时期的美国,"来源于英文的 Think Tank,即'思想库',指以政策研究为己任、以影响公共政策和舆论为目的的研究机构。智库在社会治理科学化的过程中生成,是在公共政策成为基本的社会治理工具的条件下产生的,独立于政府开展政策分析和政策研究的非营利性学术机构"[2]。由于在政策制定中发挥重要作用,如提供原创性研究和分析、提供具有可行性的政策建议、为离职的政

---

[1] Richard G. Olson, *Scientism and Technocracy in the Twentieth Century: The Legacy of Scientific Management*, Lanham: Lexington Books, 2016, p. 153.

[2] 林坚:《智库建设对学术界的意义略论》,《国家治理》2014 年第 44 期。

第三章 当代技术专家制

治家或未来计划在政府部门任职的潜力人物提供工作机会等,美国著名智库研究专家麦甘(James G. McGann)将智库称之为"第五阶层"(The Fifth Estate)。① 麦甘指出,将智库作为第五阶层,主要是根据18世纪欧洲的分工传统中的四个阶层,即神职人员、贵族、工薪族以及乡村农民和媒体提出的。新兴技术发展引出的诸多问题,如无人驾驶汽车引起的安全问题、法律问题、伦理问题等如何处理和应对等,都需要智库给出相应建议。通过参与智库系统的工作,科技专家既可以通过政策建议来实现对社会治理的影响,也可以通过智库平台来提升自己的知名度,从而获得在政府部门任职的机会,最终实现获取政治权力和治理权力的目标。

信息通信技术巨头企业在当今社会治理中发挥着巨大作用,通过在这些企业中任职,也可以在一定程度上提高科技专家在社会运行与治理中的重要性和地位。在以企业为基础来谈科技专家在社会中的影响的技术专家制者中,加尔布雷思无疑是重要代表。在《新工业国》一书中,加尔布雷思详细论述了以科技专家为核心组成的"技术专家阶层"如何通过掌握大型工业企业组成的"新工业国"的权力来影响国家公共政策。加尔布雷思认为,随着大型工业企业规模的变化,国家的大部分经济已由"新工业国"掌控,这使得"新工业国"与国家有着非比寻常的合作关系。而在"新工业国"中,由于企业规模变化以及技术专业化提高,企业家已经很难对企业进行实际掌握,企业的实际权力已经转移到以科技专家为核心的"技术专家阶层"。通过对"新工业国"实际权力的掌控,"技术专家阶层"也就同时实现了对国家公共决策的影响。按照加尔布雷思的观点,谷歌、微软、脸书、推特等大型科技企业无疑组成了当今社会的"新工业国",而它们对社会或国家的影响比起加尔布雷思所言的"新工业国"有过之而无不及,较为有力的例子是特朗普通过脸书来影响美国的总统大选。当前,通过大型互联网企业平台来对社会进行治理已不是什么新

---

① [美]詹姆斯·麦甘:《第五阶层:智库、公共政策、治理》,李海东译,中国青年出版社2018年版,第10—11页。

闻，如恐怖事件预测、社会舆情控制等，这使得科技专家可以通过在大型互联网企业中任职来对社会治理产生影响。

学术界（主要指高校和学术研究机构）中的科技专家虽然不像政府部门、科技巨头企业、智库中的科技专家那般直接参与具体的社会治理，但他们在社会运行与治理中也发挥着重要的作用。概而言之，学术界的科技专家偏向于理论研究，而政府部门、科技企业、智库中的科技专家偏向于实际应用，但两者并非完全分离，而是互有交集、相辅相成。每一项治理决策的制定，不仅需要政府官员、智库专家的参与，同时也需要学术界科技专家的参与，因为他们虽然不能告诉执行者如何去制定和执行决策，但他们可以从理论维度来分析相关理论研究的最新进展以及风险，从而给出建议，这是政府官员和智库专家很难做到的。对此，麦甘从智库的视角给出了解释。他指出，"学术界和发起研究的政策学者常常不对执行手段发表看法，执行手段因而成为政府官员的领域"，但政府官员并无能力来将复杂的学术研究理论转化为具体公共政策，"智库的部分演进过程填补了信息、知识、政策产生与执行之间的裂缝"。① 虽然麦甘的解释是为了说明智库的重要性，但根据他的观点，这同时也说明了学术界中的科技专家的重要作用。因而，在当今社会中，学术界的科技专家与政府、科技企业、智库中的科技专家在社会治理中一起发挥着"科技专家"应有的作用。

四 计划治理

强调计划治理是当代技术专家制的最后一个基本特征。这一特征很好地传承和发展了传统技术专家制重视计划的思想。技术专家制的计划治理思想强调计划在经济发展、公共管理、社会治理等领域的重要作用，主要表现为计划经济、计划管理等。②

圣西门是技术专家制计划治理思想的提出者，他主要强调计划经

---

① ［美］詹姆斯·麦甘：《第五阶层：智库、公共政策、治理》，李海东译，中国青年出版社2018年版，第25页。

② 兰立山：《技术专家制的计划治理思想》，《哲学与中国》2020年春季卷，第163页。

第三章 当代技术专家制

济的重要性。在圣西门看来，经济问题是整个社会的核心问题，政治是为经济目标服务的，它本质上是一种生产科学。但由于消费者、生产者等缺乏知识，完全按照自由市场经济原则运行很难实现物质丰裕的经济目标，因而需要通过科学家来对国家实行计划经济。凡勃伦将技术专家制的计划治理思想从经济领域扩展到管理领域，他的思想"包括了李普曼、克劳利和革新主义者运动的其他代表人物提出过的由政治上公正的专家对社会实行集中计划管理的思想，以及工业和整个社会中的改革同工程师合理化活动相结合的'科学管理'思想"①。加尔布雷思是技术专家制计划治理思想的集大成者，他认为，"计划"已成为当时社会的主要特征，如计划经济。在加尔布雷思看来，技术的发展使得计划成为必须，因为没有严格而长期的计划是很难使技术得到持续而快速的发展的。②

技术专家制的计划治理主要强调通过科学理论、技术方法等手段来进行计划，这一观点的实质是技术专家制科学管理原则的内容。将科学方法运用于国家政治决策可追溯到配第，之后，实证主义与逻辑经验主义也尝试着将科学方法运用于社会领域的研究中，如斯宾塞、纽拉特等人。但直接影响技术专家制科学管理原则提出的人是泰勒，彼时他的科学管理革命使人们相信自然科学理论可以解决社会中的复杂问题。

技术专家制计划治理的实施主体是科技专家，这一内容主要体现在技术专家制的专家政治原则中。专家政治原则的核心是通过专家设计、执行计划来解决资本主义经济制度的矛盾与以自由主义为基础的民主政治的低效，其本质是一种计划治理，强调专家在计划治理中的主体作用，亦即专家是计划治理的主体。总的来说，专家政治原则是以科学管理原则为基础建构起来的，因为如若没有强调运用科学理论、技术方法来进行社会治理的话，科技专家也就失去了掌握政治权

---

① [苏] Э. В. 杰缅丘诺克：《当代美国的技术统治论思潮》，赵国琦等译，辽宁人民出版社1987年版，第27页。

② [美] 约翰·肯尼思·加尔布雷思：《新工业国》，嵇飞译，上海世纪出版集团2012年版，第18—19页。

力或治理权力的合理性和合法性。在技术专家制的视域中,"专家"的主要职责是设计计划与执行计划。这是因为,随着社会的发展,"政治已经逐渐变为一个维持机器运转的技术任务",使得"经济与政治指导越来越变成为一个计划与管理问题"。[①] 因而,技术专家制中"专家"的主要工作就需要围绕着计划进行。

随着大数据、物联网、人工智能等智能技术的快速发展和大力支撑,技术专家制的计划治理思想在当前社会得到很好的发展和施行。[②] 一方面,智能技术具有的强大预测能力为计划治理的实现提供了技术支撑。计划治理的前提是准确预测,它基于已有的知识、经验、数据等对未来可能会发生的事件进行预测,并在此基础上进行精准治理。在所运用的分析方法恰当的前提下,当治理者拥有的知识、经验、数据越完整,其制定出的治理方案就越准确和具有可行性。在大数据技术出现之前,人类主要通过人工方法来对问题进行分析并最终由人来制定治理方案。由于人工方法的分析能力和人的理性程度都有限,因此制定出的治理方案存在诸多问题。大数据技术的出现,很好地解决了这两个难题,因为大数据技术具有强大的预测功能。在艾伯特-拉斯洛·巴拉巴西教授(Albert-László Barabási)看来,"这些大数据实验研究的结果证明,人类的大部分行为都遵循于一定的规律、模型以及原理法则,而且在可重现性和可预测性方面与自然科学不相上下"[③]。由于具有与自然科学不相上下的预测能力,大数据技术无疑为制定精准的计划提供了强大的技术支撑。

另一方面,智能技术具有实时性特点,可以即时发现和修订治理方案的错误,这推动了计划治理的发展。每一个治理方案的制定都不可能是完美的,这与我们掌握的信息有限有关,与人类有限的理性有关,也与未来是不确定的有关。尽管大数据技术给治理者提供了很好

---

① Frank Fischer, *Technocracy and the Politics of Expertise*, Newbury Park: SAGE Publications, 1990, p.16.
② 兰立山:《智能技术视域下的技术专家制批判》,《哲学探索》2022 年第 1 期。
③ [美]艾伯特-拉斯洛·巴拉巴西:《爆发:大数据时代预见未来的新思维》,马慧译,中国人民大学出版社 2012 年版,第 13 页。

的预测，但预测并非事实。因此，计划在执行过程中需要不断完善。当前，互联网、物联网等的发展将世界万物连接在一起，为人类实时了解世界的变化奠定了技术基础。通过互联网，主要是了解网民的动态以及社会舆情的动向，这些信息能很好地反映社会中的舆论情况。而"在物联网中，每个被连接的设备都变成了比单一设备自身更伟大的东西。整体大于所有其组成部分的和，因为所有的物体都以智能、自动的方式与其他的所有物体连接。任何与周围其他有关设备连接的设备都会分享收集到的数据"①。利用所收集到的社会舆情、自然界等的数据，政府及其相关部门"可通过所掌握的实时数据对施政计划进行监控与纠错，从而对施政计划进行完善"②。由于掌握了越来越多的实时信息，使得政府的很多施政方案和政策发挥的作用越来越大，这既提高了公众的满意度和政府的公信力，同时也推动了技术专家制计划治理的发展。

综上所述，当代技术专家制主要有四个基本特征，即科技优先，科技知识是获得权力和权威的基础，科技专家在社会运行与治理中发挥重要作用，计划治理。当这四个特征中的某一特征或某几个特征在一个国家或组织中得到明显体现时，一般则可以认为这一国家或组织是一个技术专家制国家或技术专家制组织。尽管当代技术专家制的四个基本特征与传统技术专家制或多或少存在关系，但总的来说，当代技术专家制与传统技术专家制在基本特征上还是具有很大不同，主要表现为科技专家在社会运行与治理中发挥重要作用、科技优先两个特征。与基本特征类似，当代技术专家制的主要类型与传统技术专家制也有很大区别。在下一部分中，笔者将对当代技术专家制的主要类型进行系统分析，以深入了解当代技术专家制以何种模式在当代社会运行与治理中发挥作用。

---

① ［美］迈克尔·米勒：《万物互联：智能技术改变世界》，赵铁成译，人民邮电出版社2016年版，第4—5页。
② 刘永谋、兰立山：《泛在社会信息化技术治理的若干问题》，《哲学分析》2017年第5期。

第四节　当代技术专家制的主要类型

由于传统技术专家制强调科技专家完全掌握政治权力，因此它的类型较为单一，即作为一种政治制度存在。而当代技术专家制主要作为一种主张由科技专家按照科学原理、技术原则来运行的治理体制存在，并不强调科技专家完全掌握政治权力，这使得它的类型较为丰富。一方面，可以以科技专家掌握政治或治理权力的多少作为标准来对技术专家制进行分类。如上所述，当代技术专家制主要强调科技专家在社会运行与治理中的重要作用。科技专家掌握政治权力的多少并不确定，而是据具体情况而定。据此，就可以根据科技专家掌握政治或治理权力的多少来对当代技术专家制进行分类，如将科技专家完全掌握政治或治理权力的技术专家制划分为一类，而将科技专家掌握部分政治或治理权力的技术专家制划分为一类。另一方面，可以以技术在治理活动中的自主程度的大小作为标准来对当代技术专家制进行分类。随着互联网、大数据、人工智能等智能技术的快速发展，一些具有自主学习和决策能力的智能算法已可作为独立的"专家"运用技术工具进行治理，这为当代技术专家制的分类提供了新的视角或标准，即将以技术作为治理主体的技术专家制划分为一类，而将以人即科技专家作为治理主体的技术专家制划分为一类。

一　以掌握权力程度为划分标准的技术专家制类型

一般而言，传统技术专家制的类型主要分为两种，一是完全由科技专家掌握政治权力的类型，即激进型技术专家制；一是科技专家并不掌握政治权力，但通过在政府中任职或为政府服务来影响政治决策，即温和型技术专家制。[1] 这一区分方式具有其合理性，不同技术专家制者的观点很好地体现了这一点。培根的"所罗门之

---

[1] 刘永谋：《论技治主义：以凡勃伦为例》，《哲学研究》2012 年第 3 期。

第三章 当代技术专家制

宫"无疑是激进型技术专家制的代表,而斯科特在技术专家制运动中的观点则是这一观点的最极致表现。除了培根和斯科特,其他技术专家制者虽然也有强调科技专家掌握政治权力的倾向,但总的来说主要强调科技专家在政治决策和社会运行中的重要作用,即温和型技术专家制,典型代表如圣西门的"牛顿会议"、凡勃伦的"技术人员苏维埃"等。

尽管当代技术专家制不再强调科技专家掌握政治权力,但传统技术专家制的这一划分技术专家制类型的标准对当代技术专家制仍然适用。因为传统技术专家制事实上可以被视为当代技术专家制的一种特殊形式:当当代技术专家制中的科技专家掌握的权力足够大时,当代技术专家制事实上就转化成了传统技术专家制。因此,当代技术专家制的一个主要分类方式是以科技专家掌握政治或治理权力的多少作为标准来对技术专家制进行分类,即激进型技术专家制和温和型技术专家制。

人们普遍认为,激进型技术专家制并不存在,完全是技术专家制者构想的政治乌托邦。在温纳看来,技术专家制有两种形式,一种是技术专家制者的乌托邦构想,认为完美的社会应该由科技专家来统治,如培根的"新大西岛";另一种是将技术专家制当作一种现实的运行模式,这是基于对社会现实的总结,如罗斯福"新政"。以此为基础,温纳指出,前者只有在科学小说中出现,现实中并不存在。[①] 不难看出,温纳所言的第一种形式即激进型技术专家制,第二种形式即温和型技术专家制。关于将激进型技术专家制当作一种政治乌托邦,已经是老生常谈。但是,这并不意味着它完全不可实现。

如上所述,麦克唐纳和瓦尔布鲁齐认为,迪尼和蒙蒂时期的意大利政府、鲍伊瑙伊时期的匈牙利政府、沃克罗尤一世时期的罗马尼亚政府、贝罗夫时期的保加利亚政府、费希尔时期的捷克政府都可以被

---

① Langdon Winner, *Autonomous Technology: Technics-Out-of-Control as a Theme in Political Thought*, Cambridge: The MIT Press, 1977, p.140.

视为"真正存在的完全技术专家制政府",技术官僚主导整个国家的走向。关于麦克唐纳和瓦尔布鲁齐的观点,笔者并不完全赞同。但不可否认,两人所提及的这些政府与激进派技术专家制构想的政治乌托邦已非常接近。

在麦克唐纳和瓦尔布鲁齐看来,除了以上所说的完全技术专家制政府,还存在其他三种由技术专家制者领导,但人员组成和权力与完全技术专家制政府不太一样的技术专家制政府。在对其他三种技术专家制者领导的政府进行分析之前,需要说明一个问题。即这里所说的由技术专家制者领导的政府意指国家出现危机或现有政府出现危机时,国家直接任命技术专家制者来组建过渡政府以治理国家,前意大利总理蒙蒂在时任意大利总理被迫辞职后被任命为意大利总理就是一个典型例子,他组建的内阁成员全是技术专家制者。

其他三种由技术专家制者领导的政府如下。其一,由技术专家制者领导,但内阁中技术专家制者人数少于政治家,而技术专家制者仍主导政府的发展。在技术专家制者领导的内阁中,并不意味着内阁成员都是技术专家制者,有一些政党的政治家会被安排进入内阁,以为自己的党派争取权益。其二,由技术专家制者领导,内阁中技术专家制者人数少于政治家,而技术专家制者并不能主导政府的发展。在这种类型的政府中,各党派的政治家在内阁中具有较大权力,技术专家制者并不具有绝对权力。其三,由技术专家制者领导,内阁中技术专家制者人数多于政治家,但技术专家制者在政府中的权力极其有限。在这样的政府中,虽然是由技术专家制者领导且技术专家制者占内阁成员的大多数,但由于是过渡政府,因而他们只具有维持现有政府正常运行的权力,对于涉及国家未来发展的决策他们并不具有权力。[1]

与激进型技术专家制一样,温和型技术专家制的类型也可以细

---

[1] Duncan Mcdonnell and Marco Valbruzzi, "Defining and Classifying Technocrat-led and Technocratic Governments", *European Journal of Political Research*, Vol. 53, No. 4, November 2014, p. 662 – 666.

第三章 当代技术专家制

分,即分为技术专家制者在政府中任职和不在政府中任职这两种类型。技术专家制者在政府中任职的技术专家制运行类型是当前比较常见的模式,指技术专家制者在政治决策、行政管理、社会治理中的权力主要与他们在政府中担任要职有关,如罗斯福"新政"就是这种类型。在这一类型中,技术专家制者并不是政治领袖,他们的主要角色是在政府中担任职务,以此来推动政府的高效运行。

在不同的政治体制中,这一模式的运行有所不同。在民主政治体制中,政治和行政完全分开,技术专家制者在政府中担任职务具有行政权,而非决策权。因此,尽管技术专家制者通过担任行政职务可以影响到政治决策的制定和选择,但他们具有的政治权力还是相对有限的,并不能完全决定政治决策。而在专制政治体制中,通过在政府中担任职务,技术专家制者具有很大的政治权力。因为,在专制政治体制中,政治和行政是融为一体的,具有行政权力也就意味着具有政治权力,新加坡是这一模式的代表。巴尔(Michael D. Barr)认为,在新加坡的技术专家制模式中,政治和行政的界限是模糊的,这超越了传统强调政治家与技术专家制者的区别,使得两者可以兼容,这大大缓解了政治家和技术专家制者的矛盾。[1]

不在政府中任职,但对国家的政治决策、行政管理、社会治理等仍会产生重要影响,是温和型技术专家制的另一种运行模式,如智库。在经历了19世纪末和20世纪初的初步形成以及20世纪六七十年代的爆发式增长之后,智库开始成为一种独立于意识形态和非利益推动的机构,其使命是为政府提供以科学和知识为基础的政策,以此来提高政府的效率。[2] 尽管智库独立于政府,且不参与政府的具体决策,但其对政府决策具有重要影响。这是由于智库掌握着政府所不具备的诸多专业知识和技能,且具有一定的实践经验,因而政府在面对专业问题时对智库就较为依赖。智库对国家政治决策、行政管理、社

---

[1] Michael D. Barr, "Beyond Technocracy: The Culture of Elite Governance in Lee Hsien Loong's Singapore", *Asian Studies Review*, Vol. 30, No. 1, August 2006, p. 2.

[2] Andrew Rich, *Think Tanks, Public Policy, and the Politics of Expertise*, Cambridge: Cambridge University Press, 2004, p. 36.

会治理等的影响在肯尼迪、约翰逊总统时期达到顶峰，由于技术专家制者在其中发挥着重要作用，这一趋势也被认为是技术专家制的一种新形式。①

除了智库，较具代表性的不在政府中任职的温和型技术专家制是大型科技企业，如谷歌、脸书、亚马逊等。萨多夫斯基（Jathan Sadowski）和塞林格（Evan Selinger）指出，随着谷歌、脸书等大型科技企业在社会运行与治理中作用的凸显，它们在一定程度上替代政府发挥治理社会的作用，而且公众遵循的治理规则并不是政府制定的法律，而是这些大型科技企业自己制定的规则。由于这些大型科技企业在具体的治理过程中施行的是一种技术专家制治理模式，即主张科技专家按照科学原理、技术原则来进行治理，因而萨多夫斯基等人将这种技术专家制模式称为"硅谷技术专家制"（Silicon Valley Technocracy）。② 硅谷技术专家制之所以能在社会运行与治理中发挥如此巨大的作用，主要是因为大型科技企业为公众提供了诸多便利、高效、有趣的服务，让公众自愿选择在这些大型企业平台活动并接受这些大型企业的治理。而基于在社会运行与治理中发挥重要作用，大型科技企业也就具有了参与或影响政治运行的基础和实力，从而硅谷技术专家制也就在一定程度上影响着政治的运行。

总的来说，以科技专家掌握权力程度为划分标准可以将当代技术专家制划分为激进型技术专家制和温和型技术专家制，温和型技术专家制还可以进一步划分为在政府中任职和不在政府中任职。显然，以掌握权力程度为标准来对当代技术专家制的类型进行划分本质上是以当代技术专家制的专家咨询原则为核心来对当代技术专家制进行类型划分。那么，是否可以以当代技术专家制的技术治理原则为核心来对当代技术专家制进行类型划分呢？答案是肯定的，只是这一划分当前并不被学界关注而已，笔者将在下文对此进行分析。

---

① 林坚:《建设中国特色新型智库的全局思考》,《国家治理》2016年第16期。
② Jathan Sadowski, Evan Selinger, "Creating a taxonomic tool for technocracy and applying it to Silicon Valley", *Technology in Society*, Vol. 38, August 2014, pp. 164 – 166.

二 以权力主体为划分标准的技术专家制类型

如上所述,传统技术专家制主要从科技专家的维度来定义技术专家制,因此传统技术专家制主要从科技专家维度来对技术专家制进行分类。但与传统技术专家制不同,当代技术专家制可以从科技专家和科学技术两个维度来定义,因而可以从科技专家和科学技术两个维度来对当代技术专家制进行分类。

与根据科技专家掌握政治权力的多少将当代技术专家制划分为激进型技术专家制与温和型技术专家制类似,事实上也可以根据科学技术在社会运行与治理中的作用将当代技术专家制划分为激进型技术专家制和温和型技术专家制。激进型技术专家制强调完全按照技术原则和方法进行社会运行与治理,其目的是建立一个"机器乌托邦",这一观点在技术专家制运动中得到很好的体现。而在培根的思想中,建立一个"机器乌托邦"的构想其实早已形成。如夏保华所言:"弗兰西斯·培根站在时代的潮头,洞察到社会技术转型的时代发展要求,号召人类去建设一个面向宇宙的人的技术王国。"[①] 温和型技术专家制则主要强调科学技术在社会运行与治理中发挥的重要作用,如圣西门、泰勒、丹尼尔·贝尔等人的观点。丹尼尔·贝尔指出,随着科学技术的快速发展及其重要性凸显,很多"重要决策问题都日益成为技术性的决定"[②]。

随着科学技术的快速发展,特别是大数据、物联网、人工智能等智能技术的快速发展,出现了新的从科学技术维度来对当代技术专家制进行分类的标准,即以权力主体为划分标准。具体而言,当技术作为当代技术专家制的权力主体或治理主体时,当代技术专家制被划分为一种类型;当人或科技专家作为当代技术专家制的权力主体或治理主体时,当代技术专家制被划分为另一种类型。

[①] 夏保华:《人的技术王国何以可能——培根对技术转型的划时代呐喊》,《东北大学学报》(社会科学版) 2018 年第 6 期。

[②] [美] 丹尼尔·贝尔:《后工业社会的来临:对社会预测的一项探测》,高铦等译,新华出版社 1997 年版,第 342 页。

◆◆◆ 技术专家制研究

具有自主学习和决策功能的智能技术的出现，是以权力主体作为划分当代技术专家制类型的标准的重要基础。在智能技术出现之前，尽管信息通信技术在决策中的作用已经非常重要，但一直作为人类决策的辅助工具出现，并无独立进行决策或决定决策结果的能力。然而，当智能技术出现之后，这一切在逐渐改变。对此，弗洛里迪指出，"图灵使我们认识到，人类在逻辑推理、信息处理和智能行为领域的主导地位已不复存在，人类已不再是信息圈毋庸置疑的主宰，数字设备代替人类执行了越来越多的原本需要人的思想来解决的任务，而这使得人类被迫一再地抛弃一个又一个人类自认为独一无二的地位"[1]。在这里，弗洛里迪主要强调了智能技术具备了很多之前人类认为只有人类自己才有的能力，如逻辑推理、信息处理、智能行为等。但他没有指出，其实智能技术在这些方面中的很多能力已经超出了人类，甚至是人类能力无法完成的，如大数据算法对海量数据的分析、挖掘和学习。当然，必须承认，目前人工智能的发展仍处于弱人工智能阶段，即主要只能完成人类设定的特定任务，但这与笔者所强调的智能技术已经具备自主学习和决策的能力并不冲突。

智能技术虽具备自主学习和决策的能力，但它并没有完全取代专家的决策地位，只是在一些问题上具备独自决策和执行的能力。因而，智能技术与专家在决策中的关系决定了当代技术专家制的类型。关于智能技术与专家在决策中的关系，可以参考军用机器人的分类。在西特伦（Danielle K. Citron）与帕斯夸里（Frank Pasquale）看来，军用机器人可以根据智能程度不同分为三类。第一类是受人类控制的军用机器人，这类机器人能自主确定目标，但需要人类下令才能执行任务；第二类是受人类监督的军用机器人，这类机器人可以自主确定目标并执行任务，但人类有权取消机器人的行动，即在人类的监督下进行行动；第三类是完全自主的军用机器人，这类

---

[1] ［英］卢西亚诺·弗洛里迪：《第四次革命——人工智能如何重塑人类现实》，王文革译，浙江人民出版社2016年版，第107页。

第三章 当代技术专家制

机器人可以自主选择目标并执行任务,且不受人类的控制或监督。[1]根据西特伦和帕斯夸里对军用机器人的分类,可以将智能技术与专家的关系分为两种类型,即专家主导型和技术主导型。专家主导型对应受人类控制的军用机器人和受人类监督的军用机器人,主张专家主导机器人或智能技术的运行,专家是机器人或智能技术运行的权力主体。技术主导型对应完全自主的军用机器人,强调技术作为主体决定机器人或智能技术的运行,技术才是机器人或智能技术运行的权力主体。

按照上文对智能技术与专家关系的分析,可以以权力主体为标准来对当代技术专家制的类型进行划分,即当代技术专家制可以划分为专家主导型和技术主导型。

专家主导型技术专家制强调"技术"只是作为一种优先的方法或工具在治理活动中发挥作用,整个治理活动的权力主体是"人",即科技专家。就目前技术治理模式而言,大数据治理是当代技术专家制专家主导型的一个很好的例子。随着大数据时代的到来,利用大数据进行决策已是各行各业的重要手段。迈尔-舍恩伯格(Viktor Mayer-Schönberger)等人指出,"人类从依靠自身判断做决定到依靠数据做决定的转变,也是大数据做出的最大贡献之一。行业专家和技术专家的光芒都会因为统计学家和数据分析家的出现而变暗,因为后者不受旧观念的影响,能够聆听数据发出的声音"[2]。面对信息量非常之大的数据,人类尽管知道它们具有重大价值,但仅凭自己的智力是很难将其完全收集、分析和挖掘出来,这就需要大数据技术的帮助,典型的例子如网络舆情预测。当前,随着网民的增多以及网络平台发展的成熟,通过网络平台来了解社会热点、动向是进行社会舆情预测的一个重要方式。然而,"由于网上信息的量十分巨大,仅依靠人工方法难以应对网上海量信息的收集和处理,需要加强相关信息技术的研究,形成一套自动化的

---

[1] Danielle K. Citron and Frank Pasquale, "The Scored Society: Due Process for Automated Predictions", *Washington Law Review*, Vol. 89, No. 1, January 2014, pp. 6–7.

[2] [英]维克托·迈尔-舍恩伯格、[英]肯尼思·库克耶:《大数据时代:生活、工作与思维的大变革》,盛杨燕等译,浙江人民出版社2015年版,第180页。

网络舆情指标体系和分析体系，及时应对网络舆情，由被动防堵化为主动梳理、引导"①。不难看出，大数据技术在此只是作为一种工具在发挥作用，真正的权力主体是人或科技专家。

当代技术专家制技术主导型主张"技术"作为独立的权力主体来完成治理活动，人类在此过程并不起任何作用。当前，当代技术专家制技术主导型无论在军事领域，还是公共领域和私人领域，都已得到应用。在《无人军队：自主武器与未来战争》（Army of None: Autonomous Weapons and the Future War）一书中，沙瑞尔（Paul Scharre）对自主性武器进行了详细分析。在沙瑞尔看来，巡飞弹（Loitering Munitions）是完全自主武器的典型例子。"巡飞弹能够在广阔空域内作长时间盘旋并寻找潜在目标，一旦找到目标便会摧毁它。……以色列的'哈比'（Harpy）就是这类武器。它在发动攻击之前，无须人类帮忙确认目标。"②

当代技术专家制技术主导型在公共领域和私人领域的应用，主要体现在通过算法来进行决策上，目前较为常见的应用有通过算法进行信用评分、保险推荐、简历筛选、犯罪嫌疑人预测等。③ 基钦等人将以算法为核心的治理模式称作"算法技术专家制"（Algorithmic Technocracy）。基钦等人认为，当前的智慧城市治理主要是基于智能算法的治理，智能算法决定着整个社会的运行方式和情况，算法技术专家制已经成为智慧城市得以良好运转的主要治理模式和基础。④ 根据基钦等人的观点，算法技术专家制即指以算法作为决策主体并按照算法规则来进行运转的治理模式，此时技术专家制的权力主体已由"人"转为"技术"。

---

① 杨明刚：《大数据时代的网络舆情》，海天出版社 2017 年版，第 176 页。
② ［美］保罗·沙瑞尔：《无人军队：自主武器与未来战争》，朱启超等译，世界知识出版社 2018 年版，第 51 页。
③ Indr Žliobait, "Measuring Discrimination in Algorithmic Ddecision Making", *Data Mining and Knowledge Discovery*, Vol. 31, No. 4, July 2017, p. 1061.
④ Rob Kitchin, et al., "Smarties, Algorithmic Technocracy and New Urban Technocrats", in Mike Raco and Federico Savini, eds., *Planning and Knowledge: How New Form of Technocracy Are Shaping Contemporary Cities*, Bristol: Policy Press, 2019, pp. 201 – 202.

第三章　当代技术专家制

就目前的人工智能发展水平而言，专家主导型仍然是当代技术专家制的主要模式，因为当前人工智能的整体发展水平仍处于弱人工智能阶段。尽管确实已有智能算法在一些领域或治理活动中独立完成治理任务，但相较于整个治理领域而言，仍属小部分，因而技术主导型只是当代技术专家制的一个特殊类型，犹如激进型技术专家制是当代技术专家制的一个特殊类型一样。

第四章　技术专家制的批判问题

技术专家制自提出以来一直饱受批判，这主要与技术专家制强烈的反民主倾向有关。不可否认，学界对于技术专家制的很多批判具有一定合理性，然而，这些批判本身也有其局限，不然很难解释当代技术专家制为何成为当前社会运行与治理的重要基础和基本特征。为此，笔者将在本章对技术专家制的批判问题进行系统研究。当然，需要指出，笔者在本部分对学界关于技术专家制主要批判的质疑并不是在单纯地为技术专家制做辩护，或者认为技术专家制是一个不存在缺点的理论[①]，而是仅仅想说明技术专家制并不像当前学界所认为的那么不好，以期更加全面、中立、客观地评估技术专家制的价值。

第一节　技术专家制的主要批判及其局限

由于在提出之初强调科技专家掌握政治权力，技术专家制一直饱受批判。如自由主义者批评技术专家制侵害个体自由，导致极权和专制；人文主义者指责技术专家制把人视为机器，严重束缚人性等。[②]

然而，随着理论的不断发展，技术专家制在当代社会已经逐渐从一种主张由科技专家掌握政治权力的政治体制转变为一种强调科技专

---

① 事实上，笔者认为技术专家制是一个优点与缺点兼具的思想或理论，之所以为它进行温和的辩护，主要是因为当前人们主要对技术专家制持批判态度而忽视了它在现实社会运行与治理中所发挥的重要作用。

② 刘永谋：《技术治理的逻辑》，《中国人民大学学报》2016年第6期。

家与科学技术在社会运行与治理中发挥重要作用的治理体制。由于在当代社会主要作为一种治理体制存在，因而技术专家制得以在不同国家或组织中运行，并形成了多种各具特点的技术专家制模式，典型如新加坡的技术专家制模式、拉丁美洲的技术专家制模式、欧盟的技术专家制模式等。

不难发现，根据上文对于技术专家制在当代社会运行与治理中所发挥的作用的分析来看，学界对技术专家制的批判显然言过其实或存在局限，不然很难解释一个饱受批判或被视为"贬义词"的思想为何能在当代社会运行与治理中发挥重要作用。基于此，一些学者开始全面反思技术专家制所遭受的种种批判及其现实价值。如刘永谋指出，关于技术专家制的很多批判都是有待商榷的，可以通过综合各家意见来建构出一种合理的技术专家制模式。①

总的来说，笔者对学界对技术专家制的各种批判也持怀疑态度。因此，在本部分中，笔者尝试对学界对于技术专家制的主要批判，即政治批判、经济批判、伦理批判及其局限进行系统分析，以全面认识技术专家制的理论内涵并充分发挥技术专家制在当代社会运行与治理中的作用。

一 技术专家制的政治批判及其局限

在目前学界对技术专家制的所有批判中，政治批判最为人们所熟知。一方面，这与技术专家制的理论主张有关。在技术专家制的理论发展史中，很多具有影响力的技术专家制思想家都表达了由科技专家掌握政治权力的观点，如培根、圣西门、凡勃伦、普莱斯、加尔布雷思等。尽管不同思想家对科技专家应该掌握多少政治权力的观点有所区别，但他们确实都主张技术专家应该比公众掌握更多的政治权力，这显然与民主相悖。

另一方面，这与美国技术专家制运动的实践有关。20世纪三四十年代，为应对经济大萧条，美国爆发了风靡一时的技术专家制运

---

① 刘永谋：《技术治理的逻辑》，《中国人民大学学报》2016年第6期。

动。在技术专家制运动中,斯科特、劳腾斯特劳赫、罗伯等人以技术专家制委员会为组织,试图通过科学家、技术专家、工程师等运用科学方法、技术手段来解决美国的经济大萧条。技术专家制运动的主要目的虽在经济改革,但在运动中提出了一些极端的政治观点,典型如贬低民主制、支持精英制,这导致西方社会一直将技术专家制视作一种反民主的思想。

基于学界对技术专家制的这种反民主定位,技术专家制反民主也就理所当然地成为学界对技术专家制进行政治批判的首要内容。如温纳所言,技术专家制是对自由主义政治的直接挑战且其与代议制民主是不相容的,它将公众排除在具体的政府管理活动之外,认为公众不具备参与政治决策的能力,公众的参与只会让政府管理活动更加无序和混乱。[1]

与温纳不同,芬伯格主要从技术维度来对技术专家制进行民主批判。他指出,技术专家制者认为将社会作为一个整体来进行管理具有技术上的必要性,无论这一观点受到支持还是反对,它的这种决定论前提或观点都没有给民主留下任何空间。[2] 芬伯格在这里所说的决定论即技术决定论。在他看来,技术专家制主张技术决定论,这会使他们得出所有社会问题都可以通过科学技术来解决以及国家的政治权力应该由科技专家来掌控的结论。如此,公众就将被排斥在政治决策之外,技术专家制也就难以给民主留出空间。

技术专家制政治批判的另一重要内容是技术专家制会导致技术对人的统治。一提到技术专家制,人们首先想到的是它所主张的由科技专家掌握政治权力的观点,但这并非技术专家制的最终目的。如前所述,技术专家制追求的是一种"去政治意识形态"目标,即取消政治,将政治问题技术化,完全按照科学原理和技术原则来解决政治问题。不难看出,按照技术专家制的"去政治意识形态"观点,人类

---

[1] Langdon Winner, *Autonomous Technology: Technics-Out-of-Control as a Theme in Political Thought*, Cambridge: The MIT Press, 1977, p.146.

[2] Andrew Feenberg, *Questioning Technology*, London: Routledge, 1999, p.75.

第四章 技术专家制的批判问题

将很有可能在科学技术的"统治"之下生活，这将极大削弱人的自主性甚至限制人的自由。

芒福德（Lewis Mumford）的"巨机器"、埃吕尔的技术自主论是担忧技术统治和奴役人的代表性思想。在芒福德看来，"巨机器""是一种技术运作方式"，"当初这古老机器神话讲过那么多假大空的美梦和意愿，大多都在我们这时代成了现实。可是，同时，它却又制造了那么多的限制、节制、强制以及奴役"。① 埃吕尔的技术自主论思想较于芒福德的"巨机器"思想更加激进。如上所言，在埃吕尔看来，技术将人降格为技术的奴隶，在面对技术的自主性时，人类没有任何自主性可言。

学界对技术专家制的以上两点政治批判确实准确指出了技术专家制的理论局限，但它们并非完全成立。就技术专家制反民主的批判而言，这一批判显然过于绝对化。在吉利（Bruce Gilley）看来，技术专家制和民主是两种不同的公共政策决策方式，它们具有自己的使用范围，并不能简单认为它们是不可兼容的。吉利指出，当遇到涉及国家安全的政策时，就不需要通过民主方式进行决策，直接由科技专家决策即可；而在面对涉及公众利益的一般性决策时，则需要用民主的方式来进行决策。② 显然，吉利已经看到当代技术专家制主要作为一种治理体制存在，这使得技术专家制可以与民主很好地兼容。就像官僚制确实具有反民主的倾向，但并不能因此就认为官僚制与民主不能兼容，毕竟现在很多官僚制是在民主制的背景下运转的。奥尔森的观点将吉利的观点推进了一步，他认为，技术专家制与民主不仅能兼容，而且还应该结合使用，只有这样才能使两者的功能最大化。③

此外，学界批判技术专家制会导致技术对人的统治，这显然夸大

---

① ［美］刘易斯·芒福德：《机器神话》（上卷），宋俊岭译，上海三联书店 2017 年版，第 219 页。
② Bruce Gilley, "Technocracy and Democracy as Spheres of Justice in Public Policy", *Policy Sciences*, Vol. 50, No. 1, March 2017, pp. 9–22.
③ Richard G. Olson, *Scientism and Technocracy in the Twentieth Century: The Legacy of Scientific Management*, Lanham: Lexington Books, 2016, pp. 154–155.

◆◆◆ 技术专家制研究

了技术专家制的风险。尽管芬伯格对技术专家制一直持批判态度,即上文提到的技术专家制没有给民主留下空间,但对于技术专家制会导致技术对人的统治以及技术自主论的观点,芬伯格并不赞同。在芬伯格看来,"技术选择是'待确定的'(underdetermined),对可选择事物的最终决定归根到底取决于它们与影响设计过程的不同社会集团的利益和信仰之间的'适应性'(fit)"①。根据芬伯格的观点,技术统治人或者技术自主论的观点显然是不成立的,因为技术的设计与发展是社会建构的结果。

当然,有人或许会指出,技术统治的本质指向的是统治阶级利用技术来对被统治阶级进行统治,而非技术这一主体对人的统治。关于这一问题,马克思其实早有回答。马克思指出:"资产阶级用来推翻封建制度的武器,现在却对准资产阶级自己了。但是,资产阶级不仅锻造了置自身于死地的武器;它还产生了将要运用这种武器的人——现代的工人,即无产者。"② 显然,马克思不仅看到了技术可能成为资产阶级或统治阶级对无产阶级或被统治阶级进行统治的工具,同时也看到了技术可能成为无产阶级或被统治阶级反抗资产阶级或统治阶级的工具。可见,技术专家制并不必然会导致技术统治的结果。

综上所述,学界关于技术专家制的政治批判存在一些有待商榷之处,最起码需要放在具体的语境或问题中去讨论,而非直接从宏观或整体上得出技术专家制是否反民主以及技术专家制是否会导致技术统治的结论。诚然,笔者也并非认为学界对技术专家制的政治批判完全不合理,只是认为需要重新反思学界对技术专家制的诸多政治批判,特别是技术专家制的反民主批判。因为当代社会正在步入智能社会,民主制度的运行已经离不开互联网、大数据、人工智能等智能技术的支撑,简单地认为技术专家制或技术与民主相悖显然不利于民主的运行和发展。

---

① [加]安德鲁·芬伯格:《可选择的现代性》,陆俊等译,中国社会科学出版社2003年版,第4页。
② 《马克思恩格斯选集》第1卷,人民出版社版2012年版,第406页。

二 技术专家制的经济批判及其局限

如上所述,技术专家制具有丰富的经济思想。具体而言,技术专家制的经济思想主张计划经济,强调通过严格的经济计划来提高生产率和实现物质丰裕。尽管技术专家制的计划经济与苏联计划经济有着本质区别,但由于西方社会对苏联计划经济一直颇有微词,他们因此也从经济学维度来对同样强调计划经济的技术专家制进行批判。

技术专家制主张计划经济会致使它主要关注经济发展和经济效率而忽视人类价值,这成为技术专家制经济批判的一个核心内容。批判者认为,技术专家制者"主张效率第一和唯一,科学技术是最为有效和有力的方法,专家们为了经济效率必须牺牲其他人类价值目标,否认文学、艺术、风俗和宗教等的价值,社会运行最高的目标应该是越来越发达的科学技术、越来越丰裕的物质财富和人类文明不断地扩展"[1]。对此,丹尼尔·贝尔认为,这主要缘于技术专家制的"目的只是追求效率和产量,目的已经成为手段,它们自身就是目的"[2]。与丹尼尔·贝尔不同,在费希尔看来,技术专家制者所持的实证主义观点决定了他们主要关注技术进步和物质价值,这导致他们会完全忽略人类价值以及并不能告诉人类将走向何处。[3]

在技术专家制运动中,技术专家制只关注经济效率的倾向表现得非常明显。阿金指出,技术专家制者在技术专家制运动中拒绝回答关于如何获得政治权力、如何进行经济改革等问题,他们只是一再强调只有运用科学方法、技术手段才能解决当前的经济危机和社会混乱。在他们看来,只要经济高效发展、物质足够丰裕,一切社会危机就会

---

[1] 刘永谋:《试析西方民众对技术治理的成见》,《中国人民大学学报》2019年第5期。

[2] [美] 丹尼尔·贝尔:《后工业社会的来临——对社会预测的一项探索》,高铦等译,新华出版社1997年版,第387页。

[3] Frank Fischer, *Technocracy and the Politics of Expertise*, Newbury Park: SAGE Publications, 1990, pp. 40–41.

自动消失。①

学界对于技术专家制的经济批判还聚焦于另一个问题,即技术专家制不关注价值分配。从历史的维度来看,技术专家制一直强调如何通过科技专家运用科学技术来提高社会效率和实现物质丰裕,确实很少提及价值分配问题。这很大程度上与技术专家制者将技术专家制当作一种资本主义市场经济的改革方案有关,以致他们不能完全否定资本主义市场经济制度,进而不能提出一种有别于资本主义市场经济的分配制度。如凡勃伦一再重申,在美国不能发生类似于苏联那样的完全否定资本主义市场经济的颠覆性革命。②

由于很少提及分配问题,导致学界认为技术专家制者并不关心分配正义问题。如上所述普特南认为,技术专家制者坚定地致力于技术进步和物质生产力,他们并不太关心社会分配的正义问题。奥尔森通过对泰勒科学管理的分配问题进行分析,得出了与普特南相同的结论。当然,这里需要指出,在奥尔森看来,技术专家制与泰勒科学管理是两个等同或可以互换的概念。奥尔森认为,泰勒科学管理的目的是提高整个社会的价值,而非资产阶级或无产阶级的价值,因而,尽管泰勒的科学管理思想坚持可以通过提高社会生产力来推动整个公共利益的增长,但并未提及利益的分配问题。③ 如此,技术专家制也就没有提及或并不关心分配正义问题。

不可否认,学界对于技术专家制的以上经济批判具有一定的合理性,但它们的局限也非常明显。关于技术专家制忽略人类价值的批判,批判者显然忽视了一些技术专家制者的观点,如罗伯、加尔布雷思等人。罗伯认为,技术专家制是实现物质丰裕和人类自由的方法而非目的,通过技术专家制,人们在满足物质需求之后就可以自由地追

---

① William E. Akin, *Technocracy and the American Dream: The Technocracy Movement*, 1900 – 1941, Berkeley: University of California Press, 1977.

② Thorstein Veblen, *The Engineers and the Price System*, New York: B. W. Huebsch Inc, 1921, pp. 83 – 104.

③ Richard G. Olson, *Scientism and Technocracy in the Twentieth Century: The Legacy of Scientific Management*, Lanham: Lexington Books, 2016, p. 41.

第四章　技术专家制的批判问题

求自己的精神理想。① 由此可以看出，罗伯极其重视人类价值，而技术专家制是实现这一目标的重要方法。

加尔布雷思作为技术专家制经济思想的重要代表，也非常重视人类价值的多元化发展。在《新工业国》一书中，加尔布雷思系统阐述了他的技术专家制计划经济思想，但他并非只强调计划经济的重要性，他同时看到了政府、工会、教育等等在计划经济发展中的调节作用。而在《经济学与公共目标》一书中，加尔布雷思提出了"新社会主义"的观点。加尔布雷思认为，计划体系的快速发展并不一定能使公众受益，因此，需要加强市场体系的力量来实现公共目标。此外，圣西门强调科学家与企业家、行政管理者、法官共同执政，普莱斯主张科学阶层应该与专业阶层、行政阶层、政治阶层共同处理政府事务与公共事务，也都可以视为技术专家制对人类价值的关注，因为这些观点都是为了保证人类多元价值的实现。可见，学界直接批判技术专家制不关心人类价值的观点并不完全合理。

学界认为技术专家制不关心价值分配问题的观点也很难完全成立。在技术专家制运动时期，与如何应对失业、资源浪费等问题相比，分配问题确实不是一个非常重要的问题，但这并不意味着分配问题完全不被技术专家制者关注。在斯科特看来，技术专家制是对我们现有生产体系的重构，它代表了一种新的控制形式，在这种新的控制形式下，国家资源转化为物质和服务仅仅是出于使用的目的，只有在人们需要时才能被生产。② 按照斯科特的观点，技术专家制的分配制度显然就是按需分配。尽管罗伯与斯科特在技术专家制运动中的很多观点并不一致，但对于分配问题，两者的观点基本相同。罗伯认为，关于分配，"显然的解决方法，就是不顾购买力，而根据需要去分配货物"③。

既然斯科特、罗伯等人在技术专家制运动中都提出了具体的价值

---

① [美] 哈罗德·罗伯：《技术统治》，蒋铎译，上海社会科学院出版社2016年版。
② *Technocracy in the Plain Terms: A Challenge and a Warning*, New York: Continental Headquarters, Technocracy Inc., 1942, p. 14 – 15.
③ [美] 哈罗德·罗伯：《技术统治》，蒋铎译，上海社会科学院出版社2016年版，第24页。

分配方案，那为什么批判者仍然认为技术专家制忽略了价值分配问题呢？笔者认为有两种可能。其一，尽管技术专家制运动在技术专家制的发展史中具有重要意义，但这次运动在美国更多地被当作一种乌托邦运动，因此斯科特和罗伯的思想并未受到足够重视。其二，斯科特、罗伯在技术专家制的发展史中虽占据重要地位，但他们两人在整个人类思想史中的影响较之于其他重要的技术专家制思想家，如培根、圣西门、凡勃伦等人仍存在很大差距，而这些重要的技术专家制思想家恰巧没有提及分配问题，这也就导致批判者断定技术专家制并不重视分配问题。

据上分析，尽管学界对技术专家制的经济批判有其合理之处，但总的来说有失偏颇。一方面，忽略了一些重要技术专家制思想家的观点。由于技术专家制历史久远以及理论过于庞杂，这使得批判者对于一些重要但社会影响不太大的技术专家制思想家的思想重视不够，如斯科特、罗伯等，进而对技术专家制的经济思想产生误读。另一方面，误将技术专家制主张的计划经济等同于苏联计划经济。由于技术专家制强调计划经济，这致使很多批判者将对苏联计划经济的批判全部转移至技术专家制，从而得出一些过于武断的结论。

三　技术专家制的伦理批判及其局限

如上所述，技术专家制在当代社会逐渐从一种政治制度转变为一种治理体制。在当代技术专家制转变为一种治理体制之后，技术专家制逐渐淡化对科技专家掌握政治权力、实施计划经济等观点的强调，主要主张科技专家和科学技术在社会运行与治理中的重要作用。如此，学界也就弱化对技术专家制的政治批判、经济批判。而与此同时，学界对技术专家制的伦理批判则开始兴起。因为有大量案例表明，科技专家、科学技术在社会运行与治理中发挥重要作用确实存在诸多伦理问题，如人工智能技术在社会治理中的广泛应用会引起算法歧视、个人隐私泄露等伦理问题。

技术专家制伦理批判的主要内容之一是科技专家在进行治理决策时容易受到利益集团的影响，进而会作出有违伦理的决策。在贾萨诺

第四章　技术专家制的批判问题

夫看来，科学技术知识本身具有不确定性，这使得科技专家在进行决策时很容易受到利益集团的影响。[1] 布奇普（Massimiano Bucchip）扩展了贾萨诺夫关于科技专家决策所受外界影响的范围。他认为当代科学已经进入一个"大科学"时代，学术、工业和政府形成了一个新的综合体，这个综合体一起决定着科学的发展。如此，科技专家的研究成果、决策建议等的中立性就将受到极大质疑，因为他们很有可能受到政府和资助企业的影响，以让决策结果有利于利益集团。[2]

相较于贾萨诺夫、布奇普从科学知识的客观性视角来解释科技专家容易受到利益集团影响的观点，瑞安（Phil Ryan）的观点更加直接。瑞安直言，科学家以客观、真理的形式来表达受金融集团影响的科学结果是一门利润丰厚的副业，这将会带来很多不公正的结果。[3] 基于大量科技专家在决策时容易受到利益集团影响的研究和例子，学界很容易得出技术专家制的运行存在诸多伦理风险的结论。

科学方法、技术工具在政治决策、社会治理、公共管理等方面的应用会带来一些伦理问题，这也是技术专家制伦理批判的主要内容之一。由于技术专家制强调运用科学方法、技术工具来运行和治理社会，这使得很多人将技术专家制与科学管理视为等同的思想。如上文所言，奥尔森就将技术专家制与泰勒科学管理思想视为等同的思想。基于此，科学方法和技术工具在应用过程中所具有的伦理风险自然也就成为学界批判技术专家制的主要内容。

在施拉德-弗雷谢特（Kristin Shrader-Frechette）看来，由于科学家使用一些有局限的科学研究方法，如小样本或非代表性样本、歪曲不确定性等，因此他们得到了很多并不准确或有待确认的结果。然而，很多科学家会习惯性地认为这些结果就是客观、正确的最终结

---

[1] ［美］希拉·贾萨诺夫：《第五部门——当科学顾问成为政策制定者》，陈光译，上海交通大学出版社2010年版，第11页。

[2] Massimiano Bucchi, *Beyond Technocracy*: *Science*, *Politics and Citizens*, trans. Adrian Belton, New York: Springer, 2009, p. 23 – 24.

[3] Philip Ryan, "'Technocracy', Democracy...and Corruption and Trust", *Policy Sciences*, Vol. 51, No. 1, March 2018, p. 134.

论。当这些有待确认的结果被当作最终正确的结果应用于政策制定时，会造成很多不可挽回的损失并带来很多伦理问题，如环境不公正、环境伦理等。① 与科学方法一样，技术工具的广泛应用也会引起诸多伦理问题。互联网、大数据、物联网、人工智能等信息通信技术无疑是在当前社会最受关注的技术，它们在政治决策、社会治理等方面都得到了广泛应用并极大提高了社会运行的效率，但这些技术也带来了一些伦理问题，如个人隐私泄露、数据监控、算法偏见、算法歧视、责任主体模糊等。②

以上技术专家制伦理批判虽有坚实的现实基础，但也存在一些不尽合理之处。当前，科技专家为了自己的利益作出有违伦理或不道德（本书对于"伦理"和"道德"两个概念不做严格区分，即两者可以等同使用）的决策的例子确实屡见不鲜，但不能因此就认为所有科技专家都如此。特别是当具有良好的道德品质成为科技专家获得政治权力的重要条件时，他们就会非常注意自己决策的道德性。

儒家是将道德品质与政治权力关联在一起的重要代表，如梁启超所言："儒家之言政治，其唯一目的与唯一手段，不外将国民人格提高。以目的言，则政治即道德，道德即政治。以手段言，即政治即教育，教育即政治。"③ 按照梁启超的观点，在儒家的思想中，政治、道德、教育是一体的，即三者互为目的、互为手段。因此，在儒家政治的官员选拔和提拔中，道德品质成为众多考核项目中的最重要项目之一。④ 在此背景下，不道德的人或科技专家就很难在官员选拔中脱颖而出。而为了能更好地得到提拔，在职的官员或科技专家也就会非常注意自己的道德行为和道德形象，这样他们也就不会忽视公众的利

---

① Kristin Shrader-Frechette, "How Some Scientists and Engineers Contribute to Environmental Injustice", *Spring Issue of The Bridge on Engineering Ethics*, Vol. 47, No. 1, March 2017, pp. 36 – 44.
② 刘永谋、兰立山：《大数据技术与技治主义》，《晋阳学刊》2018 年第 2 期。
③ 梁启超：《先秦政治思想史》，东方出版社 1996 年版，第 101 页。
④ Yongmou Liu, "American Technocracy and Chinese Response: Theories and Practices of Chinese Expert Politics in the Period of the Nanjing Government, 1927 – 1949", *Technology in Society*, Vol. 43, November 2015, p. 82.

第四章　技术专家制的批判问题

益诉求而轻易作出不道德的决策。也就是说，在儒家思想的视域中，关于技术专家制只顾自己利益而忽视公众利益的伦理批判不能完全成立或者被弱化。当然，笔者在此并不是认为儒家思想与技术专家制思想相结合将形成一种完美的政治制度或治理体制，而仅仅是为了说明，从儒家的视角来看，学界对技术专家制的这一伦理批判是有失偏颇的。

关于学界批判技术专家制主张应用科学方法、技术工具来进行社会治理、公共管理等会带来诸多伦理问题的观点，也存在有待商榷之处，维贝克的道德物化思想无疑是对这一批判的最好回应。维贝克的道德物化思想主要指通过有目的的设计来使技术（人工物）具有调节人的道德选择和道德行为的功能，也就是让技术（人工物）具有道德性，即道德被物质化。① 以监控摄像头为例，当人们知道他们的行为被监控时，便会使自己的行为符合"摄像头"所期待的样子。② 换言之，他们被"间接"地教化成为"摄像头"希望他们成为的样子，即避免作出不道德甚至违法的行为。

基于对技术在道德发展和建设中的乐观态度，维贝克认为，"从调节视角看，技术不应该主要作为需要伦理限制的侵犯性力量而是作为需要借助他们对于人类存在影响的品质这样的术语来评估其明显具有道德性的实体。通过调节我们关于世界的解释以及我们卷入的实践，技术有助于形成人类行动和决策。因此，它们在人类道德性有着明显作用"③。按照维贝克的观点，关于技术的伦理或道德影响应该辩证地来看，不能仅仅关注它的消极影响或积极影响。据此可知，学界对于技术专家制主张应用科学技术来进行治理会带来诸多伦理问题的批判就不够全面，因为科学技术在社会运行和治理中也同样可以发

---

① ［荷］彼得·P. 维贝克：《将技术道德化——理解与设计物的道德》，闫宏秀等译，上海交通大学出版社2016年版，第113页。
② B. J. Fogg, *Persuasive Technology: Using Computers to Change What We Think and Do*, San Francisco: Morgan Kaufmann Publishers, 2003, p. 46.
③ ［荷］彼得·P. 维贝克：《将技术道德化——理解与设计物的道德》，闫宏秀等译，上海交通大学出版社2016年版，第187—188页。

挥积极的道德或伦理作用。

尽管学界对技术专家制的伦理批判存在一些有待商榷之处，但它无疑仍是当代技术专家制所面临的最重要的批判之一。一方面，技术专家制所主张的由科技专家进行决策和应用科学技术进行治理的观点确实存在诸多伦理风险，这使得学界对于技术专家制的伦理批判将会继续下去。另一方面，技术专家制伦理批判涉及的内容很广，很多学界对技术专家制的批判都与其相关，如上文所分析的政治批判、经济批判都可从伦理视角进行分析，这也会让技术专家制的伦理问题受到持续关注。

总的来说，学界对技术专家制的政治批判、经济批判、伦理批判等主要批判虽具有一定合理性，但也存在一些局限或有待商榷的地方，因而，人们需要谨慎对待这些批判，以便更加全面地认识和理解技术专家制的理论内涵。当然，笔者的目的并非是将学界对技术专家制的三点主要批判全盘否定，或者说在为技术专家制做单纯辩护，而是主张应该以一种审度的态度来对待技术专家制，将其放在具体的背景或问题中去进行评估和讨论，不能简单地对技术专家制做辩护或批判。如此，才能在充分发挥技术专家制在当代社会运行与治理中的积极作用的同时避免其风险。

第二节 智能技术视域下的技术专家制批判

如上所言，由于过于强调科技专家和科学技术在社会运行与治理中的重要作用，技术专家制在被提出之后一直饱受批判。然而，在互联网、物联网、大数据、人工智能等智能技术的支撑和推动下，技术专家制在当代社会得到很好的发展，很多对于它的批判在一定程度上被弱化或被成功应对，如技术专家制可以与民主兼容且推动民主的运行、促进价值理性的彰显等。[①] 为此，笔者将从智能技术（本书所说的智能技术是指互联网、物联网、大数据、人工智能等信息通信技术

---

① 刘永谋、兰立山：《大数据技术与技治主义》，《晋阳学刊》2018 年第 2 期。

第四章　技术专家制的批判问题

的统称）视域对技术专家制的三个主要批判，即政治批判、经济批判、伦理批判进行系统分析，以全面认识技术专家制诸多批判在当代社会的合理性和深入理解技术专家制在当代社会的理论内涵。

一 智能技术视域下的技术专家制政治批判

关于技术专家制的政治批判，可以从不同维度来分析。在本部分中，笔者主要聚焦于技术专家制的民主批判。总的来说，技术专家制的民主批判包括两方面的内容。其一，技术专家制主张由科技专家掌握政治权力具有明显的反民主倾向。普特南指出，技术专家制从根本上不同情政治民主的开放与平等。[①] 其二，技术专家制强调将政治技术化，即通过科学方法、技术手段来解决政治问题，极大地侵蚀了民主的空间。在芬伯格看来，当所有政治问题都被技术化之后，公众无疑将被排斥在政治决策之外，因为公众并不具备专业的技术知识来参与政治设计和政治讨论。[②]

不可否认，以上两种批判具有其合理性，它们很好抓住了技术专家制两个核心原则存在的局限。但是，也需要看到，以上两点技术专家制批判并非完全合理或成立，特别是在以互联网、物联网、大数据、人工智能等智能技术作为技术支撑的当代社会。就主张政治技术化而言，技术专家制并非必然导致反民主的结果，而是也能很好地推动民主的运行，如智能技术可以提高公众参与民主的积极性、推动民主决策的发起、促进民主反馈的运行等。

智能技术可以让公众更好地参与民主，这可以在一定程度上弱化技术专家制必然反民主的批判。首先，智能技术可以提高公民参与政治的积极性。当前民主运行存在的一个重要问题是公民参与政治的积极性不高，这既与代议制民主自身的发展有关，也与当代社会公众生活压力过大有关，他们并无过多时间去了解和参与政治。对此，冰岛

[①] Robert D. Putnam, "Elite Transformation in Advanced Industrial Societies: An Empirical Assessment of the Theory of Technocracy", *Comparative Political Studies*, Vol. 10, No. 3, October 1977, p. 386.

[②] Andrew Feenberg, *Questioning Technology*, Routledge, 1999, p. 75.

◆◈◆ 技术专家制研究

  程序设计员贡纳·格里姆松（Gunnar Grímsson）设计了一个名为"积极公民"（Active Citizen）的政治人工智能助手。这个智能助手可以根据公民所输入的偏好、习惯、政治观点等信息，帮助公民在网上搜集与其相关或者公民可能会感兴趣的政治信息，并将这些信息推荐给公民，这样公民就可以快速决定是否参与这些政治决策的讨论或投票。由于智能助手推荐的政治信息大多都是公民感兴趣的，这会吸引公民去参与政治讨论或投票。[①] 其次，智能技术可以不分昼夜地为公众提供政治咨询，这不仅能促进公民参与政治，还能提高公民参与政治的平等性。在2014年的印度大选中，印度全国8.8亿的农村人口的文盲率达36%。一家名为沃斯塔（Voxta）的公司专门为此设计了一个名为"政治Siri"的人工智能助手，为人们提供四种不同语言的政治选举相关信息的语音服务。最终，这个政治人工智能助手接到了数百万个电话，极大提高了选民对政治选举信息的了解程度，很好地提高了公民参与政治的积极性和平等性。[②]

  智能算法可以精准分析出公众所关心的政治或政策问题，进而推动民主政治的高效运行，这也可以被当作技术专家制必然反民主的一种回应。民主运行的首要问题是确定需要对哪些政治或政策问题进行民主决策，如果没有明确的问题，民主就无法开展。然而，这并非一件易事。因为面对数不胜数的政治问题、公共问题，确定哪些问题需要被重点关注、哪些问题需要尽快制定出相关政策以及哪些政策需要通过民主决议通过等，都需要谨慎决策。毕竟政府的精力和财政预算有限，一旦应对不及时或应对出错，都将付出极大的代价。人工智能的快速发展和成功应用，在一定程度上解决了这个问题。"从复杂问题中得出精准化的结果，是人工智能的巨大优势所在。相比于经济领域而言，社会和政治领域的问题更具复杂性，但是如果能够恰当地利用人工智能的基本方法，包括机器学习、自然语言识别、自动搜索和数据采集等，那么复杂的社

  [①] ［美］卢克·多梅尔：《人工智能：改变世界，重建未来》，赛迪研究院专家组译，中信出版集团2016年版，第118页。
  [②] ［美］卢克·多梅尔：《人工智能：改变世界，重建未来》，赛迪研究院专家组译，中信出版集团2016年版，第116—117页。

会与政治事务同样也可以获得精确化的处理。"① 因为"在大数据时代，人们的情绪、偏好、心情都通过智能设备反映在网络之中，因此各种论坛、社交网络、评论等都透露了民众的政治态度。这样，大数据更加全面、多维地反映了政治生活的复杂性"②。如此，通过智能算法对现有大数据进行分析，政府就可以准确了解公民关注的政治问题、公共问题，从而发起民主决策，以使民主政治高效运行。

通过智能算法来推动民主反馈的运行，也是对技术专家制民主批判的一种很好的应对。民主反馈是民主运行的重要环节，通过智能算法分析，可以准确了解公民对民主决策结果的态度，以调整民主决策结果最大限度地符合民意，从而推动民主的高效运行。一般而言，在民主的运行中，人们更多地关注民主决策的程序是否合理，如是否给公民提供了参与决策的机会，对于民主结果及其反馈并不重视。然而，民主反馈在民主运行中其实非常重要。第一，"任何意义上的民主决策并不能真正、充分地实现全员参与，所以，其不可避免地存在集中和精英倾向，这要求不断修正民主决策，以更好地符合公共意志；第二，即使充分地实现精英决策与大众参与的有效结合，也并不能保证民主决策结果的理性与正确，因此，需要通过反馈环节来实现民主结果的合理化"③。对此，戴维·伊斯顿（David Easto）就直言："像在其他社会系统中一样，在政治生活中也能够表明，反馈对于误差性调节和目的性导引两者都是根本性的。"④ 在当代社会中，运用智能算法对政治大数据进行分析，可以精确得出公民对于民主决策的满意程度和改进意见。以此为基础，政府通过综合各方建议，可以适当地对已经形成的决策结果作出微调，以使通过民主决策的结果产生

---

① 杜欢：《人工智能时代的协商民主：优势、前景与问题》，《学习与探索》2016年第12期。
② 黄欣荣：《大数据：政治学研究的科学新工具》，《马克思主义与现实》2016年第5期。
③ 徐圣龙：《从载体更新到议程再造：网络民主与"大数据民主"的比较研究》，《社会科学》2019年第7期。
④ ［加］戴维·伊斯顿：《政治生活的系统分析》，王浦劬译，中国政法大学出版社2016年版，第445页。

最大化效果。这样,在智能算法的支持下,民主决策就更加接近实现结果的"民主",即个体理性与集体理性达成一致。

综上所述,从民主参与、民主发起到民主反馈,智能技术都很好地推动了民主政治的运行,这说明技术专家制所主张的政治技术化可以在一定程度上促进民主政治的运行,同时表明技术专家制与民主政治可以兼容。如此,技术专家制政治批判的合理性在当代社会显然大打折扣,即技术专家制并不必然反民主或与民主不兼容。当然,也需要看到,智能技术对于民主的影响也并非都是积极的,特朗普在2016年大选中运用算法分析最后影响大选结果就是佐证。因此,对于技术专家制与民主的关系需要在具体的语境下去讨论,而不能简单地认为技术专家制是反民主或是与民主兼容。这样,就能很好地理解为何一直饱受批判的技术专家制能成为当代社会运行与治理的主要特征和重要趋势。

二 智能技术视域下的技术专家制经济批判

如上所述,技术专家制经济批判主要包括两点内容。其一,技术专家制只关注经济增长而忽视人类价值。其二,技术专家制不关心经济分配问题。此外,有些学者还批判技术专家制在技术上不可实现。[1]以上技术专家制经济批判如若放在科学技术发展水平较为低下的20世纪,显然具有一定合理性。但在当代社会,由于互联网、物联网、大数据等智能技术的快速发展,很好地推动了技术专家制计划经济的发展,这极大弱化了学界对技术专家制经济批判的正当性。

大数据技术很好地支撑了技术专家制计划经济的施行和发展,这从技术上弱化了技术专家制经济批判。一方面,大数据技术强大的收集、储存、分析数据能力,能为技术专家制计划经济提供重要的技术支持。计划的核心是数据和信息,所拥有的数据和信息越完整,计划也就越准确,而这恰好是大数据技术所具有的优势。另一方面,大数

---

[1] 刘永谋、兰立山:《泛在社会信息化技术治理的若干问题》,《哲学分析》2017年第5期。

第四章　技术专家制的批判问题

据技术以实时数据为基础，这可以很好地避免出现计划滞后问题。在互联网、物联网等技术的支撑下，现有的很多数据都是实时更新的，这使得计划者可以随时调整计划，以使计划更加准确。[①] 当前，商家运用大数据算法（定价算法）对网上消费情况进行分析，在此基础上不断改变产品价格，以此来达到利润最大化，这就是技术专家制计划经济的一个很好的例子。由于很多商家都运用具有自主学习能力的定价算法，这就使得这种"计划经济"并非仅限于某一企业，而是扩展至某一行业，也即加尔布雷思所言的"计划体系"。

通过大数据技术对消费者数据进行分析，可以为不同消费者提供个性化的商品和服务，这在一定程度上回应了技术专家制忽略人类价值的批判。目前，大数据技术在经济领域得到了广泛应用，平台经济便是主要代表。"平台经济是以互联网等现代信息技术为基础，基于平台向多边主体提供差异化服务，从而整合多主体资源和关系，从而创造价值，使多主体利益最大化的一种新型经济。"[②] 具体而言，"它比传统商业模式更有优势的关键，在于数据方面的优势，因为一是平台的定位在用户之间，二是平台是用户活动发生的基础，从而使其有权记录他们的访问"[③]。基于消费者在各大平台留下的数据，商家可以通过两种不同的方式为消费者提供具有个性化的服务。其一，对消费者进行精准购物推荐。当前，精准的购物推荐已经非常普遍，这些购物推荐并非随机产生的，而是根据消费者在各大平台留下的数据痕迹来进行推送。因此，这种精准购物推荐的成功率很高，这大大节省了消费者的购物时间成本。其二，企业根据消费者留下的数据，可以设计出消费者喜欢的产品。不同消费者的购物数据都会储存在平台上，企业可以对消费者偏爱的颜色、款式等数据进行分析，然后推出

[①] BinBin Wang and Xiaoyan Li, "Big Data, Platform Economy and Market Competition: A Preliminary Construction of Plan–Oriented Market Economy System in the Information Era", *World Review of Political Economy*, Vol. 8, No. 2, Summer 2017, pp. 146–147.

[②] 叶秀敏:《平台经济的特点分析》,《河北师范大学学报》（哲学社会科学版）2016年第2期。

[③] ［加］尼克·斯尔尼塞克:《平台资本主义》,程水英译,广东人民出版社2018年版,第50—51页。

消费者偏爱的产品，以实现利润最大化。不难看出，基于大数据技术来满足消费者个性化需求的平台经济，无疑是一种很好的计划经济，只是它强调的是个性化的"计划"，而非同质化的"计划"。如此，平台经济就可以为技术专家制计划经济忽略人类价值追求的批判提供很好的辩护。

  以大数据为基础的平台经济极大地提高了社会商品的分配效率，这也能在一定程度上弱化批判者对技术专家制经济分配问题的责难。事实上，技术专家制并非如批判者所言不关心分配问题，只是技术专家制关于分配问题的观点一直被批判者所忽视。如在技术专家制运动中，斯科特和罗伯都表达了技术专家制是按需要进行分配的观点。在当代社会，平台经济很好地促进了技术专家制按需分配思想的发展。因为通过网上平台，消费者可以快速得到自己想要的商品，就算这些商品没有成品，消费者也可以通过平台直接找商家订制。现在的问题在于成本，技术专家制所说的"按需分配"只需要极低的成本，如每周只需工作20小时即可。而平台经济所提供的"按需分配"则不同，消费者仍需要为此付出不小的成本。对此，杰里米·里夫金（Jeremy Rifkin）指出，平台经济"带来的创新民主化正孕育着一种新的激励机制，它更多的是基于提高人类社会福利的期望，而不那么重视物质回报"[1]。也就是说，平台经济极大地提高了社会价值的分配效率并降低了社会商品成本。尽管仍达不到技术专家制所主张的"按需分配"，但平台经济确实以技术的方式极大地促进了技术专家制经济分配思想的发展，因此，这可以在一定程度上弱化批判者对这一问题的批判。

  综上所述，技术专家制经济批判在当代社会被一定程度地弱化，这与互联网、物联网、大数据、人工智能等智能技术的快速发展与广泛应用密切相关。然而，大数据、人工智能等智能技术本身也存在着诸多问题，典型如大数据强调相关性分析方法而忽视因果性方法、大

---

[1] ［美］杰里米·里夫金：《零边际成本社会：一个物联网、合作共赢的新经济时代》，赛博研究院专家组译，中信出版社2014年版，第21页。

数据技术导致的数据监控问题等。因此,对于智能技术对技术专家制经济思想的推动,需要谨慎对待。

三 智能技术视域下的技术专家制伦理批判

关于技术专家制的伦理批判问题,可以从两个方面来概括。首先,技术专家制主张由科技专家进行决策,这会带来一些伦理问题。由于科技专家在决策时很容易受到政治集团的影响以及与政治集团形成"联姻",这显然会涉及一些伦理问题,如职业伦理。其次,技术专家制强调应用科学方法、技术工具来进行决策和治理,这也会带来一些伦理问题。如上文所言,科学方法的诸多局限会带来环境不公正、环境伦理等问题。而在埃吕尔看来,技术将人降格为技术的奴隶并极大束缚人性,在面对技术时,人类没有任何自主性可言。毋庸置疑,就目前技术专家制的发展来看,以上批判在当代社会仍然具有很强解释力。但是,也需要看到,随着智能技术智能化程度的提高及其发挥的道德作用愈加明显,这可以在一定程度上弱化技术专家制的伦理批判。

目前,通过智能算法进行决策已经比较普遍,这除了能提高决策的中立性和客观性,还能在一定程度上弱化人们对技术专家制主张科技专家决策会带来诸多伦理问题的批判。尽管当前人工智能仍然处于弱人工智能阶段,但这并不影响智能算法通过自主学习来进行自主决策,基于智能算法的行政审批、司法裁决、福利分配等就是典型的例子。当智能算法在决策中的独立性、自主性越来越明显时,人类在决策中的作用就会逐渐下降。与人类决策容易受个人情感、外界因素影响不同,"人工智能本身就是一种程序,在进行裁决过程中,会相对于人更加客观中立。将人工智能客观性与中立性的特点纳入政府裁决体系,将更有利于促进政府裁决与施政更加公平公正。人工智能将会成为'智能的哲学王',与政府的高阶人才形成互补"[①]。这样,将智能算法决策与人类决策相结合可以很好地提高决策的准确性、客观

---

① 岳楚炎:《人工智能革命与政府转型》,《自然辩证法通讯》2019年第1期。

性、中立性，同时也能很好地避免人类决策所存在的有限理性风险、伦理风险等。如此，技术专家制主张由科技专家进行决策所存在的伦理风险也就减小，而技术专家制强调科技专家决策会带来诸多伦理问题的批判也就随之被弱化。

智能技术在当前道德治理中发挥着重要作用，如通过信用工具来对人的行为进行规范，这可以为技术专家制强调运用科学方法、技术工具会引起诸多伦理风险的批判提供很好的辩护。信用工具指治理主体对治理对象的公共信用信息进行收集、评分及公开，并依此对治理对象进行监督、惩罚和奖励的规范工具。通过信用工具来对人的行为进行规范首先兴起于企业，如银行通过对贷款人员的信用进行评分来决定是否向贷款人员发放贷款以及发放多少贷款。随着互联网、大数据、人工智能等智能技术的不断发展，信用工具的应用不断扩展，当前较为典型的应用是网络商业平台根据用户的消费情况以及用户相互间的评价来对用户进行信用评分，据此来限制用户的消费权限或给予用户某些消费奖励，以此来达到对用户信用行为的规范。在此背景下，一些政府开始将这一模式纳入自己的社会治理体系，中国就是其中之一。[1]"无论是商业力量还是国家机构，（信用）评分都代表了一种新型权力机制，这种机制和数据、算法紧密结合在一起"[2]，也即智能技术在信用工具的运行中发挥了重要作用。由于信用具有"道德寓意和法律原则"[3]两重内涵，因而根据治理主体的不同，信用工具所发挥的功能也有所不同。如当企业作为治理主体时，信用工具发挥的主要是道德治理功能；而当政府作为治理主体时，信用工具发挥的主要是法律治理功能。据此，关于技术专家制主张运行科学方法、技术工具进行治理会带来诸多伦理风险的问题，需要放在具体的问题中去讨论，而不能简单批判或支持。

---

[1] 《国务院关于印发社会信用体系建设规划纲要（2014—2020年）》（国发〔2014〕21号）。

[2] 胡凌：《数字社会权力的来源：评分、算法与规范的再生产》，《交大法学》2019年第1期。

[3] 王瑞雪：《政府规制中的信用工具研究》，《中国法学》2017年第4期。

第四章　技术专家制的批判问题

除了在道德治理中发挥重要作用，智能技术还可以让人从机械、危险的工作中解放出来，这也可以视作对技术专家制伦理批判的一个辩护。随着人工智能技术水平的提高，人工智能逐渐可以代替人们去做一些机械化、形式化的工作。如"人工智能可以从四个方面在政务服务领域中发挥作用：（1）解放（relieve），即由人工智能技术接手简单的常规工作，释放人力以从事更有价值的工作；（2）分解（split up），即将相对复杂的工作进行流程分解，并尽可能采用人工智能技术对各步骤进行自动化处理，而由人完成剩下的工作，或者对自动化进行监督；（3）取代（replace），即由技术取代人工，完成一整套具有一定复杂性、以前由人类才能承担的工作，这将带来行业的变化和工作岗位的变迁；（4）增强（augment），即人工智能技术对人类技能进行增强和补充，通过优势互补，完成以前人类很难或无法做到的任务。"① 此外，智能技术的广泛应用还有一大益处，它可以逐渐代替人们去执行一些具有危险性的任务。如伯利兹就利用固定翼无人机来打击非法打捞。这些无人机的主要任务是在非法打捞严重的区域进行巡逻，特别是对那些警察不易进入或不太安全的区域进行巡逻。当无人机准确定位到非法打捞的地点后，警察就可以直接实施抓捕行动。这既提高了效率，也保证了警察的生命安全。② 显然，这与上文技术专家制伦理批判所言技术专家制会束缚人性、剥夺人的自主性等观点相悖。因而，在当代社会中，技术专家制伦理批判关于技术专家制会束缚人性、剥夺人的自主性等观点就明显被弱化。

综上所言，基于智能技术的支撑，技术专家制的伦理批判在当代社会被一定程度地弱化。诚然，需要看到，这种弱化是间接的。也就是说，智能技术并非直接让技术专家制的伦理批判失效或变得不合理，而是智能技术的应用可以说明技术专家制本身具有诸多积极的道

---

① 陈涛、冉龙亚、明承瀚：《政务服务的人工智能应用研究》，《电子政务》2018年第3期。
② ［荷］朗伯·鲁亚科斯、［荷］瑞尼·V. 伊斯特：《人机共生——当爱情、生活和战争都自动化了，人类该如何自处》，粟志敏译，中国人民大学出版社2017年版，第105—106页。

德功能，对技术专家制进行伦理评价或道德判断不能仅仅看到技术专家制存在的伦理风险，还应该看到它所具有的道德作用。关于这一点，维贝克的道德物化思想非常具有代表性。在维贝克看来，技术确实存在诸多伦理风险，但我们也可以通过技术上的设计将道德规则嵌入技术，使得技术具有更多积极的道德功能，即道德物化。维贝克承认，他的道德物化观点具有技术专家制的倾向。但他解释说，真正重要的不是去担忧通过技术设计影响人们的道德选择会不会成为一种技术专家制，而是如何通过民主的方式来实现这种技术设计。[①] 不难看出，按照维贝克的观点，对于技术专家制的伦理问题，不应该仅仅聚焦于它可能存在何种风险，而应该关注如何充分发挥它的道德功能。有学者将维贝克的观点进一步发展，认为如果技术专家制能很好发挥道德功能的话，那么它同样也可以很好地发挥法律功能，如此便可以形成技术治理、法律治理、道德治理相结合的新社会治理模式。[②]

从智能技术的视域来看，技术专家制的政治批判、经济批判、伦理批判在当代社会显然得到了一定程度的弱化或应对。据此可知，技术专家制在当代社会的理论内涵已经与过去有很大不同，不能再用传统的观点来看待它，如技术专家制是反民主的。

第三节　儒家德治思想与技术专家制

在本章的前两节中，笔者对技术专家制的主要批判及其局限进行了分析，认为技术专家制所遭受到的很多批判是有待商榷的。在本节中，笔者将从儒家德治思想的视角继续对技术专家制的批判进行分析。但与前两节的策略不同，笔者在本节中并不直接论述技术专家制的批判问题，而是通过将儒家德治思想与技术专家制进行比较研究以指出一些关于技术专家制的批判是有待商榷的。究其原因，这主要与

[①] Peter-P. Verbeek, *Moralizing Technology: Understanding and Designing the Morality of Things*, Chicago: University of Chicago Press, 2011, p. 133.

[②] 兰立山、刘永谋：《技治主义的三个理论维度及其当代发展》，《教学与研究》2021年第2期。

第四章 技术专家制的批判问题

儒家德治思想与技术专家制在理论上能形成很好的互补有关。一方面，儒家德治思想能很好地应对技术专家制的风险，如儒家德治思想在社会治理中对道德的强调将能很好地解决技术专家制对于价值问题关注不足的问题；另一方面，技术专家制可以很好地推动儒家德治思想的施行，如通过安装摄像头来使公众遵守道德规范。可见，如若将儒家德治思想与技术专家制结合起来使用，对于儒家德治思想和技术专家制来说都将具有很大益处。而就技术专家制来说，在儒家德治思想的视域中，技术专家制存在的一些问题将可以得到很好的解决和应对。

一 问题的提出

儒家德治思想与技术专家制是两种源于不同时期的不同思想，具有完全不同的特征。儒家德治思想可追溯到西周时期，由孔子系统阐释，在孟子、荀子、董仲舒等人的传承和发展下一直延续至今，主要强调由道德高尚的人掌握政治权力以及通过道德教化和道德规范来进行社会治理。[1] 技术专家制一般可追溯到培根，通过圣西门的发展，在凡勃仑、斯科特等人的继承、创新和实践下逐渐形成体系，主张科技专家运用科学方法和技术工具来运行与治理社会。由于两者特点各异，前者强调道德的重要性，后者突出科学技术的优越性，因而，一般认为，两者并无联系。

然而，儒家德治思想与技术专家制其实具有一些相似性。一方面，两者都强调"专家"掌权，这使得两者都具有浓厚的精英政治倾向。从上文对儒家德治思想与技术专家制的界定来看，两者的精英主义倾向不言自明，区别仅在于儒家德治思想强调的精英是"道德专家"，而技术专家制强调的精英是"科技专家"。虽然儒家德治思想与技术专家制一开始都以政治制度的形式提出，但在发展过程中，两者主要以治理理论的形式存在，而非政治制度。另一方面，技术工具（人工物）在两者的具体施行中都发挥着重要作用。技术工具在技术专家制中的应用比比皆是，如当前物联网、大数据、人工智能等在社

---

[1] 董平：《儒家德治思想及其价值的现代阐释》，《孔子研究》2004年第1期。

◆◈◆ 技术专家制研究

会治理的应用就是明证。在儒家德治思想中,技术人工物也发挥着重要作用,典型的例子是"藏礼于器"。据《左传·成公二年》记载,孔子提出了"藏礼于器"的观点,即指按照礼的要求来设计与制造器物,以实现器物所蕴含的"无言之教化"功能。① 不难看出,儒家德治思想与技术专家制并非毫无关联,而是具有一些共性。

除了具有一些相似性之外,儒家德治思想与技术专家制的联系还主要体现在两者理论的互补上。普特南指出,技术专家制者在具体的公共问题上是实用主义的,他们拒绝从价值标准来思考问题,只强调"如何做"而不关注"对不对"。② 这样,技术专家制就会引起很多伦理问题,如目前大数据技术应用于社会治理所带来的数据安全、个人隐私等问题。③ 而儒家德治思想关于道德教化和道德规范的重视能在一定程度上弱化这种问题,如在工程教育中加强道德伦理教育,或将社会治理者的晋升与个人道德作风挂钩。而随着技术的不断发展,技术专家制也很好地推动了儒家德治思想的施行,感应水龙头的设计就是一个典型的例子。使用水龙头后忘记关水龙头是一种不道德的行为,但通过道德教化或道德谴责很难禁止此类不道德行为的发生。当感应水龙头被设计出来后,这一不道德行为就可以很好地避免,因为水龙头在感应不到有人使用时,就会自动停止出水。

为了清晰比较儒家德治思想与技术专家制的共性、区别和互补,文章将从两个维度对儒家德治思想与技术专家制进行比较研究,即贤能政治与专家政治,道德教化与科学管理④。诚然,这两个维度并非是完全分离的,只是为了能更好地对儒家德治思想与技术专家制进行

---

① 张卫:《藏礼于器:内在主义技术伦理的中国路径》,《大连理工大学学报》(社会科学版) 2018 年第 3 期。
② Robert D. Putnam, "Elite Transformation in Advanced Industrial Societies: An Empirical Assessment of the Theory of Technocracy", *Comparative Political Studies*, Vol. 10, No. 3, October 1977, p. 387.
③ 刘永谋、兰立山:《大数据技术与技治主义》,《晋阳学刊》2018 年第 2 期。
④ 此处之所以用"科学管理"而不是"技术治理",主要是因为此处并不刻意去强调当代技术专家制与传统技术专家制的区别,而人们对于技术专家制的科学管理原则较为熟悉,因此在此选择用"科学管理"。当然,需要指出,在本书的论述中,"科学管理"与"技术治理"并无本质区别。

比较研究才如此划分。

二 贤能政治与专家政治

尽管技术专家制与儒家德治思想目前主要作为治理理论存在，但它们都有深层的政治理论基础，即一开始它们是作为一种政治制度出现的。儒家德治思想的政治制度基础是贤能政治，强调道德、技能等因素在领导与干部选拔中的重要性。这一理论主要由孔子的"举贤才"（《论语·子路》）发展而来，孟子的"尊贤使能"（《孟子·公孙丑上》）、荀子的"尚贤使能"（《荀子·王制》）很好地发展和传承了这一思想。秦朝之后，贤能政治制度一直被我国各朝代沿用。

技术专家制的政治制度基础是专家政治，指国家的政治权力应该由科学家、技术专家、工程师等掌控。这一理论可以追溯到柏拉图的"哲学王"、培根的"所罗门之宫"、圣西门的"牛顿会议"等。在技术专家制运动失败后，技术专家制转向温和，不再强调掌权问题，主要关注专家及其专业知识对政治的影响，即"专家知识政治学"。[①]由于都强调专业技能对掌握政治权力的重要性，使得技术专家制思想兴起之后很快被民国政府所吸收，形成了兼具专家政治和贤能政治特点的技术专家制理论。[②]

无论是对道德品质和智力品质的推崇，还是对科学技术的强调，都使得专家政治和贤能政治具有浓厚的精英政治倾向。如上所言，儒家德治思想强调由道德品质高尚的人来掌握政治权力，他们的精英政治倾向显而易见。起初，儒家的人才范围主要集中于当时的贵族阶级，而非社会的各个阶层。如任继愈所言，孔子"举贤才"的主要目的是维持当时的贵族统治，他"最初选拔的'贤才'，绝大多数是

[①] Frank Fischer, *Technocracy and the Politics of Expertise*, Newbury Park：SAGE Publications, 1990, p. 111.

[②] Yongmou Liu, "American Technocracy and Chinese Response：Theories and Practices of Chinese Expert Politics in the Period of the Nanjing Government, 1927 – 1949", *Technology in Society*, Vol. 43, November 2015, p. 82.

在没落的、失势的、被压抑的世袭贵族中间选拔出来的"①。到了春秋末期,尽管"贤才"的选拔范围开始扩展至非贵族阶级,但它的精英主义倾向仍非常明显。对此,梁启超就直言:"儒家此种政治,自然是希望有圣君贤相在上,方能实行。"②

与儒家德治思想一样,技术专家制的精英政治倾向也非常强烈,这主要体现在他们主张科技专家掌握政治或治理权力上。自培根以降,科技专家掌握政治权力或治理权力的观点就一直被技术专家制者坚持,只是在不同阶段,不同思想家对科技专家应该掌握多少政治或治理权力的主张有所区别。如圣西门尽管一开始强调应该由科技专家来统治社会,但在后期的思想中,逐渐转向由企业家、行政管理者、法官等来共同执政。普莱斯是20世纪中后期较具影响力的技术专家制思想家,在他看来,以科技专家为主的"科学阶层"将与政治阶层、行政阶层、专业阶层共同决定国家和公共事务。尽管随着理论的发展,技术专家制逐渐从主张科技专家完全掌握政治或治理权力转变为强调科技专家在社会运行与治理中发挥重要作用,但它所表现出来的精英政治倾向仍不言自明。

虽然在精英政治上非常相似,但对于"精英"的标准,贤能政治与专家政治的观点并不太相同。具体而言,贤能政治认为,道德品质应优先于科技知识,而专家政治则更加强调科技知识的重要性。③ 在贤能政治的理论中,掌权者的道德素养才是重中之重。一方面,治国者的道德修养和道德行为会对百姓形成良好的影响,这会促进社会的和谐。孔子认为,"为政以德,譬如北辰居其所而众星共之。"(《论语·为政》)在孔子看来,治国者的道德修养和道德行为会对人们造成重要影响,如若能严格履行"为政以德",会让百姓围绕在其身边。另一方面,对百姓进行道德教化是贤能政治的重要一环,这就要求掌权者具有很高的道德素养。孔子指出,为政需要"道之以德"

---

① 任继愈:《墨子》,上海人民出版社1956年版,第52页。
② 梁启超:《先秦政治思想史》,东方出版社1996年版,第95页。
③ Yongmou Liu, "The Benefits of Technocracy in China", *Issues in Science and Technology*, Vol. 33, No. 1, Fall 2016, p. 28.

第四章　技术专家制的批判问题

(《论语·为政》),即对公众进行内在的道德教化。

与贤能政治不同,专家政治认为科技知识才是评价人才的核心标准。在技术专家制者看来,随着科学技术的不断发展以及广泛应用,科学技术已然成为决定社会发展与运行最为关键的因素,因此,科技知识是评价人才的核心要素,或者说,科技知识是获得权力的重要基础。以此为基础,他们特别反对政治家掌权和反对民主政治。他们认为,政治并非解决问题的方式,而是很多社会问题的根源。[①] 据此,在技术专家制者看来,政治方法应该被科学方法、技术工具取代,以保证社会的高效运转。而科技专家是社会中最为了解科学技术的群体,因此,政治家应将国家权力交给价值中立、理性的科技专家。[②]

由于具有不同特点,儒家德治思想主张的贤能政治与技术专家制者主张的专家政治能形成很好互补。一方面,贤能政治能为专家政治所受到的批判提供一定程度的辩护。技术专家制自提出以来一直饱受批判的一个重要原因是它与民主是相悖的,或者说,它无法为科技专家掌握政治权力提供合理的合法性基础。因为在技术专家制者的视域中,科技专家是凭借他们所拥有的科技知识来获得政治权力和权威,而不是通过公众的投票或民主的程序。然而,儒家德治思想强调的是道德平等而非政治平等,他们认为人在道德上是平等的,但由于每个人在提高美德和道德能力上所付出的努力不同,因此每个人的美德和道德能力是不同的。基于此,儒家德治思想认为,个人的美德和道德能力是人们获得政治权力和权威的基础。[③] 按照儒家德治思想的观点,技术专家制者主张科技专家掌握政治权力就是合法的,因为两者都主张知识是获得政治权力和权威的基础,只是儒家德治思想主张的是道

[①] Frank Fischer, *Technocracy and the Politics of Expertise*, Newbury Park: SAGE Publications, 1990, p. 22.

[②] Milja Kurki, "Democracy through Technocracy? Reflections on Technocratic Assumptions in EU Democracy Promotion Discourse", *Journal of Intervention and Statebuilding*, Vol. 5, No. 2, June 2011, pp. 215–216.

[③] Lishan Lan, Qin Zhu and Yongmou Liu, "The Rule of Virtue: A Confucian Response to the Ethical Challenges of Technocracy", *Sciences and Engineering Ethics*, Vol. 27, Article No. 64, October 2021, p. 8.

德知识，而技术专家制者强调的是科技知识。据此，儒家的贤能政治就为技术专家制的专家政治提供了合法性辩护。

除了为专家政治提供合法性辩护，贤能政治还能为专家政治遭受的伦理批判提供辩护。对于专家政治的伦理批判，主要体现在两个方面。其一，专家的决策并非价值中立，他们易受利益集团的影响。其二，专家的能力有限，这会致使他们作出错误的决定进而出现伦理风险。而"儒家之言政治，其唯一目的与唯一手段，不外将国民人格提高。以目的言，则政治即道德，道德即政治。以手段言，即政治即教育，教育即政治"①。可见，在贤能政治的体制下专家政治的伦理困境就能得到很好的弱化或消解，即贤能政治与专家政治的结合可以为解决专家政治的伦理困境提供很好的方案。因为在贤能政治的语境中，官员或领导的道德品质在理论上被默认是没有问题的。

另一方面，专家政治可以很好地推动贤能政治的运行。贤能政治主张道德专家及其道德在社会运行与治理中的重要作用，目的是建立一个"道德王国"。但这并不意味着贤能政治不关注经济问题，事实上，贤能政治将经济视为实现"道德王国"目标的重要基础。② 而技术专家制的提出主要是为了让社会高效运转、物质丰裕，这是它主张科技专家掌握政治权力的重要原因之一。不难看出，技术专家制对效率、经济的强调，可以很好地为贤能政治"道德王国"理想的实现提供经济基础。事实上，有一些技术专家制者就把技术专家制视为他们实现自己理想价值追求的途径，如美国技术专家制运动的领袖之一罗伯。在罗伯看来，技术专家制只是实现最终社会目标的手段而不是目的，"物质安全构成了有意义的自由的基本前提"③。

综上所言，作为两种不同文化背景下的思想，儒家德治思想主张

---

① 梁启超：《先秦政治思想史》，中华书局2016年版，第101页。

② Lishan Lan, Qin Zhu and Yongmou Liu, "The Rule of Virtue: A Confucian Response to the Ethical Challenges of Technocracy", *Sciences and Engineering Ethics*, Vol. 27, Article No. 64, October 2021, p. 13.

③ William E. Akin, *Technocracy and the American Dream: The Technocracy Movement, 1900–1941*, Berkeley: University of California Press, 1977, p. 116.

的贤能政治与技术专家制主张的专家政治在具有明显区别的同时,两者也能形成很好的互补。特别是,贤能政治能为在西方饱受批判的专家政治提供很好的辩护,典型如为科技专家掌握政治权力提供合法性基础。

三 道德教化与科学管理

作为两种不同的治理模式,儒家德治思想与技术专家制的治理方法明显不同。儒家德治思想的治理方法是道德教化,它的核心是"教化"。技术专家制的治理方法是科学管理,它强调的是"管理"。儒家德治思想与技术专家制方法论的区别缘于二者治理目的的不同。"孔子的'为政以德'的治国方针贯彻在治国的过程中,其最终目的是'修己安人'。"① 对于"修己安人"治理目标的追求,使得孔子非常重视道德教化的作用。萧公权总结认为,儒家之"教化"主要体现为两种方式:一是"以身作则",即通过对自己进行"教化"来实现对公众的教化;二是"以道诲人",即通过具体的方法对公众进行道德教化。②

与儒家德治思想不同,在技术专家制的模式中,"最终的追求是效率和产出"③。之所以追求"效率",是因为这与技术专家制思想兴起的社会背景有关。彼时,进步主义运动呼吁对政府进行改革,以提高行政效率。科学管理运动推进了进步主义的思想,指出工程师是完成这一改革的最佳人选。而"大萧条"的爆发暴露出自由市场经济制度的局限,这导致技术专家制思想将"科学管理"作为其改革社会的主要方式。④

尽管所强调的治理方式和目的不同,但儒家德治思想和技术专家制的方法论亦具有共同点,即道德教化与科学管理都强调技术工具(人工物)的作用。在孔子的思想中,"器"在教化人的过程中发挥

---

① 冯达文、郭齐勇编:《新编中国哲学史》(上册),人民出版社2004年版,第40—41页。
② 萧公权:《中国政治思想史》,辽宁教育出版社1998年版,第61页。
③ Daniel Bell, *The Coming of Post-Industrial Society: A Venture in Social Forecasting*, New York: Basic Books, 1973, p. 354.
④ William E. Akin, *Technocracy and the American Dream: The Technocracy Movement*, 1900 - 1941, Berkeley: University of California Press, 1977, pp. ix - x.

着重要的作用,即前文所言之"藏礼于器"。对此,胡适指出,在孔子看来,"不但说一切器物制度,都是起于种种意象,并且说一切人生道德礼俗也都是从种种意象上发生出来的"①。据此可知,器物(技术人工物)在儒家的道德教化中具有很重要的地位。

如上所言,在技术专家制的视域中,科学与技术是一体的。因此,技术专家制的科学管理既指科学理论、科学方法在社会治理中的应用,也指技术工具、技术方法在社会治理中的使用。当前,在社会治理中被广泛运用的大数据方法,是科学方法与技术工具的完美结合,既体现了科学方法对数据的追求,也体现了信息通信技术设备的应用,如摄像头、传感器等设备的使用。这样,技术专家制科学管理思想和儒家道德教化思想就在技术工具上找到了结合点。

对技术工具(人工物)在社会运行与治理中的共同强调,使得技术专家制科学管理思想能很好地推动儒家道德教化思想的具体施行,这与当前现象学技术哲学的技术中介理论密切相关。技术中介理论主要认为技术(人工物)在人与事物(实在)之间发挥着重要的中介调节作用,根据技术中介调节作用的不同,可以分为知觉中介和行动中介。② 知觉中介强调技术在人知觉或认识外界事物过程中的中介调节作用,如体温计。通过温度计,人可以了解外界或者自己身体的温度。行动中介强调技术在人的具体行动或行为中的中介调节作用,如在安装有减速带的公路上,司机一般都会减速行驶。③

在技术中介理论的基础上,维贝克提出了"道德物化"思想。他认为,通过技术(人工物)设计可以调节和影响人的道德选择和行为,这就使得技术人工物具有道德性,即道德被物(质)化。④ 不难

---

① 胡适:《中国哲学史大纲》,上海古籍出版社1997年版,第62页。

② 朱勤:《技术中介理论:一种现象学的技术伦理学思路》,《科学技术哲学研究》2010年第1期。

③ Peter-P. Verbeek, "Acting Artifacts: The Technological Mediation of Action", in Peter-P. Verbeek and Slob Adriaan, eds., *User Behavior and Technology Development: Shaping Sustainable Relations between Consumers and Technologies*, Dordrecht: Springer, 2006, pp. 53–60.

④ Peter-P. Verbeek, *Moralizing Technology: Understanding and Designing the Morality of Things*, Chicago: University of Chicago Press, 2011, p. 90.

第四章　技术专家制的批判问题

看出，维贝克的"道德物化"主要强调的是技术的知觉中介，这与儒家"藏礼于器"的思想非常相似，都强调通过有意识的技术设计将道德因素嵌入技术人工物中，以使技术人工物发挥道德功能。当前，通过技术设计将道德嵌入技术工具中以达到儒家德治思想之目的的代表例子是摄像头监控技术。如上所言，当人们知道他们的行为被监控时，他们将会使得自己的行为符合"监控"所期待的样子。

通过技术的行动中介功能，技术专家制科学管理思想也能很好地推动儒家道德教化思想的运行，即通过"技术律令"来实现对人的道德规范。温纳认为，"技术律令"是技术的一套逻辑体系，它决定着技术的运行情况，如果想让技术正常运行，就得符合和服从这一套逻辑体系的要求。[①] 较为经典的例子是在公路上通过安装减速带来"迫使"司机减速慢行，这是运用"技术律令"来对人的行为进行规范的一个很好表现。显然，这里所谓通过"技术律令"来对人的行为进行规范，其本质是运用技术设计将"行为规范"嵌入到技术人工物中，然后通过技术人工物的中介作用来达到对人的行为进行道德规范的目的。

拉图尔是技术行动中介理论的代表。他认为，技术人工物对于人的中介作用不仅仅体现在知觉（认知）上，还体现在具体行动上。拉图尔指出，技术人工物不仅影响人的认知，而且会直接影响到人的具体行动和实践，就像一个电影脚本决定着电影的发展一样。在这里，拉图尔将它称为行动"脚本"。在拉图尔看来，技术人工物的行动"脚本"一旦被设计出来，它就会按照自己的内容行事，人们只能顺从它，如一次性咖啡杯的设计。拉图尔指出，一次性咖啡杯的"脚本"内容为：这个杯子你只能用来喝一次咖啡，之后你就必须得扔掉。而为了让你能按照"脚本"行事，一次性咖啡所用的材料就设计成只能使用一次的材质。[②] 通过"脚本"的设计，人的行为规范

[①] Winner Langdon, *Autonomous Technology: Technics-out-of-Control as a Theme in Political Thought*, Cambridge: The MIT Press, 1981, pp. 101 – 102.

[②] Peter P. Verbeek, "Materializing Morality Design Ethics and Technological Mediation", *Science, Technology, & Human Values*, Vol. 31, No. 3, May 2006, pp. 366 – 367.

要求也就被嵌入到技术人工物中,这样技术人工物也就实现了它的行动中介功能。

与技术专家制科学管理思想能很好推动儒家道德教化思想的运行一样,儒家道德教化思想也能很好地促进技术专家制科学管理思想的施行,这主要体现在运用道德教化手段来规避技术专家制科学管理运行的伦理风险。

其一,通过对科技专家进行道德教化来规避技术专家制科学管理的伦理风险。哈里斯(Charles E. Harrisre)认为,当前的工程伦理主要强调对工程师进行消极限制,即告诉他们做什么是不道德的;对于积极的工程伦理,如什么是他们应该做的提及甚少,即对于美德伦理关注不够。[1] 儒家德治思想对于道德以及道德教化的关注,无疑对当前工程伦理教育疏于美德伦理教育的现状是一个很好的补充。通过加强美德教化,不仅可以使处于一线的工程师具有道德敏感性,同时也可以使已经退出一线但身居高位的工程师注意其治理决策的道德性。此外,还需看到,儒家德治思想还表现在掌权者运用自己所掌握的伦理美德和专业技能去设计出一套适合人类社会发展的技术体系来对百姓进行教化,以及推动整个人类的和谐发展。[2] 这样,儒家德治思想就在整个社会的层面推动了技术专家制的施行,进而规避了技术专家制科学管理的伦理风险。

其二,通过对公众进行道德教化来规避技术专家制科学管理的伦理风险。技术专家制科学管理主张通过科学方法、技术工具来运行和治理社会,但很多科学方法、技术工具的运用会带来诸多伦理风险,如大数据技术的运用会导致个人隐私泄露、大数据杀熟等伦理风险,这就会使得技术专家制科学管理的施行存在一些伦理风险。科学方法、技术工具的运用会导致伦理风险的原因有很多,其中之一就是公众的科技伦理意识不强,如当前个人隐私信息泄露的一个重要原因是

---

[1] Charles E. Harris Jr., "The Good Engineer: Giving Virtue Its Due in Engineering Ethics", *Science and Engineering Ethics*, Vol. 14, No. 2, June 2008, p. 153.

[2] Wong Pak-Hang, "Dao, Harmony and Personhood: Towards a Confucian Ethics of Technology", *Philosophy & Technology*, Vol. 25, No. 1, March 2012, pp. 80 – 82.

公众缺乏保护隐私信息的意识①。也就是说，如若公众的科技伦理意识更强一些的话，很多科学方法、技术工具运用所带来的伦理风险可以得到很好的规避。对此，儒家德治思想强调通过对公众进行道德教化来提高公众的道德素养的方法显然具有很高借鉴价值，即通过对公众进行科技伦理教育来规避技术专家制科学管理所引发的伦理风险。

综上所述，由于理论内涵及其特点的不同，儒家德治思想与技术专家制能形成很好的互补关系，这使得两者的结合可以很好地弥补自身理论的局限。或者说，儒家德治思想和技术专家制可以为对方提供很好的理论辩护，这也是笔者对两者进行比较研究的真正目的。当然，需要指出，笔者所谓儒家德治思想与技术专家制结合可以很好地弥补两者自身的理论局限只是强调两者在理论上可以相互支撑，或者为对方提供辩护，并不是说儒家德治思想与技术专家制结合将会形成一个完美的政治制度或治理体制。

---

① 刘朝：《算法歧视的表现、成因与治理策略》，《人民论坛》2022 年第 2 期。

第五章　人工智能与技术专家制

技术专家制作为一个以科学技术为基础的理论，人工智能的发展无疑能在很大程度上推动其发展，人工智能技术专家制[1]、算法技术专家制[2]等概念的提出就是佐证。然而，人工智能在推动技术专家制发展的同时，也为技术专家制带来了新的风险，如算法歧视、责任主体难以确定等。为全面理解人工智能对技术专家制的影响，笔者将在本章中对人工智能与技术专家制的关系进行系统研究。

由于人工智能与大数据、物联网、云计算等技术密切相关，因此本章所言之人工智能并非仅仅指与人工智能直接相关的技术，而是指包括互联网、物联网、大数据、云计算、区块链、人工智能等技术在内的技术集合体，是信息通信技术发展至今的集成物，是信息通信技术在当代社会的最主要表现。也就是说，下文中有一些地方为了易于理解，所使用的称谓可能是物联网、大数据、云计算、区块链、智能技术等，但它所指的仍是人工智能这一技术集合体。

此外，为了表达方便，在论述人工智能给技术专家制带来的主要风险时，笔者将以"算法技术专家制的主要风险"代为表达，而在论述人工智能给技术专家制带来的主要风险的应对之策时，则以"算

---

[1] Henrik S. Sætra, "A Shallow Defence of a Technocracy of Artificial Intelligence", *Technology in Society*, Vol. 62, Article No. 101283, August 2020.

[2] Rob Kitchin, et al., "Smarties, Algorithmic Technocracy and New Urban Technocrats", in Mike Raco and Federico Savini, eds., *Planning and Knowledge: How New Form of Technocracy Are Shaping Contemporary Cities*, Bristol: Policy Press, 2019.

法技术专家制主要风险的应对之策"代为表达。关于算法技术专家制的内涵，可参见第三章第四节。

第一节 人工智能推动技术专家制的发展

关于人工智能对技术专家制的推动，在前几章中笔者其实已经有一些论述，如人工智能的发展带来了新的技术专家制模式（即算法技术专家制）、在人工智能的支撑下一些技术专家制批判被弱化或消解等，因而在本部分中将不再对这些内容进行论述。在本部分中，笔者将主要对智能社会与技术专家制、人工智能与技术专家制的两个核心原则进行分析，以全面了解人工智能对技术专家制发展的推动。

一 智能社会与技术专家制

纵观技术专家制的思想发展史，不难发现，很多重要的技术专家制思想家都是以某一技术社会形态为基础来论述自己的技术专家制思想的，如凡勃伦的"工业体系"、布热津斯基的"电子技术时代"、加尔布雷思的"新工业国"、丹尼尔·贝尔的"后工业社会"等。在这些技术专家制思想的视域中，他们所言的技术社会形态本质上就是一个技术专家制社会，因为技术专家制成为他们所言的技术社会形态中的重要特征。在以人工智能为代表的智能技术的有力推动下，当今社会正在步入智能社会。按照技术专家制者习惯于将某一技术社会形态视为技术专家制社会的特点，作为技术社会形态目前的最高阶段，智能社会显然也可以被认为是技术专家制社会。更具体地说，智能社会是技术专家制社会的进一步实现，因为它是当前最为高阶的技术社会形态。

（一）当代社会正在步入智能社会

伴随着互联网、物联网、云计算、大数据、区块链、人工智能等智能技术的快速发展，人类正在经历历史上第四次科技革命，而当代社会也正在步入智能社会。刘大椿指出，以智能技术为基础的智能革命"是自17、18世纪第一次科技革命以来的第四次科技革命以及与之相对应的产业革命。此前还有三次与其同样重要的革命：蒸汽革命、电力革命、信息革命",尤其在智能技术及其机器的推动下,"包括人在内的万事万物都会通过数据流联结为可以感知和回应环境变化的泛智能体,整个世界将有可能演变为复杂、泛在的智能化虚拟机器"[1]。随着智能化范围的迅速扩大,通过"顶层设计的战略性推动,再加上资本力量的聚集、科技公司的布局、各类媒体的纷纷宣传,以及有识之士的全方位评论,加快了智能化社会到来的步伐"[2]。

总的来说,智能社会是以智能技术为技术基础,被智能技术全面改造、推动和影响的社会。关于社会形态的划分方式,丰子义认为主要有如下几种,即"按照生产关系的不同性质,可以把人类历史相应地划分为原始社会、奴隶社会、封建社会、资本主义社会、共产主义社会;按照作为社会主体的人的发展程度,可以把人类历史划分为人的依赖性社会、物的依赖性社会、个人全面发展的社会;按照生产力和技术发展的水平,可以把人类历史划分为渔猎社会、农业社会、工业社会、信息社会"[3]。根据上文对智能社会的定义可以看出,智能社会是按照生产力和技术发展水平来划分或定义的社会形态。而按照丰子义的观点,智能社会是出现在渔猎社会、农业社会、工业社会、信息社会之后的技术社会,是技术社会形态理论的当前表现形式。现在的问题是:智能社会是一种与信息社会具有本质区别的社会,如工业社会是在工业革命之后形成的,它与农业社会是否在技术特征和发展水平方面具有本质的不同,还是它只是信息社会的高级阶段,并未有技术特征上的本质区别?

就技术特征而言,智能社会并非一种与信息社会具有本质区别的社会,而是信息社会发展至今的最高阶形态。叶美兰等人认为,"根据技术形态理论,人类文明大致先后经历了游牧社会、农业社会、工业社会和信息社会,对应着狩猎技术、农业技术、机器技术和智能技

---

[1] 刘大椿等:《智能革命与人类深度智能化前景(笔谈)》,《山东科技大学学报》2019年第1期。
[2] 成素梅:《智能化社会的十大哲学挑战》,《探索与争鸣》2017年第10期。
[3] 丰子义:《从全球化看社会形态的演进》,《河北学刊》2004年第1期。

第五章 人工智能与技术专家制

术。信息社会建基于以信息通信科技为主干的智能技术，普遍使用计算机、自动化设备等智能工具，兴起于20世纪下半叶，目前仍在飞速发展"。在此基础上，他们指出："泛在社会是信息社会高于网络社会的新阶段，将进一步推进当代社会的信息化过程，把信息社会既有各种特征再向前推进一步。"① 根据这一观点以及本书对智能社会的定义，不难看出，智能社会仍属于信息社会的范畴，因为信息社会和智能社会都是"建基于以信息通信科技为主干的智能技术"。如此，智能社会就是信息社会发展至今的最高阶段，是网络社会和泛在社会的发展，它与两者并无技术特征上的本质差异，区别仅在于相同技术的发展水平不同。

相较于网络社会和泛在社会，智能社会的特点主要体现在以下方面。其一，智能化。智能化主要指人工智能技术能自主学习、自主决策并给出解决方案，这是智能社会与泛在社会、网络社会的最主要区别，如自动驾驶汽车、智能合约等。高奇琦等人认为，人工智能与互联网、物联网的区别在于它可以进行自主学习和决策，这使它具有互联网和物联网所不具有的智能性，这是以人工智能为基础的智能城市与以互联网、物联网为基础的智慧城市的主要区别。② 其二，实时化。当前，随着互联网、物联网、大数据等技术的广泛应用，很多城市都已开始运用实时数据来对社会进行管理，如交通部门通过摄像头和传感器计算车流量以调整红绿灯，警察通过实时数据监控和分析来分配警力，环境监管部门通过传感器来监测环境污染情况、地震活动数据等，政府部门通过实时数据来了解公众的诉求以及相关部门的应对情况。③ 其三，精准化。在智能社会中，以大数据为基础形成的数据智能可以精准化理解和刻画社会的运行图景和规律。美国麻省理工学院

---

① 叶美兰、刘永谋等：《物联网与泛在社会的来临——物联网哲学与社会学问题研究》，中国社会科学出版社2015年版，第68页。
② 高奇琦、刘洋：《人工智能时代的城市治理》，《上海行政学院学报》2019年第2期。
③ Rob Kitchin, "The Real-Time City? Big Data and Smart Urbanism", *GeoJournal*, Vol. 79, No. 1, February 2014, p. 5.

人类动力学实验室主任彭特兰（Alex Pentland）认为，利用智能算法对社会各种数据（如个人生活数据、公司运营数据、政府行政数据等）进行分析，可以精确刻画出一个"社会之镜"（Socioscope），从而使我们能更好地理解和治理社会。①

（二）智能社会是技术专家制理想社会的进一步实现

技术专家制的理想社会是一个"去政治意识形态"的社会，即整个社会完全按照科学原理、技术规则运转。按照上文对智能社会的分析，智能社会显然在一定程度上符合技术专家制的理想社会的特征，如在一些领域社会的运行完全按照智能算法的命令和规则来运转。可以认为，智能社会是技术专家制理想社会的进一步实现。

在早期的技术专家制思想中，技术专家制者是以科学理论为基础来阐述他们的社会图景的，即技术专家制的社会形态理论是以科学理论为基础的。技术专家制者认为，社会是自然界的一部分，可以运用自然科学理论和方法来对社会进行管理，人类的目的是建立一个完全按照科学理论和原理运行的社会。如在《新大西岛》一书中，培根所构想的"新大西岛"就是一个严格按照科学原理建立的社会。

受牛顿的影响，圣西门一直致力于运用物理学方法来分析社会关系和对社会进行改革。如在《论万有引力》一文中，他指出，一切社会发展和改革都需要以牛顿的万有引力定律为理论基础。② 作为圣西门的助手及学生，孔德继承和发展了圣西门的这一思想，他认为"科学的社会"可以通过物理科学方法来发现和解释，从而建立起他的"实证国家"。在技术专家制运动中，斯科特受英国诺贝尔化学奖获得者索迪的影响，打算运用能量理论来解释和改造社会，也是这一思想的体现。

19世纪末20世纪初，两次工业革命对社会的影响完全显现出来，此时技术专家制者开始从工程视角来界定社会形态。在技术专家制者看来，当前的社会已经完全工业化和工程化，因而可以根据运用工程

---

① [美]阿莱克斯·彭特兰：《智慧社会：大数据与社会物理学》，汪小帆等译，浙江人民出版社2015年版，第7—14页。

② 《圣西门全集》第1卷，王燕生等译，商务印书馆2010年版，第87—140页。

第五章　人工智能与技术专家制

原理和工程方法来建设和改造社会,以使社会"理性"运转。尽管强调牛顿科学思想在社会改革和建设中的重要性,但圣西门同时也看到了工业对社会的影响。在1816年开始出版的《工业》杂志中,圣西门就开始以工业为核心来构想未来社会,且认为工程师和企业家是治理未来社会的"新阶级"。通过《工业》杂志,圣西门还使"工业主义"(Industrialism)一词逐渐流行起来。[1]

凡勃伦继承并发展了圣西门从工业视角来分析和改革社会的思想,在《工程师与价格体系》一书中,他详细阐述了这一观点。凡勃伦认为,随着工业的快速发展,工业体系已经成为整个社会发展的核心,且当前工业体系的生产能力已经足够使人类物质丰裕。之所以出现大量贫困和失业,主要是因为资本家掌握了物质生产的权力,他们故意减少产量来获取更高利润。为了解决这一问题,工业体系的运行权力应该交给工程师,因为工程师只关注工业体系如何高效运转,不会因为利益问题影响工业体系的运行。[2]

随着信息通信技术的快速发展,技术专家制社会形态理论开始将其焦点转向"技术"。技术专家制者认为,随着技术在社会运行中作用的凸显以及社会愈发技术化,"技术"已然成为整个社会建设和发展的核心力量。加尔布雷思是技术专家制社会形态理论由"工业社会"转向"技术社会"的过渡人物,因为在他的技术专家制名著《新工业国》中,虽然他以"工业"为题,但并未对社会的"工业化"和"技术化"进行区分。

丹尼尔·贝尔则是从技术维度论述技术专家制社会形态理论的集大成者,在《后工业社会的来临》中,他详细论述了以信息技术为基础的"后工业社会"的种种变革,如社会、经济、政治、职业等。[3] 在

---

[1] [美]丹尼尔·贝尔:《后工业社会的来临:对社会预测的一项探测》,高铦等译,新华出版社1997年版,第51页。
[2] Thorstein Veblen, *The Engineers and the Price System*, New York: B. W. Huebsch Inc, 1921, pp. 27–51.
[3] [美]丹尼尔·贝尔:《后工业社会的来临:对社会预测的一项探测》,高铦等译,新华出版社1997年版。

丹尼尔·贝尔之后，托夫勒、奈斯比特是技术专家制社会形态理论的主要代表，前者将以信息通信技术为核心力量的社会称为"超工业社会"①，后者则称为"信息社会"②。虽然两者对当时社会的称谓与丹尼尔·贝尔的"后工业社会"称谓有所不同，但他们都承认他们的称谓之内涵与"后工业社会"之内涵并无本质不同，即以信息通信技术为基础的信息社会，仅在表达形式上存在差异。

在信息社会的发展过程中，由于信息技术的不断迭代，又衍生出了不同技术特点的信息社会形态，如网络社会、泛在社会等。以网络社会为基础来论述技术专家制的主要代表是卡斯特（Manuel Castells），他在著作《网络社会的崛起》中系统论述了网络社会对于政治、经济、文化等的重塑。③尽管卡斯特并未承认自己是一个技术专家制者，但有学者认为他的思想中具有明显的技术专家制倾向。韦伯斯特（Frank Webster）指出，对于信息技术人才的强调以及贤能政治的偏好，使得卡斯特的思想具有强烈的技术专家制特征。④刘永谋等人认为，以泛在网为技术基础的泛在社会正在建成，技术专家制是泛在社会治理的主要特征，对于技术专家制在泛在社会中的利弊，应综合来看，如此才能更好地发挥其优势和规避其风险。⑤

如上所言，智能社会是信息社会、网络社会、泛在社会之后更加高阶的技术社会形态。按照以上分析，既然网络社会、泛在社会本质上都已是一种技术专家制社会，那么，智能社会显然是技术专家制社会的进一步实现。因为智能社会的技术水平要高于网络社会、泛在社会等社会形态，而技术专家制的理想社会形态主要以科学技术为支

---

① ［美］阿尔文·托夫勒：《第三次浪潮》，朱志焱等译，新华出版社 1996 年版，第 4 页。

② ［美］约翰·奈斯比特：《大趋势：改变我们生活的十个新方向》，梅艳译，中国社会科学出版社 1984 年版，第 10 页。

③ ［西］曼纽尔·卡斯特：《网络社会的崛起》，夏铸九等译，社会科学文献出版社 2001 年版。

④ ［英］弗兰克·韦伯斯特：《信息社会理论》，曹晋等译，北京大学出版社 2011 年版，第 140—147 页。

⑤ 刘永谋、兰立山：《泛在社会信息化技术治理的若干问题》，《哲学分析》2017 年第 5 期。

撑。对此，詹森和库克直言，以大数据、物联网、人工智能等技术为运行基础的当今社会已然是一个技术专家制社会。[1]

二 人工智能与技术专家制的两个核心原则

人工智能的发展除了推动技术专家制理想社会的进一步实现，还极大地推动了技术专家制的理论发展。在本部分中，笔者将对人工智能对当代技术专家制的两个核心原则，即技术治理原则与专家咨询原则的推动进行分析，以全面了解人工智能对技术专家制理论发展的推动。

（一）人工智能与技术治理

技术治理是当代技术专家制的核心原则之一，主要强调运用科学方法、技术手段对社会进行治理，人工智能的发展很好地推动了这一原则在智能社会的实施。一方面，人工智能具有强大的收集、存储、分析、挖掘数据的能力，而运用定量方法进行治理是技术治理原则的关键。因此，人工智能的发展能很好地推动技术专家制技术治理原则的发展。另一方面，当今社会正在步入智能社会，人工智能已成为智能社会的重要基础，如智能电网、智能交通等体系维系着整个社会的正常运行，这些体系一旦出现问题，整个社会将很有可能陷入混乱，这也就是当代技术专家制技术治理追求的整个社会按照技术原则来运转的体现。

在人工智能的支撑下，政府决策更加科学化。政府决策科学化的思想可追溯到配第，这一思想在泰勒的科学管理思想中得到很好的发展。在技术专家制运动中，技术专家制者"努力将技术治理思想扩展到国家层面，力图将社会的运行完全科学技术化，但由于自身理论的局限等原因很快走向失败"[2]。信息通信技术的快速发展，特别是大数据与人工智能的发展，为政府决策科学化提供了重要的技术基础。

---

[1] Marijn Janssen and George Kuk, "The Challenges and Limits of Big Data Algorithms in Technocratic Governance", *Government Information Quarterly*, Vol. 33, No. 3, July 2016, p. 371-377.

[2] 刘永谋、兰立山：《泛在社会信息化技术治理的若干问题》，《哲学分析》2017年第5期。

"近年来，随着大数据的迅猛增加，各个政府部门都在尝试'用数据来决策'、'用数据来管理'、'用数据来创新'，在这个过程中，涌现了一大批既务实管用、又令人耳目一新的做法和应用。"① 与大数据强调运用数据来决策不同，人工智能更强调技术的自主决策。"人工智能本身就是一种程序，在进行裁决过程中，会相对于人更加客观中立。将人工智能客观性与中立性的特点纳入政府裁决体系，将更有利于促进政府裁决与施政更加公平公正。人工智能将会成为'智能的哲学王'，与政府的高阶人才形成互补。"②

人工智能很好地推动了技术专家制计划治理思想在当前社会的施行。虽然技术专家制主要强调"依靠科学技术专家运用科学理论、技术方法等对社会进行治理"，但"其实质是对社会进行计划治理，以实现社会的高效、稳定、和谐发展"。③ 在当前社会中，人工智能的发展已经逐渐成熟，它们为技术专家制计划治理提供了坚实的技术基础，这主要体现在数据的收集、分析、挖掘等方面，如互联网、物联网、大数据等技术。有学者指出，"物联网管理模式的有效运用能作用于组织规模的调试和控制，发挥组织瘦身的功效；能巧妙地避免组织系统与外部系统的摩擦；能提高资源结构调整与数量调配的效率；能提升组织预决策的信息准度与信息效度"④。与互联网、物联网不同，大数据技术在计划治理中的作用主要体现在预测上，即"使用大数据的交叉复现的特征，从大数据中预测社会需求，预判治理的问题，从大数据中探索国家治理的多元、多层、多角度特征，满足不同时期、不同群体、不同阶层人民群众需求"⑤。随着人工智能的继续发展，以上技术将为技术专家制计划治理提供更加坚实的技术支撑。

人工智能具有实时性、可视性等特点，这为技术专家制的施行提供了强大的控制机制。在泰勒看来，"科学管理的主要内容很大程度

---

① 涂子沛：《大数据》，广西师范大学出版社2012年版，第62页。
② 岳楚炎：《人工智能革命与政府转型》，《自然辩证法通讯》2019年第1期。
③ 兰立山：《技术专家制的计划治理思想》，《哲学与中国》2020年春季卷，第163页。
④ 王谦：《物联网与政府管理创新》，四川大学出版社2015年版，第150—151页。
⑤ 陈潭等：《大数据时代的国家治理》，中国社会科学出版社2015年版，第39页。

就是任务的计划和执行"①。为了能使计划和执行很好地完成,控制则变得十分重要,因为只有进行严格的控制才可以使计划愈加合理和执行更加科学。虽然泰勒的科学管理思想中主要强调计划,对于控制强调得不多,但这并不意味着控制不重要,这从《科学管理原理》一书通篇都在分析如何通过精确的劳动分工和操作分解来提高工作效率就可看出。在当今社会中,由于人工智能具有实时性、可视性的特征,可以使得生产管理或社会治理的控制变得更加及时和准确,如可以通过物联网传感器、智能摄像头了解生产环境、社会治安情况等。此外,政府还可以运用大数据技术对网上的各种信息进行分析来了解公众对政府决策、行政管理等的态度和意见,以更好地为公众提供服务和提高自己的公信力。因为大数据技术"不仅能为政府提供决策产生机制,而且能根据实际需求和公众体验提供相应的决策信息反馈机制、决策调控纠偏机制"②。通过人工智能建立严格的控制机制,技术专家制思想在当今社会的施行将变得更加高效。

总的来说,人工智能很好地推动了技术专家制技术治理原则在当前社会的施行。诚然,这并不是说人工智能对技术专家制技术治理原则的影响都是正面的,如算法黑箱就是目前人工智能难以很好解决的难题,这也就使人工智能对技术专家制技术治理原则的推动打了折扣。关于人工智能可能给技术专家制带来的新问题或风险,并不是本节的重点,因此,在此不做过多论述,笔者将在后文中再对此问题进行系统分析。

(二)人工智能与专家咨询

专家咨询是当代技术专家制的另一核心原则,主要强调专家在政治决策、公共政策等领域的重要作用。然而,这一原则一直饱受批评。如法伊尔阿本德就从人的理性程度视角对专家咨询进行了批评,他认为:(1)专家意见往往不一致,专家甚至可以证明任何观念;

---

① [美]弗雷德里克·W. 泰勒:《科学管理原理》,朱碧云译,北京大学出版社2013年版,第42页。

② 徐继华等:《智慧政府:大数据治国时代的来临》,中信出版社2014年版,第33页。

(2) 专家往往与讨论的问题无关，只能从狭窄的专业角度理解没有任何体验的问题；(3) 根本无法证明专家决策比外行好。[①] 又如温纳从民主的维度对专家咨询进行了批判，他指出，在技术专家制者的理解中，真实的治理活动并没有任何大众参与的空间，因为所有重要决策的决定、计划的制订、行动的执行都超越了公众的能力范围。如果各项决策由公众来进行民主决议，那么只会导致混乱。[②] 尽管技术专家制者也进行了各种辩护，但由于科技水平限制，很难给出基于现实图景的有效回应。然而，随着互联网、物联网、大数据、人工智能等智能技术的快速发展，专家咨询具有了坚实的技术基础，优势也逐渐凸显，这为技术专家制专家咨询原则提供了有力支撑。

人工智能的发展，在一定程度上提高了专家的理性程度。对于专家咨询的主要批判缘于学者对其理性程度的质疑，但这并非仅仅针对专家本身，更本质的是对于人的理性程度的质疑。关于人的理性的有限性，诺思（Douglass C. North）认为，"人的有限性包括两个方面的含义，一是环境是复杂的，在非个人交换形式中，人们面临的是一个复杂的、不确定的世界，而且交易越多，不确定性就越大，信息也就越不完全；二是人对环境的计算能力和认识能力是有限的，人不可能无所不知"[③]。但在当前社会中，人工智能的发展在一定程度上提高了专家的理性程度。如有学者指出，"大数据时代最大的亮点就是人和社会的计算，越来越多的社会问题都将通过计算得到解决"[④]，可见，通过大数据技术在计算、分析方面的辅助，大大提高了专家决策的准确程度。另外，智能算法还使计算机具有自主学习的能力，它们通过对已有数据的不断分析、挖掘及自主学习，会具有很多人类难以具备的能力，这也可以被视为是对技术专家制专家咨询原则的很好补

[①] 刘大椿、刘永谋：《思想的攻防——另类科学哲学的兴起和演化》，中国人民大学出版社 2010 年版，第 138 页。

[②] Langdon Winner, *Autonomous Technology: Technics-Out-of-Control as a Theme in Political Thought*, Cambridge: The MIT Press, 1977, p. 146.

[③] 卢现祥：《西方新制度经济学》，中国发展出版社 1996 年版，第 10—11 页。

[④] 涂子沛：《数据之巅》，中信出版社 2014 年版，第 271 页。

第五章 人工智能与技术专家制

充和支持。

人工智能为公众提供了表达自己诉求的平台，这可以为专家制定出更加符合公众需求的政策提供基础，同时提高专家及政府在社会中的地位。如上所言，普特南认为，技术专家制者在进行公共问题决策时，他们倾向于关注实践和实用的标准，对于意识形态和道德的标准很是排斥。① 由于缺乏对价值或道德问题的关注，致使出现科技专家在制定决策时会忽视公众的利益、社会的价值等问题。而在当今社会中，互联网、大数据等智能技术为公众表达诉求提供了很好的平台。就互联网而言，它的主要功能是给公众在不同的网站平台发表自己对政府的政治决策、公共政策等方面意见的机会，这为专家制定和改进决策提供了基础。而对大数据技术而言，它的主要作用并非直接给公众发表意见提供平台，而是通过收集、分析、挖掘网上不同来源的数据来实现对公众诉求的理解。以此为基础，专家就可以制定出更多具有针对性的政策，在为公众谋福利的同时，也提高了自己乃至政府的公信力。正如韦斯特（Darrell M. West）所言："对电子政府的一个长远希望是它不仅是在服务传递方面的一次革命，还是公民们如何看待政府的一次基本变革。如果公共部门变得更有效率、更具回应性、更有效果，那么就有可能使公民重新与政府结合，对政府的表现更有信心，并且更倾向于信任公共部门。"②

除了给公众提供一个发表意见的平台，智能技术还给公众民主监督专家决策提供了一个平台。刘永谋等人认为，技术专家制对于科技专家掌握政治权力的强调，无疑会造成科技专家与公众的权力失衡。③ 这种权力的失衡的一大后果就是科技专家与利益集团达成共谋，从而导致科技专家作出有利于利益集团而有损公众利益的决定，如科技专

---

① Robert D. Putnam, "Elite Transformation in Advanced Industrial Societies: An Empirical Assessment of the Theory of Technocracy", *Comparative Political Studies*, Vol. 10, No. 3, October 1977, p. 387.

② ［美］达雷尔·韦斯特：《数字政府：技术与公共领域绩效》，郑钟扬等译，科学出版社 2011 年版，第 147 页。

③ 刘永谋、兰立山：《大数据技术与技治主义》，《晋阳学刊》2018 年第 2 期。

家由于受到某个企业的科研资助而作出有益于企业的决策。① 在当前社会中,由于智能技术的逐渐成熟,公众可以通过网络平台对专家的错误决策进行曝光和向有关部门举报,这提高了公众对专家决策的民主监督能力,使得专家在作出决策时会格外谨慎。另外,随着智能技术的逐渐完善,很多专家的决策过程和执行过程都处于完全监控状态,这大大提高了专家决策和执行的透明度,不论是出于公众压力还是政治压力,专家都会对自己的决定更加小心。对此,韦斯特就曾指出,"数字技术显然可以提高透明度、增进公众参与、加强民主协作、强化政治责任以及促进社会交流"②。

综上所述,智能技术在很大程度上推动了技术专家制专家咨询原则在智能社会的发展。随着智能技术的继续发展,这种推动会更加明显,如智能算法逐渐可以独立进行很多公共决策、机器人独立执行很多治理任务等,这会大大弱化专家在政治决策、公共政策方面的作用。当然,这并不是说专家的地位就会受到严重威胁,而是说专家的权力将会受到很大限制,如决策的透明化将使得专家的决策在很大程度上处于公众的监督之下。

第二节 算法技术专家制的主要风险

在大数据、物联网、人工智能等技术的支撑和推动下,技术专家制出现了以人工智能为主要特征的新模式,即算法技术专家制。尽管算法技术专家制具有诸多优势,但自身也存在一些风险,如政治风险、经济风险、伦理风险、法律风险等。

一 政治风险

政治风险一直是技术专家制备受批判的主要原因,在当前社会也

---

① Kristin Shrader-Frechette, "How Some Scientists and Engineers Contribute to Environmental Injustice", *Spring issue of The Bridge on Engineering Ethics*, Vol. 47, No. 1, March 2017, pp. 36 – 37.

② [美]达雷尔·韦斯特:《数字政府:技术与公共领域绩效》,郑钟扬等译,科学出版社2011年版,第26页。

第五章 人工智能与技术专家制

不例外。然而，与学界主要聚焦于对传统技术专家制的专家政治进行批判不同，对当代技术专家制，学界的批判主要集中于技术赋予了政府或政治集团过大的权力，这会导致权力的过度集中或失衡。对此，埃吕尔就曾断言，国家的宪法不会改变技术的使用，但技术可以快速改变国家的结构，它们会侵蚀民主以及倾向于建立一种新的贵族政治。[1] 不难看出，当前大数据、物联网、区块链、人工智能等技术的发展及其对政治的极大影响，很好证实了埃吕尔的观点。在本部分中，笔者将重点对算法技术专家制的两点政治风险进行分析，即大数据技术与权力集中、算法政治的风险。

大数据技术是算法技术专家制施行的主要工具，如通过大数据技术分析城市交通情况、预测社会舆情等。尽管大数据技术极大地提高了社会运行的效率，然而它也带来了诸多风险，政治风险就是其中之一。总的来说，大数据技术的政治风险主要体现在它对权力集中的推动上，这是算法技术专家制的主要政治风险之一。

权力向大国和国际大企业集中，是大数据技术带来的首要政治风险。一方面，在互联网、物联网等技术的支撑下，国家可以利用大数据技术对社会进行更加全面的监控和控制，这使得国家具有更加强大的权力。对此，刘永谋等人指出，"物联网将极大地加强维护现有秩序的力量，全盘重构权力将变得极其困难，局部改良也会阻力重重。物联网将是对反对派和异见者进行人身监控的利器，很容易被专制主义所利用。因此，必须警惕国家和政府对物联网的滥用"[2]。另一方面，互联网、物联网、大数据技术的快速发展，模糊了人与物、国与国的边界，这使得权力有向大国和国际大企业集中的风险。在汉森（Hans K. Hansen）和波特（Tony Porter）看来，大数据技术的发展扩大了国际事务的边界，人们无需进入他国的领土就可以干涉他国的内政，因为通过大数据技术分析互联网留下的数据可以了解和影响他国

---

[1] Jacques Ellul, *The Technological Society*, trans. John Wilkinson, New York: Vintage Books, 1964, p. 274.

[2] 刘永谋、吴林海：《物联网的本质、面临的风险与应对之策》，《中国人民大学学报》2011年第4期。

的政治走向。如此，这就形成了一种新的国家边界区分方式，即掌握数据权和没有掌握数据权的区分方式。在这种新的国家边界区分方式中，权力无疑转向了掌握数据权的国家和国际大企业。[1]

大数据技术的发展有加大权力向政府集中的风险。所谓民主政治的实质是指直接民主，主张公民作为国家的主人来管理国家事务，而不是通过所选举的代表来代为管理，即"没有代表和代表传送带的民主"[2]。然而，由于技术上的限制，直接民主很难被实施，当代社会施行的主要是代议民主。对此，萨托利指出，"如果说古代民主是城邦的对应物，那也就是说它是'直接民主'，今天我们已不可能亲身体验那种希腊式直接民主了。我们的所有民主都是间接民主，即代议民主，我们受着代表们的统治，而不是自己统治自己"[3]。按照萨托利的观点，代议制民主本身存在着很大局限，如公民在选出代表之后也就陷入代表的统治。卢梭（Jean-Jacques Rousseau）表达了与萨托利相同的观点，他认为，"英格兰人民视自身是自由之身，但是这完全错了；只有在选举国会议员时，他才是自由的。一旦选举完成，奴役就降临到他身上"[4]。如此，政府与公民的权力平衡一直是民主政治关注的焦点。大数据时代的到来无疑使权力向政府倾斜或集中。因为政府会以保证国家安全、提高治理效率为缘由来采集公众数据，在此基础上对公众进行政治监控和说服，进而实现其政治目的。美国中央情报局技术分析员斯诺登在2013年爆出的"棱镜门事件"就是佐证。

大数据还可能进一步推动精英政治的发展。技术专家制强调的专家政治对民主的反叛已是老生常谈，在大数据技术的推动下，这一风

---

[1] Hans K. Hansen and Tony Porter, "What Do Big Data Do in Global Governance?", *Global Governance*, Vol. 23, No. 1, January – March 2017, pp. 31 – 32.

[2] [美]乔万尼·萨托利：《民主新论》，冯克利、阎克文译，上海人民出版社2008年版，第126页。

[3] [美]乔万尼·萨托利：《民主新论》，冯克利、阎克文译，上海人民出版社2008年版，第307页。

[4] [法]让-雅克·卢梭：《社会契约论》，黄卫锋译，台海出版社2016年版，第119页。

第五章 人工智能与技术专家制

险在算法技术专家制中仍是重中之重。在算法技术专家制中，科技专家对政治决策的影响仍不可忽视，无论是在政府任职的专家，还是在科技巨头企业、智库任职的专家，都极大地影响着政治决策的动向，特朗普与剑桥分析公司合作影响美国大选就是佐证。事实上，由于大数据技术的快速发展及其在社会各领域的广泛应用，科技专家对民主政治的影响更加凸显。首先，大数据技术对政治的影响已大大高于传统技术，如上文所提到的政治监控、政治操纵等。因而，大数据技术专家对于民主政治的影响将更加明显。其次，大数据技术本身存在着诸多局限，如主要强调相关性方法而忽视了因果分析。面对这些问题，虽然大数据技术专家也不能提供完美的解释，但是，除了大数据技术专家，似乎很难找到更合适的人选来解决这些问题。因而，尽管饱受批判和责难，技术专家仍然是政治决策和社会治理必须依赖重要团体。

随着具有自主性学习和决策能力的智能算法在各领域决策中的广泛应用，"算法政治"（Algocracy）已成为算法技术专家制的主要表现。"算法政治"一词由阿内什（A. Aneesh）创造，是作为与市场体系、官僚体系相对应的组织体系被提出的。阿内什指出，随着互联网和计算机的发展，人类已然进入一个全球经济时代，全球工人不再受制于市场体系、官僚体系的管理和控制，而主要受制于算法的管理和控制。在阿内什看来，市场体系是通过价格来建构和限制人类行为的，官僚体系是通过法律和规则来建构和限制人类行为的，而算法政治是通过算法来建构和限制人类行为的。[①] 之后，达纳赫（John Danaher）推动了"算法政治"的发展，他将"算法政治"视为一种治理体系。他认为，与"民主政治"（Democracy）是人民的统治、"贵族政治"（Aristocracy）是贵族的统治类似，"算法政治"是算法的统治。具体而言，"算法政治"是一种以计算机算法为基础进行组织和建构的治理体系，算法建构和限制了人类与这个体系中其他个体、相

---

① A. Aneesh, *Virtual Migration: The Programming of Globalization*, Durham: Duke University Press, 2006.

关数据、社区等的交互方式。① 不难看出，达纳赫对于算法政治的定义与本书对算法技术专家制技术治理原则的界定非常相似，区别仅在于技术治理原则并不将"技术"局限于"算法"，而是将其扩展至互联网、物联网、大数据、区块链、人工智能等智能技术。

　　算法政治的一大风险在于它的合法性问题并没有得到解决。技术专家制自提出以来，它的合法性问题就一直未得到真正解决，因为传统技术专家制所强调的专家政治并没有给民主政治留下空间。虽然技术专家制之后转向从结果主义来寻求其合法性，即技术专家制可以提高社会运转效率、物质丰裕等，然而这一路径也存在局限，毕竟科学技术的发展除了给人类带来诸多益处，本身也伴随着很多问题。作为算法技术专家制的主要形式，算法政治也一样很难具有合法性。一方面，当前的智能算法已具备自主学习和决策的能力，在很多情况下人类并不能参与它们的决策，这就将公众排除在参与政治决策的大门之外。尽管与专家政治以公众不具备基本的科学知识素养而拒绝让公众参与政治决策不同，但算法政治无疑也将剥夺公众参与政治的权利。因此，算法政治很难具有合法性。另一方面，算法本身存在很多方法论问题，如算法歧视、算法不透明等，这使得算法政治从结果主义视角来寻求合法性的想法很难实现。如此，算法政治虽在实践中得到很好的运行，然而它的合法性问题并未得到解决。由于不具有合法性，算法政治本身的运行就是一种风险，毕竟人们在纵容一种不合法"行为"的发生。

　　由于算法政治过于凸显算法在决策中的重要性，这无疑会降低人类的政治地位，使人处于被算法决定或统治的风险中。担忧人类被技术所统治，一直是西方社会技术专家制政治批判的主要内容之一。而随着智能算法的兴起及其在社会各领域的广泛成功应用，关于人类被技术统治的担忧无疑更加接近事实。卢斯蒂格（Caitlin Lustig）和纳迪（Bonnie Nardi）认为，随着算法在社会各领域中的广泛成功应用，

---

① John Danaher, "The Threat of Algocracy: Reality, Resistance and Accommodation", *Philosophy & Technology*, Vol. 29, No. 3, September 2016, pp. 245 – 268.

算法不仅直接影响着人们的行为，还决定着人们觉得什么信息是对的，它已然成为人类社会的权威。[1] 通过对人类行为和认知的影响，算法无疑在一定程度上主导或统治着人类生活，如算法广告推荐、算法新闻推荐、算法评分等。不可否认，虽然当前算法已得到诸多成功应用，但不能因此就认为算法已经具备完全主导或统治人类的能力。对此，布彻（Taina Bucher）的观点较为公允。在布彻看来，算法权力的内涵并非指算法如何决定着世界和社会如何运转，而在于随着算法的不断发展，它已成为世界和社会运转不可或缺的一部分，从而影响着人类的生活和发展。[2] 但可以预见，根据目前智能算法的发展和应用，它对于人类的影响和主导作用只会更加明显。因此，需要对算法政治的这一风险提高警惕。

算法政治的另一主要政治风险是政治操纵。通过算法来实现政治操纵，已经是当前社会一种常见的政治现象。对此，图菲科奇（Zeynep Tufekci）认为，算法操纵在包括脸书在内的很多平台中得到很好的执行，如决定哪种颜色的扣子好看、告诉公众哪些新闻比较重要等等，这些操纵已经成为社会和政治运行的核心，给社会各领域带来了诸多弊端。[3] 通过对脸书发表的研究进行分析，图菲科奇指出，脸书通过对用户进行分析和操纵，完全可以改变美国大选的结果，如向用户推荐特定的政治新闻、告诉用户他的哪些好友投了哪些候选人等，这些都会极大地助推用户将选票投向脸书希望的候选人。[4] 在2016年的美国大选中，特朗普通过聘请剑桥分析公司对脸书中5000万用户

---

[1] Caitlin Lustig and Bonnie Nardi, "Algorithmic Authority: The Case of Bitcoin", *Paper Delivered to 48th Hawaii International Conference on System Sciences*, Kauai, HI, USA, 2015, pp. 743–744.

[2] Taina Bucher, *IF...THEN: Algorithmic Power and Politics*, New York: Duke University Press, 2018, pp. 3–4.

[3] Zeynep Tufekci, "Algorithmic Harms beyond Facebook and Google: Emergent Challenges of Computational Agency", *Colorado Technology Law Journal*, Vol. 13, No. 2, June 2015, p. 203.

[4] Zeynep Tufekci, "Algorithmic Harms beyond Facebook and Google: Emergent Challenges of Computational Agency", *Colorado Technology Law Journal*, Vol. 13, No. 2, June 2015, pp. 215–216.

的信息进行算法分析和操纵，最后成功影响大选结果——这很好地验证了图菲科奇的论断。同在 2016 年，"另类右翼运动"的成员（极端右翼分子，如白人至上主义、反犹太主义、极端男性化的反女性主义等）成功操纵谷歌的自动搜索引擎，进而使谷歌搜索优先建议和出现种族主义和支持另类右翼的信息。直到被谷歌公司发现，这一政治操纵才被解除。①

据上所述，与传统技术专家制一样，政治风险也是算法技术专家制的主要风险。但是，相较于传统技术专家制的政治风险，算法技术专家制的政治风险具有不同的特征。一方面，科学技术带来的政治风险大于科技专家带来的政治风险。传统技术专家制的政治风险主要强调科技专家对于民主的颠覆，如科技专家基于掌握的科技知识而获得政治权力，或者说，获得高于普通大众的政治地位，从而引起各种各样的政治风险。而算法技术专家制主要聚焦于智能技术带来的政治风险，上文所提及的通过大数据技术、智能算法影响民主政治的运行就是典型的例子。另一方面，科技专家影响政治的方式更加多样。在传统技术专家制的视域中，科技专家对于政治的影响主要通过在政府中任职和与政治家合谋两种方式实现。而在算法技术专家制的视域中，科技专家影响政治的方式则要多一些，除了在政府中任职和政治家共谋，还可以通过在智库或大型科技企业中任职来实现对政治的影响。需要说明一下，在传统技术专家制中科技专家也可以通过在智库或大型企业中任职来对政治产生影响，这里之所以强调它是算法技术专家制的特征，原因在于在当今社会中，大型智库和大型科技企业的政治影响力远远大于过去。

二 经济风险

存在经济风险是学界对技术专家制进行批判的主要原因之一，这与技术专家制强调计划经济密切相关。在上文的分析中，笔者已经阐

---

① Kris Shaffer, *Data versus Democracy: How Big Data Algorithms Shape Opinions and Alter the Course of History*, New York: Springer, 2019, p. xiv

第五章 人工智能与技术专家制

明技术专家制计划经济与社会主义计划经济有着本质区别。但是，毕竟二者都强调计划经济，难免具有共同之处，如都强调经济效率。而彼时西方资本主义国家对以苏联为首的社会主义国家所坚持的计划经济一直批判不断，由此，学界对技术专家制以计划经济为核心的经济思想也就颇有微词。以此为基础，学界开始了对技术专家制的经济批判，如技术专家制忽略人类价值、不关注价值分配问题等。虽然算法技术专家制具有很多与传统技术专家制不同的特征，但经济风险仍是它需要面对的一大问题，因为算法技术专家制在施行过程中也带来了诸多经济风险。

监控资本主义（Surveillance Capitalism）是算法技术专家制经济风险的主要表现。在当今社会中，人类的行踪无时无刻都处于被监控的状态。基于无处不在的实时监控，算法技术专家制得到了很好的施行和发展。然而，全面的社会监控也带来了诸多问题和风险，例如个人隐私泄露问题。近年来，由监控引起的经济风险开始受到人们关注，较为突出的风险有公众的私人数据被企业强行占有和转卖、企业利用所掌握的数据准确向公众投放广告以刺激公众购买产品等，祖博夫（Shoshana Zuboff）将这些以监控为基础的经济形态称为"监控资本主义"。[1] 关于监控资本主义的兴起，福斯特（John B. Foster）和麦切斯尼（Robeat W. McChesney）认为主要缘于二战后美国的经济战略。二战后，美国成为全球制造业的霸主，为了解决"经济剩余"，美国需要扩大市场，以维持国家经济的稳定发展。对此，美国的战略是建立"战争国家"（warfare state）和开展广告促销。为了确保以上两种方式得到很好的执行，监控变成必须，这也就促成了在美国国防部的主导下互联网的出现。而随着信息通信技术的快速发展和逐渐成熟，以监控为基础的监控资本主义逐渐成为当代社会的主要经济形式。[2]

---

[1] Shoshana Zuboff, "Big Other: Surveillance Capitalism and the Prospects of an Information Civilization", *Journal of Information Technology*, Vol. 30, No. 1, 2015, pp. 75–89.

[2] John B. Foster and Robeat W. McChesney, "Surveillance Capitalism: Monopoly-Finance Capital, the Military-Industrial Complex, and the Digital Age", *Monthly Review*, Vol. 66, No. 3, 2014, pp. 1–31.

◇▲◇　技术专家制研究

在《监控资本主义时代：在新的权力边界上为人类未来而战》一书中，祖博夫对监控资本主义进行了详细阐释。在祖博夫看来，监控资本主义是一种以监控技术为基础的新经济秩序，它主张将人类的经验作为一种免费的原材料来进行提取、预测和销售的隐藏商业实践，它以商品和服务生产服从于一个新的全球行为矫正体系为经济逻辑，它是以财富、知识和权力集中为标签的资本主义在当代的变种。由于是通过监控来获得人们的各类数据，并且利用这些数据来影响人们的经济行为，如通过精准广告来刺激消费者购买本来不是很需要的产品，因而，祖博夫认为，监控资本主义是一种威胁社会民主和人类自由的经济形式。在此基础上，祖博夫指出，监控资本主义的最终目的是建立一个新的以完全确定性为基础的集体主义秩序。[1]

监控资本主义主要通过监控获取公众数据来产生利益，这是对公众数据权益的剥夺，辛纳蒙（Jonathan Cinnamon）将此称为监控资本主义的"分配不公的经济不正义"[2]。一方面，作为数据制造者的公众对于自己的数据并没有所有权，数据的所有权掌握在监控资本家手里。虽然公众在各网络平台，如谷歌、脸书、百度、腾讯等留下了大量个人数据，但是公众对于这些数据以什么形式被存储、存储在何处、被如何使用等一无所知，甚至想删除自己的数据都难以办到。真正掌握这些数据的主体是这些网络平台，即监控资本家。这就造成了数据所有权的分配不公正——毕竟数据的制造者是公众，但他们对自己数据的使用和删除却毫无权力。另一方面，监控资本家通过公众的数据获取大量利益，如转卖给商家，但公众并不能分享到自己数据产生的价值，这是一种价值分配的不公正。辛纳蒙认为，个人数据的经济价值在很大程度上是通过聚合模式实现的，当数据点通过数据分析和算法处理链接在一起时，未来的潜力就会显现出来。然而，对于利用自己的个人数据产生的这些价值，

---

[1] Shoshana Zuboff, *The Age of Surveillance Capitalism: The Fight for a Human Future at the New Frontier of Power*, New York: Public Affairs, 2019.

[2] Jonathan Cinnamon, "Social Injustice in Surveillance Capitalism", *Surveillance & Society*, Vol. 15, No. 5, December 2017, pp. 609–625.

第五章　人工智能与技术专家制

公众并没有机会共享,这就会造成数据价值分配上的不正义。[1]

导致经济关系的不平等是监控资本主义存在的另一风险。在祖博夫看来,监控资本主义的目的是"以预测和改变人类行为作为手段来产生收入和控制市场"[2],如通过精准广告来影响消费者的购买决策以获取利益。由于掌握众多消费者的个人数据,监控资本家可以通过对消费者的数据进行分析和挖掘,以实现对消费者进行精准广告投放,这会极大地影响消费者的购买决策。由于所掌握的信息不对称,使得监控资本家在与消费者的交易过程中牢牢掌握主动权,这致使监控资本家与消费者的经济地位出现不平等。不可否认,这种精准广告在一定程度上确实降低了消费者购买商品的搜索成本,但同时也在很大程度上诱导消费者购买其并不需要的商品,使得市场权力向卖家倾斜。虽然技术专家制一直强调计划经济的重要性,但它的目的是为了提高整个社会经济的运转效率,即通过计划经济来使买卖双方同时受益。然而,通过大数据及其算法实现的计划经济无疑极大地威胁到了消费者的权益。因此,总的来说,监控资本主义的出现会导致监控资本家与消费者的经济地位不平等。

除了监控资本主义,算法技术专家制的经济风险还表现在通过算法进行定价上。目前,通过智能算法根据实时数据进行商品定价已经成为当代社会的主流商业模式,各订票网站不断浮动的机票价格、酒店价格就是例证。然而,运用算法进行定价也带来诸多问题,如不同商家通过算法实现价格共谋、商家根据不同用户实施歧视性定价等。由于智能算法是算法技术专家制的核心技术,这就使得算法技术专家制会带来一些经济风险。与监控资本主义主要强调大型网络平台通过占有监控数据来实现利益剥夺不同,定价算法主要聚焦于产品销售商通过在定价上形成共谋或者采取歧视性定价来获取利润。总的来说,两者的区别主要体现在主体的不同上,前者的主体是网络平台,而后

---

[1] Jonathan Cinnamon, "Social Injustice in Surveillance Capitalism", *Surveillance & Society*, Vol. 15, No. 5, December 2017, pp. 614–615.

[2] Shoshana Zuboff, "Big Other: Surveillance Capitalism and the Prospects of an Information Civilization", *Journal of Information Technology*, Vol. 30, No. 1, March 2015, p. 75.

者的主体是产品销售商。

商家通过算法实现价格共谋，是算法技术专家制的主要经济风险之一。在《算法的陷阱：超级平台、算法垄断与场景欺骗》一书中，扎拉齐（Ariel Ezrachi）和斯图克（Maurice E. Stucke）总结了通过算法实现价格共谋的四种模式。信使模式指商家通过计算机来实现人为商定的价格共谋；中心辐射模式指商家通过使用同一个定价算法来实现价格共谋，商家都默认了这一定价算法所形成的价格；预测型代理人模式指商家使用不同的定价算法，但他们都默认各自算法形成的价格，由于不同算法会相互学习，因此最终的价格各商家也都能接受；电子眼模式指商家使用机器学习算法来自发找到最优化利润的方法。[①]在这四种模式中，算法都发挥了重要作用，它们或是按照商家的要求计划出共谋价格，或者通过自主学习和决策来制定出共谋价格。在技术专家制的计划经济中，科学技术的发展使得计划经济成为可能和必须，因为只有这样才能提高经济效率。但是，就目前来看，算法在经济领域的使用并非是为了提高整个社会经济的发展，而是成为某一些企业实现价格共谋的手段。

通过数据分析对不同消费者制定不同价格，即价格歧视，是算法技术专家制的另一经济风险。关于价格歧视，目前通常将其称为"大数据杀熟"。"所谓'大数据杀熟'是指同一件商品或者同一项服务，互联网厂商显示给新老客户的价格是不一样的，老客户的价格要高于新客户。在某个平台消费频次越高，越容易成为其杀熟的目标。这一现象外显为价格的歧视，但实质是暴露出大数据产业发展过程中的非对称性和不透明性。"[②] 在整个"杀熟"过程中，由于掌握的信息有限，消费者并不知道自己已经被价格歧视，而"商家与平台利用收集来的海量个人信息，通过特定的算法整理出个体的偏好与特定信息，并对消费者群体实行精准分类，然后商家与平台充分利用这些信息，

---

① ［英］阿里尔·扎拉齐、［美］莫里斯·E. 斯图克：《算法的陷阱：超级平台、算法垄断与场景欺骗》，余潇译，中信出版社2018年版，第52—53页。

② 刁生富、姚志颖：《大数据技术的价值负载与责任伦理建构——从大数据"杀熟"说起》，《山东科技大学学报》（社会科学版）2019年第5期。

第五章 人工智能与技术专家制

实现动态定价与定向广告投放，只有消费者成为数据海洋中的受害者"①。对消费者的价格歧视行为会一直持续，因为消费者的信息会被平台和商家长期储存，且随着价格歧视次数的增多，平台和商家对消费的"歧视"将会更加准确。

无论是价格共谋，还是价格歧视，定价算法最终都会指向同一个终点，即价格垄断。因为当商家运用类似的数据和类似的算法来制定价格时，它们形成的价格就不会出现太大区别，就算是歧视价格亦是如此。毕竟不同商家的定价算法会相互学习，这导致最后通过算法制定出的价格不会相差太大，从而使商家在定价上具有绝对主动权，即实现价格垄断。当然，需要说明，定价算法导向的价格垄断与传统的价格垄断具有明显的不同。传统的垄断价格主要指商家由于掌握了商品的大部分市场份额，因此获得了商品的绝对定价权，从而形成价格垄断。然而，商家通过定价算法之所以能最终实现价格垄断，并非因为商家拥有商品的大部分市场份额，而是因为其拥有消费者的大量消费数据，以此为基础，其可以制定出相似的市场价格，最终实现价格垄断。

总的来说，算法技术专家制的经济风险主要表现为在智能技术的影响下，消费者权力越来越小，价格歧视、价格垄断等就是佐证。以上这些经济风险虽说与智能技术的快速发展与应用有重要关系，但从理论视角来看，这些风险是技术专家制发展的必然结果，智能技术只是使得这些风险更加明显。其原因在于，尽管强调计划经济，但技术专家制主张的仍然是一种资本主义市场经济制度——对此，加尔布雷思进行了明确回答。由于技术专家制主张的是市场经济制度，算法技术专家制带来的价格歧视、价格垄断等风险就很难避免。

三 伦理风险

技术专家制的伦理风险一直备受关注，如人文主义者认为技术专

---

① 李侠：《基于大数据的算法杀熟现象的政策应对措施》，《中国科技论坛》2019 年第 1 期。

家制将人视作机器进而严重束缚人性,自由主义者认为技术专家制会侵犯人的自由等。在算法技术专家制中,这些风险仍然存在,甚至呈增强之势。这主要体现在智能算法的自主学习和自主性决策上,它既决定着人的决策和行为,而且还会通过数据分析和挖掘获得很多人类的隐私信息。此外,由于智能算法的设计者具有个体价值偏好以及智能算法所使用的数据并不全面,因此算法决策会具有偏见和歧视,进而使算法技术专家制存在伦理风险。

  智能算法的广泛应用进一步削弱了人的自主性,这是算法技术专家制的一大伦理风险。关于技术专家制削弱人的自主性批判由来已久,典型如埃吕尔的技术自主论、芒福德的"巨型机器"等。在埃吕尔与芒福德之后,温纳也对这一问题进行了阐述。他认为,"就现实意义上而言,技术现在掌握着自己的进程、速度和目的,人类离它们想控制技术的理想和理性目标还很远"[①]。不难看出,根据三者的观点,在面对技术的自主性时,人更多的是服从技术的"安排"。技术对人的自主性的削弱和限制在当今社会得到进一步加强,这与具有自主性学习和决策功能的智能算法密切相关。在当今社会中,通过具有自主性学习和决策能力的算法来帮助人进行决策和影响人的行为的例子已比比皆是,如算法推荐购物、算法推荐新闻、通过算法对人的信用进行评分等。不可否认,算法在一定程度上减少了人们在购物、浏览新闻等方面的时间成本,但算法同时也限制了人在这个过程中的选择范围以及引导着人们根据算法的推荐去作出选择。"在此过程中,算法的自主性与主体的自主性呈现出此消彼长的态势。也就是说,随着算法自主性的增强,作为主体的人的自主性减弱,甚至出现主体隐匿。"[②]

  个人隐私泄露是算法技术专家制的另一伦理风险。在信息通信技术兴起之时,个人隐私就已被关注。而随着大数据、物联网、人工智

[①] Langdon Winner, *Autonomous Technology: Technics-Out-of-Control as a Theme in Political Thought*, Cambridge: The MIT Press, 1977, p. 16.

[②] 刘培、池忠军:《算法的伦理问题及其解决进路》,《东北大学学报》(社会科学版) 2019 年第 2 期。

第五章 人工智能与技术专家制

能等技术的快速发展和应用,隐私问题更是成为当前社会科技伦理的焦点。"隐私一般指个人免于被打扰和干预的权利。它是流动社会的个体性得以发展的必要条件。"① 由于人工智能技术的广泛应用,如监控摄像头、人脸识别技术、智能算法挖掘和预测等,人们"时刻暴露在'第三只眼'的监视之下"②。虽然世界各国都在大力呼吁加强个人隐私保护和立法,但相较于技术的发展,法律具有滞后性,因此,隐私问题似乎已变得越来越严重。算法技术专家制的施行离不开数据和智能技术的支撑,特别是某些特殊情况需要掌握必要的个人隐私信息,如涉及公共安全和恐怖事件时,这就导致算法技术专家制可能会带来诸多伦理风险。如今隐私问题不再仅仅指个人隐私问题,还包括群体隐私。③

算法本身存在歧视,这也会使算法技术专家制在实施过程中出现伦理风险。算法歧视是当前较为热门的话题,主要指在运用算法进行决策时,存在对某一特定身份或类别的人群实施不公平对待,如在算法决策参数设置中认为黑人的能力不如白人或女人的能力不如男人等。莱普里(Bruno Lepri)等人对算法歧视的原因进行了总结:其一,在算法决策时输入数据权重不同,会导致算法歧视;其二,使用算法进行决策,本身就是一种歧视;其三,在不同场景中使用同一算法决策模型,也会出现歧视结果;其四,使用具有偏见的数据进行算法学习和决策,也会产生歧视。④ 总的来说,算法歧视引起的伦理风险主要包括两方面。一方面,算法歧视会导致结果的不公平,这会出现伦理问题。如算法使用的历史数据本身存在歧视,那么它最后得出的结果就会有所体现,这对于某一些受歧视的群体就是不公平和有偏见的。另一方面,算法歧视会给某一些人打上污名化的"算法身

---

① 段伟文:《网络与大数据时代的隐私权》,《科学与社会》2014年第2期。
② 黄欣荣:《大数据技术的伦理反思》,《新疆师范大学学报》(哲学社会科学版)2015年第3期。
③ Luciano Floridi, "Open Data, Data Protection, and Group Privacy", *Philosophy & Technology*, Vol. 27, No. 1, March 2014, p. 1.
④ Bruno Lepri, et al., "Fair, Transparent, and Accountable Algorithmic Decision-making Processes", *Philosophy & Technology*, Vol. 31, No. 4, December 2018, pp. 614–615.

份",这会影响这些人接下来的生活,如贷款申请,这也会产生伦理问题。①当前通过算法对不同人群进行评分非常普遍,当算法对某一特定身份的人给予较低的信用评分时,这会导致这一人群在生活中受到歧视。

以上对算法技术专家制伦理风险的总结,在当前较具代表性。较之于传统技术专家制,算法技术专家制的伦理风险更高。以上文所提到的削弱人的自主性风险为例,由于智能技术的快速发展,它们已经具有自主学习和决策的能力,在一定意义上已经不受人的控制,如算法设计者并不能解释算法通过机器学习得到的结果,这使得人的自主性进一步被削弱。在具有自主学习能力的机器出现之前,人类虽然也受机器的控制和主导,但是对于机器控制和主导人类的原因及可能的结果,人类都能解释得清楚。此外,算法技术专家制伦理风险比传统技术专家制高这一结论还体现在伦理风险的类别上,如通过大数据分析可以间接获取很多人的隐私信息,即上文提到的群体隐私。因此,应该加强对算法技术专家制伦理风险的防范。

四 法律风险

法律风险在传统技术专家制的发展过程中基本没有被提及,这与传统技术专家制在施行过程中引起的法律问题仍处于当时法律的规制范围内有关。然而,随着智能社会的到来,面对算法技术专家制在施行过程中引起的一些法律问题,现有的法律很难进行规制,如自动驾驶汽车造成交通事故,法律责任主体应该是谁?如此,法律风险也成为算法技术专家制在施行过程中需要重视的风险之一。

相对于快速发展的智能技术,法律具有滞后性,这使得算法技术专家制在施行过程中会出现法律风险。法律作为一种规范性规则,这决定了它具有"不学习"的特性,即稳定性,它不会根据外界情况的变化而发生变化。一旦出现问题,法律只会根据法律条文的规定行事。诚然,"不学习的法律可以应对一个具有高度确定性的社会,但

---

① 刘培、池忠军:《算法歧视的伦理反思》,《自然辩证法通讯》2019年第10期。

第五章 人工智能与技术专家制

是伴随着贝克所言的风险社会的到来，社会交往的复杂性和不确定性急剧提升，如果继续沿用不学习的法律，主要基于事后规制针对特定当事人进行治理，势必难以应对风险社会的各种问题"[1]。也就是说，较于新兴技术及其引起的问题，法律具有滞后性，如面对新出现的算法在智能社会的广泛应用出现的各类问题，不学习的法律的滞后性特点表现得非常明显。因为"目前我国还未有规制算法风险的专门立法。国内学者对算法风险规制的研究成果并不多见，算法规制对策更是匮缺"[2]。然而，算法技术专家制的施行主要以算法为手段，无论在政治决策、行政管理、社会治理中都离不开算法的支撑，这就使得算法技术专家制在施行中一旦出现问题，将很难进行法律规制。

算法所引起的法律问题的责任分配具有模糊性，使得算法技术专家制在施行中会带来法律风险。随着智能算法的快速发展和广泛应用，智能算法所引起的法律问题的责任该如何界定就成为人工智能发展的焦点问题。郑戈就对自动驾驶汽车的使用提出了质疑："自动驾驶汽车真的安全吗？人们能把自己的人身安全交托给一部由算法控制的机器吗？当这部机器导致了人身伤亡和财产损失的时候，法律责任应如何分配？"[3] 如果算法引起的法律问题的责任难以分配，当具有自主学习和自动决策功能的算法被应用于具体治理活动时，它会不会成为治理者回避责任的挡箭牌？关于这一问题，温纳从自主性技术视角给出了解释。在他看来，当由于使用技术引起问题时，人们习惯于将自己视作自主性技术的卑微牺牲者，因为人们认为他们只是在执行技术的指令，他们并无能力阻挡技术的发展。[4] 据此，当智能算法被应用于政治决策、行政管理、社会治理等各项事务时，不仅其所引起

---

[1] 余成峰：《法律的"死亡"：人工智能时代的法律功能危机》，《华东政法大学学报》2018年第2期。
[2] 孙建丽：《算法自动化决策风险的法律规制研究》，《法治研究》2019年第4期。
[3] 郑戈：《算法的法律与法律的算法》，《中国法律评论》2018年第2期。
[4] Langdon Winner, *Autonomous Technology: Technics-Out-of-Control as a Theme in Political Thought*, Cambridge: The MIT Press, 1977, p.12.

的法律问题难以被分配法律责任,而且还会使很多决策者或执行者逃脱法律处罚的利剑。

智能技术具有不易立法的特性,这也会导致算法技术专家制的应用存在法律风险。所谓智能技术不易立法,主要指很难通过立法来规避智能技术的风险,同时让其很好地发展。一方面,法律作为一个体系,其中的不同种类法律之间存在矛盾,这导致对智能技术的立法很难完善。克罗尔(Joshua A. Kroll)等人认为,当前算法决策在很多领域被广泛应用,如统计选举投票、批准贷款和信用卡申请、允许或拒绝签证申请等。然而,算法决策也带来了诸多问题,如结论出错。为了解决这些问题,公开算法是当前比较主流的观点,因为这样就可以知道算法本身的设计是否存在问题,进而可以根据刑法来进行规制。但在克罗尔等人看来,这一方案也存在问题,因为这会涉及算法使用者的隐私和专利问题。[1] 可见,通过立法来对智能技术存在的风险进行规制并不容易。另一方面,智能技术作为一个技术体系,很多技术之间存在着牵连,很难完全清晰区分,这也会造成立法困难。在上文所分析的监控资本主义部分中,笔者指出,公众的大量数据被监控资本家掠夺,这致使公众的大量权益受损。为此,通过立法来保护公众的权益仍是较为主流的途径,如数据权、被遗忘权等的提出就是佐证。然而,现在的问题是,哪些数据属于个人隐私数据?哪些数据应该被遗忘?网络平台通过提供服务到底有权获取、保存和使用哪些数据?这些问题很难解决,因为对于公众在网络平台留下的数据,它的权属并不易清晰区分。如此,想通过立法来解决这一问题无疑非常困难。

算法技术专家制的法律风险还体现在在法律决策或运行过程中过度依赖智能技术上。当前,由于智能技术在社会治理中的广泛及成功应用,它逐渐被引入法律治理的决策和执行中。对此,有学者指出,

---

[1] Joshua A. Kroll, et al., "Accountable Algorithms", *University of Pennsylvania Law Review*, Vol. 165, No. 3, February 2017, pp. 633 – 705.

第五章 人工智能与技术专家制

"算法辅助甚至代替公权力,做出具有法律效力的算法决策"[①]。然而,算法本身具有很多方法论局限,如算法歧视、算法不透明等,这使得它在决策过程中难免会出错。例如,美国联邦寻亲处就曾使用算法作出过错误的决策,一名公民误被算法认定为"拒付抚养费的父母",从而被处以 20.6 万美元的罚款。[②] 然而,与一般公众或组织运用智能技术引起法律风险不同,作为法律实施主体的司法部门因运用智能技术而带来的法律风险要严重得多。一方面,具有公权力作为基础的法律作出的决策,很难更改。而一旦决策错误,将给公众带来极大的风险,如一旦有犯罪记录,将很难找工作。虽然这些判决并非不可更改,但这需要很多时间,在这过程中给被错误判决的公众带来的损失,该如何弥补,由谁弥补?另一方面,"既是运动员又是裁判员"的司法机关,其运用智能技术引起的法律问题,该如何监管?又如何能得到很好的监管?

总的来说,相较于伦理风险、政治风险、经济风险,算法技术专家制的法律风险所带来的危害性更大一些。原因在于法律是整个社会治理的最后一道屏障,如若算法技术专家制的伦理风险、政治风险、经济风险出现,人们还可以寄希望于通过法律手段来规避。一旦法律都无法实现治理目标,或者说它本身在运行过程中都问题不断,这将导致整个社会无法可依,从而陷入混乱。因而,对算法技术专家制的法律风险应该要更加小心。

以上四种风险,即政治风险、经济风险、伦理风险、法律风险是算法技术专家制的主要风险,但并非全部。如算法技术专家制强势介入人类生活的方方面面,会不会出现文化单一化的风险?马尔库塞所言的"单向度的人"[③] 就是这方面较为典型的观点。对此,斯特瑞佛斯(Ted Striphas)与马尔库塞的看法并不一致。斯特瑞佛斯认为,以

---

① 张凌寒:《算法权力的兴起、异化及法律规制》,《法商研究》2019 年第 4 期。
② [美]卢克·多梅尔:《算法时代:新经济的新引擎》,胡小锐、钟毅译,中信出版集团 2016 年版,第 56 页。
③ [美]赫伯特·马尔库塞:《单向度的人——发达工业社会意识形态研究》,刘继译,上海译文出版社 2014 年版。

算法为核心的算法文化正在逐渐兴起并成为当代社会的主要文化形式,但它的风险并不是致使人"单向度",而是导向一种精英文化。①又如,为了使算法技术专家制得以很好地施行,各种摄像头、传感器等电子设备已遍布于世界的各个角落,这会不会带来生态风险等?

第三节 算法技术专家制主要风险的应对之策

尽管算法技术专家制存在不少风险,但这些风险并非不能规避。如西方社会一直担忧科技专家将会颠覆民主乃统治世界,然而现实的情况是政治权力仍牢牢掌握在政治家手中。因此,问题的核心不在于对风险望而却步或止步于大肆渲染风险,而在于如何制定出应对之策。

一 法律规制

法律规制在应对算法技术专家制风险中发挥着重要作用,是所有应对算法技术专家制风险对策的重要基础。技术专家制作为当前社会治理的重要特征,主要体现在智能技术在社会治理的广泛应用上,即技术治理原则。在郑智航看来,"技术治理方式区别于以国家为核心的法律治理方式,甚至在某些场合对法律治理方式产生制约。人们需要运用法律蕴含的价值和法律治理的有关手段,对技术治理进行有效归化。技术治理水平的提升,又为法律治理手段、边界和治理结构的调整提供动力和可持续的约束力"②。不难看出,技术治理与法律治理是两种相辅相成的治理模式,既能相互制约,也能相互补充。一方面,技术治理主要强调工具理性、追求效率,对于价值理性关涉不足。而法律治理是以国家强制力为基础形成的价值规范,这能很好地弥补技术治理在价值方面存在的欠缺和规制技术治理存在的风险。另

---

① Ted Striphas, "Algorithmic Culture", *European Journal of Cultural Studies*, Vol. 18, No. 4 – 5, August-October 2015, pp. 395 – 412.

② 郑智航:《网络社会法律治理与技术治理的二元共治》,《中国法学》2018 年第 2 期。

第五章 人工智能与技术专家制

一方面，法律治理在施行过程中由于外在原因会出现效率过低、成本过高等情况，技术治理对于效率的强调会反过来促进法律治理的执行，使得两者可以很好地结合。因而，通过法律来规制算法技术专家制的风险很具可行性。

对数据相关权利进行法律保护，是应对算法技术专家制风险的重要路径。尽管算法技术专家制的决策主要由算法完成，但对于算法的规制，须首先从数据保护开始。因为数据是算法的基础，"无论学习算法有多好用，也只是在获得数据时好用。控制了数据的人也就控制了学习算法"[①]。"概言之，机器识别数据而人把握信息，所以对算法规制的核心就是加强主体对数据的控制，即数据权利的法律保护。"[②] 因此，对于算法技术专家制风险的规制，首先得从数据保护入手。关于数据保护问题，既要关注隐私权，强调如何保护自己的个人信息和数据不被暴露，又要关注数据的被遗忘权，即公众有权要求网站或搜索引擎删除不相关的或已经过期的信息。无论是隐私权，还是被遗忘权，都涉及个人权利问题。因而，都需要法律来进行保护，只有这样，公众的数据权利才能得到充分保护。而在此基础上，算法技术专家制的风险也就在源头上得到了控制。诚然，关于数据保护的问题，并非保护得越多越好。因为如果可利用的数据太少的话，算法也无法为公众提供准确的决策。因此，对于数据保护，需要把握好"度"的问题。

算法技术专家制风险的法律规制的另一路径是对算法进行规制。在上文对算法技术专家制风险的分析中，风险大多是缘于算法的自动化决策。因而，对算法技术专家制风险进行法律规制的重点是对算法进行法律规制。由于算法具有自主学习能力，因此很多时候算法设计者也并不一定能理解算法是如何进行决策的，即所谓的"算法黑箱"。尽管算法存在诸多局限，但在现实生活中它确实为人们带来了

[①] ［美］佩德罗·多明戈斯：《终极算法——机器学习和人工智能如何重塑世界》，黄芳萍译，中信出版集团2017年版，第58页。

[②] 姜野：《算法的规训与规训的算法：人工智能时代算法的法律规制》，《河北法学》2018年第12期。

诸多便利,如购物推荐、新闻推荐等,这使得人们对其百般依赖,如此,它对于人类和社会的破坏力也就越来越大。基于此,凯西·奥尼尔(Cathy O'Neil)将算法称为"数学杀伤性武器"(Weapons of Math Destruction)。① 对于算法的法律规制的一大难点在于它的责任主体不易确定,因为算法是在自主学习基础上进行的自动化决策。因而,当前的主要任务在于当算法造成伤害时,如何确认责任主体。有学者指出,可以"以算法使用规模、涉及主体的多少、所涉公共利益的类型等确定被问责的主体"②。

综上分析,无论是对数据进行法律保护,还是对算法进行法律规制,其核心都是通过立法来应对算法技术专家制的风险。但是,也需要看到,法律治理在很多时候效果不佳并非法律系不够完善或成熟,而是在运行过程中出现了问题。因而,在加强立法的同时,也需要加强法律治理的执行力,这样才能很好地对算法技术专家制的风险进行法律规制。

二 民主治理

通过民主方式来应对算法技术专家制的风险,是法律途径之外的另一重要应对途径。一方面,当前大型科技企业在社会治理中发挥着重要作用,面对算法技术专家制的风险,在坚持政府主导地位的前提下,应充分发挥大型科技企业及其他组织的力量。另一方面,信息通信技术的快速发展大大推动了民主的运行,这使得通过民主方式来应对算法技术专家制的风险愈加具有可行性。

算法技术专家制的风险,可以通过民主治理来应对或弱化。"所谓民主治理,指的是政府与非政府团体以及公民社会行动者之间发展、形成和实施公共政策时的相互影响。"③ 尽管对技术专家制的民

---

① [美]凯西·奥尼尔:《终极霸权——数学杀伤性武器的威胁》,马青玲译,中信出版集团2018年版。
② 张凌寒:《算法权力的兴起、异化及法律规制》,《法商研究》2019年第4期。
③ [德]尤斯图斯·伦次、[德]彼得·魏因加特编:《政策制定中的科学咨询——国际比较》,王海芸等译,上海交通大学出版社2010年版,第1页。

第五章 人工智能与技术专家制

主批判一直不断,但在"平静革命"之后,技术专家制不再强调掌握政治权力,这为它与民主的兼容提供了基础。在《技术专家制在美国:信息国的兴起》一书中,卡纳提出的直接技术专家制观点就是一种民主治理的模式,主要强调效率及高效回应公众需求、运用数字技术制定长远规划和加强民主协商等,是民主与技术专家制的一种"联姻"。[①] 尽管在当今社会中,技术专家制的特点和风险有了一些改变,但总的来说还是对传统技术专家制的传承和发展。因此通过民主治理来规避技术专家制的风险具有可行性。

通过民主治理来应对算法技术专家制的风险具有必然性。其一,这是技术专家制理论发展的必然要求。"平静革命"之后,技术专家制不再强调政治掌权,而转向强调科技专家及其专业知识在社会治理中的作用,即将自己定位为一种治理体制而非政治制度。在当今社会中,技术专家制的原则变为"技术治理"和"专家咨询",这进一步说明了技术专家制转向治理理论。如此,当算法技术专家制存在风险时,就为民主治理的嵌入提供了理论基础。其二,技术的发展证明技术的民主化是可能的。其三,在当今社会中,大型科技企业掌握着大量数据、网络平台、先进算法,它们在社会治理中发挥着举足轻重的作用。例如,脸书影响了2016年美国的总统大选,网络平台的算法信用评分影响着人们的行为等。因此,面对算法技术专家制的风险,需要大型科技企业加入进来共同治理,这能大大提高治理效率。

对算法技术专家制风险的民主治理主要体现在两个方面。一方面,对算法的使用进行民主审查与评估。算法具有自主学习和决策能力,这使得它引起的很多问题具有不确定性和不可解释性。因而,在算法被应用前,对其进行民主审查和评估非常重要。对此,莱普里等人认为,当前算法的广泛使用引发了诸多问题,如算法歧视、信息与权力失衡、缺乏透明度等,为了应对这些问题,需要建立一个跨学科

[①] Parag Khanna, *Technocracy in American: Rise of the Info - State*, Singapore: Create Space, 2017, pp. 4 - 5.

的团队来对算法进行审查、评估和设计，以推动算法的公正化和透明化。在莱普里等人看来，这个跨学科的团队主要包括研究者、实践者、政策制定者、公众等。① 通过这样的民主审查和评估，虽然不能完全避免算法所带来的风险，但可以将这些风险降到最低。另一方面，应建立民主化数据收集和选择退出机制。② 在当前的数据收集中，存在着诸多的不透明收集数据行为，如此给公众带来了很多利益损失。因而，当算法使用者需要收集和利用公众的数据时，需要得到同意后方可使用，这是民主化收集数据的一个必要过程。此外，公众的数据一旦生成，就会留下痕迹，这样就给算法使用者非法使用其数据提供了机会。因此，需要给公众删除或更改数据的权力，即被遗忘权，这是公众在数据保护方面的重要民主权力。

民主治理对于算法技术专家制风险应对的效果，与民主治理的具体施行密切相关，而这需要技术手段的支撑。当前，民主治理运行的主要技术支撑是互联网，互联网的发展极大地推动了民主治理的运行。如桑斯坦所言："我同时强调自由表达和许多重要的社会目标两者之间的关系。当信息是自由的，专政就不可能有存在的空间。这也就是为什么网络是民主自治的大引擎。"③ 因此，需要运用好已有的技术手段来推进算法技术专家制风险的民主治理。

三 伦理调适

相较于法律途径，伦理途径对算法技术专家制风险的应对能力要小一些，毕竟它不具备法律的强制力。如段伟文所言："从伦理实践策略来看，鉴于伦理原则规范体系的抽象性，很难通过一般性的规范或伦理代码的嵌入应对人工智能应用中各种复杂的价值冲突

---

① Bruno Lepri, et al., "Fair, Transparent, and Accountable Algorithmic Decision-making Processes", *Philosophy & Technology*, Vol. 31, No. 4, December 2018, pp. 611 – 612.

② 郑智航、徐昭曦：《大数据时代算法歧视的法律规制与司法审查——以美国法律实践为例》，《比较法研究》2019 年第 4 期。

③ ［美］凯斯·桑斯坦：《网络共和国：网络社会中的民主问题》，黄维明译，上海人民出版社 2003 年版，第 139 页。

第五章 人工智能与技术专家制

与伦理抉择。"① 然而，并不能因此就忽略伦理途径在应对算法技术专家制风险中的作用。因为法律的制订需要很长时间，而伦理共识的形成相对要快一些，这使得伦理共识在相关法律被制订出来之前能发挥一些法律规则的功能。如基于学术共同体的伦理共识，工程师并不会轻易去做一些法律并未立法但伦理共识不容许的事情，因为这会使得他很难在学术共同体里立足。

通过对算法技术专家制进行伦理调试是应对其伦理风险的重要途径之一。对算法技术专家制进行伦理调试，可以借鉴当前技术伦理研究的两种进路。普尔（Ibo van de Poel）和维贝克认为，当前技术伦理的研究主要是对技术，特别是新兴技术产生的伦理问题进行分析和反思，强调从外部来对技术进行伦理分析和规范，对技术设计过程中的伦理问题并不关注。如此，技术伦理的研究总是滞后于技术的发展，因为学者是在技术产生伦理问题之后才对技术进行伦理研究的。为了避免技术伦理总是滞后于技术的发展，应该从技术内部来进行伦理分析和研究，即从技术设计之初就要开始对技术进行伦理分析，以避免技术伦理问题的出现。普尔和维贝克将从外部对技术进行伦理分析的技术伦理称为技术伦理的外在进路；将从技术内部，如技术设计，对技术进行伦理分析的技术伦理称为技术伦理的内在进路。② 按照技术伦理研究的两种进路区分，对算法技术专家制的伦理调试也可以分为两种进路，即外在进路和内在进路。

算法技术专家制伦理调试的外在进路主张从外部来对算法技术专家制进行伦理调试，主要通过形成具有共识的伦理规则来实现伦理调试，进而避免算法技术专家制伦理风险的出现。在汉森（Sven O. Hansson）看来，技术伦理的研究习惯于用已有的伦理体系和规则来对技术进行分析，如某一技术的应用是好的还是坏的，这完全基于已有的伦理价值体系。但是，问题是不同国家或民族具有不同的伦理

---

① 段伟文：《人工智能时代的价值审度与伦理调适》，《中国人民大学学报》2017 年第 7 期。
② Ibo van de Poel and Peter-P. Verbeek, "Ethics and Engineering Design", *Science, Technology, & Human Values*, Vol. 31, No. 3, May 2006, pp. 223–236.

· 213 ·

价值体系，当面对具体技术伦理问题时，如何选取标准？当技术引起的伦理问题超出了现有的伦理体系解释范围，又如何应对出现的技术伦理问题，如机器人能否作为道德主体？因此，对技术伦理的研究，在运用现有的伦理体系来分析技术伦理问题的同时，也应该形成一套技术本身的伦理体系，它与目前以人为核心的技术伦理体系应该明确分开，如此才能很好地推动技术伦理的研究和发挥它的社会功能。[1] 根据汉森的观点，对算法技术专家制进行伦理调试的外在进路就不应拘泥于用已有的伦理规则，而需要形成一套以智能技术为核心的伦理规则来进行调试，这样才能较好地应对以智能技术为核心的算法技术专家制所带来的伦理风险。如通过对数据和算法进行相应的伦理分析，形成相应的伦理规则和共识，以实现对算法权力的调适。

算法技术专家制伦理调试的内在进路强调从技术内部来对算法技术专家制进行伦理调试，如在技术设计、技术评估等环节就开始进行伦理调试，而非等到施行之后再来进行伦理分析和调试。关于智能技术伦理调试的内在进路，有学者已经进行系统分析。总的来说，"在设计阶段进行伦理嵌入，以人工智能专家为主导，通过'预测—评估—设计'模型实现人工智能的道德化设计；在试验阶段进行伦理评估，以评估委员会为主导，通过伦理效应的预测与识别、伦理问题的分析与澄清以及解决方案的开发与确定来修正和完善人工智能开发方案；在推广阶段进行伦理调适，以政府部门为主导，通过制度调适、舆论调适和教育调适三种路径，实现人工智能与社会价值系统的顺利融合；在使用阶段，以使用者为主导，通过对他者、对世界、对技术以及对自身的责任的主动承担，来确认自身作为伦理型道德能动体的地位，并为人工智能伦理潜能的实现提供支撑"[2]。此外，关于智能技术伦理调试的内在进路，有学者提出了另一种方案，即通过将伦理规则嵌入人工智能的设计之中，然后通过其自主学习来获得道德判断

---

[1] Sven O. Hansson, "Introduction", in Sven O. Hansson, ed, *The Ethics of Technology: Methods and Approaches*, London: Rowman & Littlefield International, Ltd., 2017, pp. 1–15.

[2] 王钰、程海东：《人工智能技术伦理治理内在路径解析》，《自然辩证法通讯》2019年第8期。

力,进而发展为道德性的人工智能体。① 当前虽仍未开发出具有道德性的人工智能体,然而这不失为一种不错的思路。无论是通过在技术设计和开发过程中嵌入伦理规则,还是使人工智能体具有道德性,都是希望减少智能技术带来的伦理风险,从而更好地应对算法技术专家制的伦理风险。

总的来说,以上两种伦理调试路径是应对算法技术专家制风险的主要伦理途径。目前,还有一种比较新颖的伦理途径也开始受到人们的关注。这种伦理途径关注的核心不是如何让算法技术专家制或者智能技术本身具备"伦理"或"道德",而是关注如何通过算法技术专家制或者智能技术使得人类更加"伦理"或"道德",即通过算法技术专家制或智能技术来推动道德治理的施行,以此来弱化或应对算法技术专家制的风险。如在市区的公路上安装摄像头以督促行人过马路走斑马线,若有行人被摄像头拍到不走斑马线过马路的话,相关部门将会通过电视新闻、市区宣传栏等方式曝光此种行为,目的并非对违纪者进行法律惩罚,而是通过道德谴责来达到治理的目的。这种伦理途径主要是想通过发挥算法技术专家制或智能技术的道德治理功能来弱化其伦理风险,以实现在一定程度上规避或弱化算法技术专家制伦理风险的目的。

四 行政监管

尽管法律途径、民主途径、伦理途径可以很好地应对算法技术专家制的风险,但行政路径也需要予以重视。因为虽然伦理治理、民主治理极其重要,但治理的主体仍然是政府。因此,为更好地发挥自己的主体作用,政府应该创新行政监管制度,以提高治理的效率和稳定性。特别是在面对具有不确定性、不透明等特征的算法时,政府进行行政监管创新就变得十分迫切,如设立新的行政监管部门、制定新的行政监管制度等,这将从行政监管维度为规避算法技术专家制风险提

---

① Colin Allen, et al., "Why Machine Ethics?", in Michael Anderson and Susan L. Anderson, eds. *Machine Ethics*, Cambridge: Cambridge University Press, 2011, pp. 51-61.

供重要基础。

对于以算法不确定性为核心的算法技术专家制风险，政府的监管必不可少。由于算法引起的社会风险有其特殊性，如责任主体不明确，因此需要对当前政府监管制度进行创新，以更好地应对算法技术专家制的风险。算法发展之初，"各国政府早期出于保护市场自由竞争的考虑，较少对算法行为进行干预。但随着算法技术的发展，算法失范的行为经常发生，这严重侵犯了公民的权利。它们愈来愈意识到仅靠行为自律难以确保算法自动化决策的规范运行，还需要建立他律性规制措施。这种他律性规制主要体现为政府机构对算法的外部监管"①。关于政府对算法的监管，阿里尔·扎拉齐和莫里斯·E.斯图克从算法引起的经济垄断给出了自己的看法。他们认为，"在科技进步过程中，竞争市场的假象恐怕会越发具有迷惑性，而我们所发现的市场缺陷也有可能会进一步深化。遗憾的是，反垄断政府机构现有的工具箱也只能矫正这其中的部分市场缺陷。但是，'监管'绝不再是一个令人生厌的字眼。在大数据时代，有效的监管是对社会有益的贡献"②。对于算法引起的经济垄断，政府缺乏必要的监管工具，而算法引起的经济垄断恰好也是算法技术专家制的风险之一，因此，通过加强政府监管来应对算法技术专家制风险非常必要。

加强对算法技术专家制风险的行政监管的首要措施，是成立相应的行政监管机构。面对快速发展的智能技术，设立独立的行政监管机构，是当前加强应对其风险的主要方式，例如我国很多地区成立了大数据局。也有一些国家通过赋予某些已存在的行政部门新的行政权力，来对智能技术所产生的风险进行监管，如美国的联邦贸易委员会（The Federal Trade Commission）。目前，联邦贸易委员会已经对泄露消费者信息方面加强了行政监管，且取得了很好的效果。具体而言，联邦贸易委员会通过对泄露消费者信息的企业进行行政诉讼来实现对

---

① 郑智航、徐昭曦：《大数据时代算法歧视的法律规制与司法审查——以美国法律实践为例》，《比较法研究》2019年第4期。

② ［英］阿里尔·扎拉齐、［美］莫里斯·E.斯图克：《算法的陷阱：超级平台、算法垄断与场景欺骗》，余潇译，中信出版社2018年版，第46页。

第五章　人工智能与技术专家制

消费者隐私的保护，经过他们的努力，隐私权已成为网络安全的核心要素。联邦贸易委员会在行政监管方面的成功不仅对消费者形成了很好的保护，同时也进一步增加了政府在监管方面的信心。[①] 此外，也有学者提出，通过政府与非政府组织进行合作来组成更具效率的行政监管部门。如有学者主张"我国应当设立以数据活动顾问为主、数据活动监管局为辅的二元算法监管机制：数据活动顾问从企业内部对算法的设计、使用和评估进行陪同控制；数据活动监管局则从外部对数据活动顾问提供必要的援助和监督"[②]。总而言之，无论何种形式的行政监管机构，都将为应对算法技术专家制风险提供很好的基础。

对已有行政监管制度进行创新，是加强对算法技术专家制行政监管的另一措施。关于行政监管制度创新，主要有两种途径。其一，基于新技术的风险，建立专门的行政监管制度。如对算法进行行政监管，则需要形成新的行政监管制度，包括算法使用前批准审查和定期审查。"算法使用前批准审查可将未标注用途的且含有损害风险的算法以及未通过批准的营销算法予以剔除，进而保证投入运行的算法都能够符合执行标准；而定期审查则有助于及时发现算法存在的隐性风险，减少算法对现实造成的损害。"[③] 其二，在原有制度的基础之上进行制度创新。对于智能算法引起的诸多风险，虽还没有形成成熟的行政监管制度，但对与算法相关的一些技术已有相对完善的行政监管制度，如互联网、物联网、大数据等。因此，可以在已有相关行政监管制度的基础上进行制度创新，进而形成能对智能算法进行很好行政监管的行政制度，以实现对算法技术专家制风险的很好应对。

综上所述，从法律规制、民主治理到伦理调试，再到行政监管，都是强调对算法技术专家制风险进行外在或他律的应对，以规避算法

---

① Stuart L. Pardau and Blake Edwards, "The FTC, the Unfairness Doctrine, and Privacy by Design: New Legal Frontiers in Cybersecurity", *Journal of Business & Technology Law*, Vol. 12, No. 2, January 2017, pp. 227 – 230.

② 林洹民：《自动决策算法的法律规制：以数据活动顾问为核心的二元监管路径》，《法律科学（西北政法大学学报）》2019 年第 3 期。

③ 孙建丽：《算法自动化决策风险的法律规制研究》，《法治研究》2019 年第 4 期。

技术专家制的风险。然而，尽管现在一些智能技术已具备自主学习和决策的能力，但当前算法技术专家制风险的主体仍然是"人"。因此，除了他律的规避路径，对算法技术专家制风险的应对还应从自律入手，即对算法技术专家制风险的主体"人"进行教育，以提高他们的风险意识，从而能更有效地避免算法技术专家制的风险。

五 技术教育

虽然教育不能在应对算法技术专家制的风险中发挥直接作用，但它可以通过对公众、科技专家、治理者等进行科技知识及相关内容的教育，来提高大家应对风险的意识和能力，从而规避或弱化算法技术专家制的风险。在波兹曼看来，技术教育的目的在于让人们知道新兴技术对于人类思维、行动、生活等的影响，同时告诉人们如何更好地使技术为自己所用而不被技术控制。[1] 显然，波兹曼的观点对于智能算法引起的种种风险颇具解释力。对于大多数公众来说，他们并不了解算法存在的种种局限，如算法歧视、算法黑箱等。因而他们只关注算法给他们带来的诸多便利，如算法总能给他们推荐他们喜欢的新闻、总能给他们提供自己喜欢且廉价的商品。如此，算法就能轻易地操纵人们的生活，而因此带来的风险也就越来越多。如果公众能接受基本的技术教育，他们也就会对算法所存在的局限和风险有所提防，这样也就不会如波兹曼所说的被技术控制。与波兹曼不同，芬伯格主要从民主视角来强调技术教育。在芬伯格看来，技术教育不仅可以为技术选择和发展提供智力支持，同时也可以"使整个劳动力而不仅仅是一小部分精英获得有效参与管理和政治的资格"[2]。在当前很多与算法相关的政策与立法中，很多公众都很难参与其中，这与芬伯格所言的参与政治的资格并无二致。据此可知，技术教育能应对很多由算法引起的风险，而这些风险也是算法技术专家制的主要风险。

---

[1] Neil Postman, *End of Education: Redefining the Value of School*, New York: Vintage Books, 1995, pp.190-192.

[2] [美] 安德鲁·芬伯格：《技术批判理论》，韩连庆等译，北京大学出版社 2005 年版，第 192 页。

第五章 人工智能与技术专家制

技术教育的内容并非仅限于科技知识，还包括一些其他的相关内容，如科技伦理、科技社会学、科技哲学等。面对算法技术专家制的风险，应对之策根据学科不同各有特点，如上文的法律规制、制度创新等等。因此，在对公众进行技术教育时，也不能拘泥于专门的科技知识。况且，对公众进行技术教育的目的并不是将公众培养成某一领域的专家，因而在科技知识上所花时间也不必过多。如上所述，波兹曼认为技术教育的目的主要是教育人们如何更好地利用技术且不被技术控制。基于此，波兹曼指出，技术教育的内容不仅仅是教授技术理论，或者说并不局限于技术理论，而应将其内容扩展至科学哲学、技术哲学、科学技术史、科学技术与社会等内容，以使人们能对技术进行全面思考，进而避免它所带来的风险。[①] 显然，按照波兹曼的观点，技术教育的目的并非仅仅是了解科技知识或者最新的科技知识，而是在了解科技知识的基础上对其进行人文反思。对此，刘永谋从中国视角表达了类似的观点。他认为，按照中国的学科设置，技术教育应涵盖科技理论、科技史、科技哲学、科学技术与社会等内容。[②] 据此，面对算法技术专家制的风险，技术教育的内容应该既包括最新的科技知识，同时也涵盖与其相关的各种人文社科学科，如科技哲学、科技伦理、科技社会学、科技史等，这样才能帮助公众更好地应对算法技术专家制的风险。

"技术教育的对象不仅仅限于公众，还包括技术专家、治理人员等。"[③] 对公众开展技术教育至关重要，因为这能使他们主动提防和避免技术专家制的风险。然而，关于算法技术专家制的风险，尽管算法是主要原因，但其主导者是算法背后的技术专家、治理人员等。因此，技术专家、治理人员也需要接受技术教育，只是他们接受的内容主要集中于科技伦理、科技社会学等学科，这样他们在进行决策时才能更好地关涉到伦理道德、社会价值等方面的因素，如此也就能更好

---

① 刘永谋：《行动中的密涅瓦——当代认知活动的权力之维》，西南交通大学出版社2014年版，第154页。
② 刘永谋：《尼尔·波兹曼论技治主义》，《科学技术哲学研究》2013年第6期。
③ 刘永谋、兰立山：《大数据技术与技治主义》，《晋阳学刊》2018年第2期。

地规避算法技术专家制的风险。关于科技专家、工程师等需要接受更加全面的工程伦理教育的问题,美国著名工程伦理学家哈里斯早有论述。他认为,当代工程师尽管接受了大量的工程伦理教育,但他们接受的是一些消极的伦理教育和原则,即做什么是不道德的。而对于积极的伦理原则,即美德伦理,他们并不了解,主要表现为在价值敏感性、对技术的社会背景的意识、尊重自然、对公共利益的承诺等方面的欠缺。[1] 因而,需要对科技专家、工程师等进行全面的工程伦理教育。诚然,科技专家也并非就不需要接受科技知识方面的教育——当前科学技术专业化程度已经非常高,对于其他学科的科技知识科技专家也大多不太了解。从这个层面来看,科技专家也很需要接受科技知识教育。

总的来说,技术教育对于算法技术专家制风险的应对,主要体现在提高人们的风险意识,从而能更好地规避它带来的风险。此外,技术教育也可以导人向善,如上文提到的对工程师进行美德教育,从而减少算法技术专家制所带来的风险。但相比而言,前者的作用要比后者显著,毕竟很多人犯罪并非因为他所受的教育不足以让他知道他在犯罪,而是因为利益的诱惑让他愿意为此而放手一搏。

---

[1] Charles E. Harris Jr., "The Good Engineer: Giving Virtue its Due in Engineering Ethics", *Science and Engineering Ethics*, Vol. 14, No. 2, June 2008, p. 153.

结语 走向审度的技术专家制

经过五章的论述,本书关于技术专家制的研究告一段落。总的来说,主要包括以下三方面的内容。其一,对技术专家制的基本问题、历史演进、当代发展等进行了全面分析。笔者认为,技术专家制在当代主要作为一种治理体制存在,主张科技专家按照科学原理、技术原则来运行与治理社会,已然成为当今社会运行与治理的重要趋势和基本特征。其二,对技术专家制的批判问题进行了多维度探讨,如智能技术维度、儒家德治思想维度等。在笔者看来,学界对于技术专家制的诸多批判虽然具有一定的合理性,但并非都完全成立,特别是从一个非西方的文化视角来看待技术专家制的批判内容,如儒家思想。其三,对人工智能与技术专家制的关系进行了系统研究。笔者指出,人工智能对于技术专家制是益处与风险并存,在推动技术专家制发展的同时也为技术专家制带来了新的风险。

通过分析,笔者发现技术专家制并非一种乌托邦或敌托邦,而是一种一直在发展和应用的治理体制或模式,试图从整体上对其单纯支持或反对都是存在问题的。技术专家制思想兴起以来,大力支持和极力反对是人们对它的两种主要态度。支持者对技术专家制持乐观态度,他们认为技术专家制可以带来物质丰裕、推动社会稳定发展以及促进人类实现思想的自由发展等,技术专家制社会将是人类的终极乐园。与之相反,反对者对技术专家制持悲观态度,他们批判技术专家制会导致极权政治、限制人的自由、消解人性等,认为任由技术专家制发展,人类将步入由科技专家完全掌握政治权力的"政治乌托邦"或科学技术统治人类的"机器乌托邦"。

然而，根据上文对技术专家制的论述，技术专家制并不像反对者所批判的那般一无是处，亦未如支持者声称的那样美好，而是作为一种重要的治理模式在当代社会中发挥着重要作用，同时伴随着各种风险。因此，人们一直以来单纯对技术专家制进行整体支持或反对的二分态度就不再适宜，犹如不能单纯地判定科学技术是好的或是不好的一样。因而，需要确立一种新的技术专家制取向，即第三种技术专家制，以符合技术专家制的历史发展和在当代社会中的定位。

笔者将这第三种技术专家制称为"审度"的技术专家制，这一称谓源于刘大椿提出的"审度"的科学哲学观点。通过对科学哲学思想史进行分析和总结，刘大椿认为科学哲学正在从为科学进行辩护和对科学进行批判的两种主要态度转向一种更为宽容和平和的态度，即"对科学从辩护、批判到审度的转换"[①]。在刘大椿等人看来，单纯地为科学进行辩护和单纯地对科学进行批判及解构都是存在局限的，应该从辩护和批判的攻防中吸收有益思想，形成一种新的科学哲学取向，即"审度"的科学哲学。

"审度"的科学哲学主张用多元、理性、宽容的态度来看待科学，以实现对单纯的辩护与单纯的批判的超越，最终完成"从辩护到审度"的转换。[②]"所谓'审度'的科学哲学，并不是要去创造一个辩护、批判之外的新的科学哲学；而是指一种对待科学的态度。审度也不是指先等等看、不下结论，而是讲求根据具体的时空、语境来判断最适宜的处理方式。审度即是审时度势，离开时势，就没有审度。"[③]就目的而言，对科学进行审度"既不一味辩护，也不一味否定，而是实事求是地具体分析，真正做到扬长避短、发扬光大"[④]。

[①] 刘大椿主编：《从辩护到审度——马克思科学观与当代科学论》，首都师范大学出版社2009年版，第2页。
[②] 刘大椿、刘永谋：《思想的攻防：另类科学哲学的兴起和演化》，中国人民大学出版社2010年版，前言。
[③] 刘大椿：《另类、审度、文化科学及其他——对质疑的回应》，《哲学分析》2013年第6期。
[④] 刘大椿、张林先：《科学的哲学反思：从辩护到审度的转换》，《教学与研究》2010年第2期。

结语　走向审度的技术专家制

沿用刘大椿的"审度的科学哲学"观点，主要基于以下三点考虑。首先，"审度的科学哲学"是对科学的一种价值取向或态度，而技术专家制以科学技术作为理论基础，因而"审度的科学哲学"观点对技术专家制具有适用性。这里需要说明一下，在"审度的科学哲学"中，科学与技术是没有严格界限的，如刘大椿所言："当代科学技术呈现出一体化的特点，试图抛开技术单独讨论科学，显然难以全面。"[①] 如此，"审度的科学哲学"就同时适用于科学和技术，这与技术专家制中强调科学技术一体化一致。

其次，"审度的科学哲学"是对"辩护的科学哲学"和"批判的科学哲学"两种科学哲学取向的超越，这与本书寻求对"支持的技术专家制"和"反对的技术专家制"两种取向进行超越的想法相同。

最后，"审度的科学哲学"并未尝试建立一种的新的科学哲学理论，而是试图形成一种新的科学哲学取向或态度。本书虽聚焦于对技术专家制进行系统研究，但最终目的却是试图超越传统的技术专家制价值取向，即"支持的技术专家制"和"反对的技术专家制"，发展出一种新的技术专家制价值取向。因而，本书的研究目的与"审度的科学哲学"的提出目的相同，这使本书可以借鉴"审度的科学哲学"的观点。

总的来说，审度的技术专家制是一种新的技术专家制价值取向或态度，它不再简单地对技术专家制采取支持或反对态度，它主张从历史的、实践的、具体的语境来对技术专家制进行价值评价。不难看出，审度的技术专家制除了沿用了"审度的科学哲学"的"审度"一词，还以"审度的科学哲学"作为自己的科学论，即根据具体的时空、语境来判断科学的价值。但是，审度的技术专家制的审度内容并不局限于"科学技术"，还包括"科技专家"。因为技术专家制自提出以来，一直秉持科学管理和专家政治两个核心原则，虽然专家政治原则的地位在技术专家制运动之后就一再降低，但至今仍是技术专

[①] 刘大椿：《另类、审度、文化科学及其他——对质疑的回应》，《哲学分析》2013年第6期。

家制的两个核心原则之一,只是由"专家政治"改为"专家咨询"而已。

作为一种价值取向或态度,审度的技术专家制并不关注方法论的问题,即如何去进行审度,它主要强调的是应该以一种什么样的态度来对待技术专家制。如反对的技术专家制主要关注的就是技术专家制有哪些局限,如批判技术专家制反民主、磨灭人性等,但它并不告诉你如何去批判。与此类似,支持的技术专家制也主要是构想技术专家制社会的种种盛况,如物质丰裕、生活高效等,至于如何去构想,他们也并无具体方法。

审度的技术专家制提出的主要目的是对传统两种技术专家制取向,即支持的技术专家制与反对的技术专家制的超越。在上文的分析中,本书已经指出传统两种技术专家制取向存在局限,但这并不意味着两者无合理之处。因而,审度的技术专家制并无全盘否定支持的技术专家制与反对的技术专家制之意,而是主张不应一味地对技术专家制保持乐观或者进行批判,应以一种更加温和、宽容和理性的态度来看待技术专家制。

事实上,审度的技术专家制涵括了支持的技术专家制和反对的技术专家制。因为审度本身是既看到好的方面,亦看到不好的方面。就技术专家制而言,看到好的方面其实就是支持的技术专家制所进行的工作,而不好的方面的工作本质上就是反对的技术专家制所强调的内容。因而,审度的技术专家制本身是对支持的技术专家制和反对的技术专家制的综合,并在此基础上实现对两者的超越,形成更加理性、多元和宽容的技术专家制取向。当然,审度的技术专家制并非仅仅停留在指出技术专家制的利弊上,从而走向一种相对主义;而是通过全面审度,在具体的语境中充分发挥技术专家制的优势,同时避免它的风险。

通过对支持的技术专家制和反对的技术专家制的超越,审度的技术专家制至少具有三点价值。

其一,对全面认识技术专家制的理论内涵具有重要价值。在西方社会中,虽然支持的技术专家制者不乏少数,但反对的技术专家制仍是主流观点。然而，在一些东亚国家，如新加坡等，却认为施行技术专家制可以获益。显然，西方社会对于技术专家制的看法存在一定偏见。究其原因，技术专家制具有明显的反民主倾向，这与西方社会所追求的民主价值观不符。审度的技术专家制作为一种新的技术专家制取向，它并没有否定技术专家制的反民主问题，同时也没有因为技术专家制的反民主而忽视技术专家制的价值，而是主张对技术专家制的优劣进行全面分析，以清晰理解技术专家制的内涵，在此基础上再在具体的语境中对技术专家制进行价值判断。基于审度的态度，人们就不再对技术专家制进行单纯支持或反对，而是将技术专家制放在具体的背景下去分析，这对于深入认识技术专家制的内涵至关重要。

其二，对技术专家制的理论研究具有重要价值。技术专家制发展至今，理论研究不足一直是其弊端，目前仍未形成相对统一的定义、内容等就是明证，而这与当前两种主要的技术专家制取向密切相关。无论是支持的技术专家制，还是反对的技术专家制，似乎都在着力向对方说明自己观点的合理性，都在强调技术专家制的益处或风险，但对于技术专家制本身应该如何运行、怎么监管等问题都并不关心。在双方看来，技术专家制是什么并不重要，重要的是如何证明自己的观点是正确的，这极大地限制了技术专家制的理论发展。审度的技术专家制则不同，它强调根据具体的语境来思考技术专家制的作用与风险，它的目的不再是去向谁解释技术专家制在具体情境下是利大于弊还是弊大于利，而是如何选择一个最合适的技术专家制模式以将技术专家制的作用最大化。以此为取向，对于技术专家制的理论研究自然就会逐渐增多，因为人们不再简单地认为技术专家制是好的或是坏的，而是在不同的领域建立起不同的技术专家制模式。

其三，对充分发挥技术专家制在社会运行和治理中的作用具有重要价值。随着理论转向的发生和完成，技术专家制已然成为当代社会运转与治理的重要趋势和主要特征。然而，如上文分析，技术专家制具有诸多优势的同时也存在着种种风险。因此，对于技术专家制的应用需要综合分析和充分考虑它的利弊，一着不慎就会给社会带来不可估量的损失。而这里所说的综合分析和充分考虑技术专家制的利弊，

◇◆◇　技术专家制研究

其本质就是对技术专家制进行审度，即本书所言的审度的技术专家制。通过对技术专家制进行审度，不仅可以选择出合理的技术专家制模式，同时还可以将审度的过程公布给公众，这既能保证技术专家制模式选取的合理性，又能让公众知道整个技术专家制模式选择的来龙去脉，从而使技术专家制的运行得到公众更多的支持。因而，可将技术专家制审度过程的本质看作民主参与的过程，因为在审度的过程中有不同领域专家的参与，且整个审度过程透明化，同时公众具有对最终审度结果的知情权和监督权。因此，审度的技术专家制可以比支持的技术专家制和反对的技术专家制更好地发挥技术专家制在社会运转和治理中的作用。

综上所述，走向"审度的技术专家制"不失为一种合理的尝试。事实上，在研究之初，本书的目的仅限于对技术专家制进行系统分析，以厘清技术专家制的定义、特征、内容等。因为技术专家制自兴起以来一直饱受批判，但互联网、物联网、大数据、人工智能、区块链等智能技术确实又在很大程度上推动了它在当代社会的发展和应用，这说明人们对技术专家制的认知和理解肯定出了问题，不然很难解释为什么一个在当代得到广泛应用甚至已成为当代社会运转和治理的重要特征的理论一直以来居然都饱受批判。当厘清了技术专家制的历史演进、基本内涵等基本问题后，自然也就能解释为何技术专家制至今仍饱受责难。

然而，随着研究的深入，笔者意识到技术专家制一直饱受批判虽然与人们不理解它在当代社会的模式和内容有关，但更为重要的是，人们对待它的价值取向或态度出了问题，即人们已经习惯将技术专家制视作一种乌托邦或敌托邦，再在此基础上对它进行单纯支持或反对。基于这两种取向，人们对技术专家制的关注点就仅限于对他们有利的点，如支持者只关心技术专家制带来的益处，而反对者只看到技术专家制的风险。如此，关于技术专家制事实上是什么对于人们而言似乎也就变得不再重要了。因而，笔者才将本书的最终目的改为提出一种新的技术专家制取向，即审度的技术专家制，这也就是本书"结语"部分的内容。

结语　走向审度的技术专家制

虽然本书的最终目的改为提出一种的新的技术专家制取向，但这并不会影响本书对技术专家制研究的可能价值。一方面，审度的技术专家制是以技术专家制的研究为基础提出的。通过对技术专家制的作用、定义、内容、风险等的系统研究，笔者才真正意识到技术专家制并非一种乌托邦或敌托邦，而是一种现实运行的治理模式，单纯对技术专家制进行支持或反对都是有失偏颇的。基于此，笔者才有了提出第三种技术专家制取向的想法。具体而言，可以将技术专家制的系统研究作为本书的首要目的，而将审度的技术专家制的提出作为本书的最终目的。

另一方面，对技术专家制的理论研究和发展具有一定价值。技术专家制作为一个没有统一定义、系统内容的思想，试图对它进行全面的理论研究具有很大难度。笔者从理论维度、历史维度、批判维度、人工智能维度等对技术专家制进行了分析，尽管由于水平有限，本书对于技术专家制的研究还略显粗糙，但作为对技术专家制进行系统研究的一种尝试，本书应该也不至于全无价值。

至此，本书的研究全部结束。然而，由于物联网、人工智能、区块链等智能技术的发展日新月异，因此，笔者对于技术专家制这一主题的研究并未结束，只能算作刚刚起步。在今后的研究中，笔者将以审度的技术专家制为基础，继续对技术专家制及其相关主题进行深入研究，以期进一步完善本书的内容和观点，同时提出更具创新和成熟的想法。

主要参考文献

中文著作

陈潭等：《大数据时代的国家治理》，中国社会科学出版社2015年版。

冯达文、郭齐勇编：《新编中国哲学史》（上册），人民出版社2004年版。

付殷才：《加尔布雷思》，经济科学出版社1985年版。

付殷才：《制度经济学派》，武汉出版社1996年版。

国际组织可持续发展科学咨询调查分析委员会：《知识与外交——联合国系统中的科学咨询》，王冲等译，上海交通大学出版社2010年版。

胡适：《中国哲学史大纲》，上海古籍出版社1997年版。

厉以宁：《论加尔布雷思的制度经济学说》，商务印书馆1979年版。

梁启超：《先秦政治思想史》，东方出版社1996年版。

梁启超：《先秦政治思想史》，中华书局2016年版。

刘大椿、刘永谋：《思想的攻防：另类科学哲学的兴起和演化》，中国人民大学出版社2010年版。

刘大椿主编：《从辩护到审度——马克思科学观与当代科学论》，首都师范大学出版社2009年版。

刘永谋：《技术治理通论》，北京大学出版社2023年版。

刘永谋：《行动中的密涅瓦——当代认知活动的权力之维》，西南交通大学出版社2014年版。

卢现祥：《西方新制度经济学》，中国发展出版社1996年版。

任继愈：《墨子》，上海人民出版社1956年版。
涂子沛：《大数据》，广西师范大学出版社2012年版。
涂子沛：《数据之巅》，中信出版社2014年版。
王谦：《物联网与政府管理创新》，四川大学出版社2015年版。
王岩：《西方政治思想史》，世界知识出版社1986年版。
萧公权：《中国政治思想史》，辽宁教育出版社1998年版。
徐大同：《20世纪西方政治思潮》，天津人民出版社1991年版。
徐继华等：《智慧政府：大数据治国时代的来临》，中信出版社2014年版。
杨明刚：《大数据时代的网络舆情》，海天出版社2017年版。
叶美兰、刘永谋等：《物联网与泛在社会的来临——物联网哲学与社会学问题研究》，中国社会科学出版社2015年版。
曾欢：《西方科学主义思潮的历史轨迹——以科学统一为研究视角》，世界知识出版社2009年版。
张林：《新制度主义》，经济日报出版社2006年版。

中文期刊

安维复：《技术统治论：从空想到科学的探索》，《自然辩证法研究》1996年第9期。
蔡海榕、杨廷忠：《技术专家治国论话语和学术失范》，《自然辩证法通讯》2003年第2期。
陈涛、冉龙亚、明承瀚：《政务服务的人工智能应用研究》，《电子政务》2018年第3期。
成素梅：《智能化社会的十大哲学挑战》，《探索与争鸣》2017年第10期。
程杞国：《从管理到治理：观念、逻辑、方法》，《南京社会科学》2001年第9期。
邓丽兰：《20世纪中美两国"专家政治"的缘起与演变——科学介入政治的一个历史比较》，《史学月刊》2002年第7期。
邓丽兰：《南京政府时期的专家治国论：思潮与实践》，《天津社会科学》2002 年第 2 期。

刁生富、姚志颖:《大数据技术的价值负载与责任伦理建构——从大数据"杀熟"说起》,《山东科技大学学报》(社会科学版)2019 年第 5 期。

董平:《儒家德治思想及其价值的现代阐释》,《孔子研究》2004 年第 1 期。

杜欢:《人工智能时代的协商民主:优势、前景与问题》,《学习与探索》2016 年第 12 期。

段伟红:《技术官僚的"谱系"、"派系"与"部系"——对西方"中国高层政治研究"相关文献的批判性重建》,《清华大学学报》(哲学社会科学版)2012 年第 3 期。

段伟文:《对技术化科学的哲学思考》,《哲学研究》2007 年第 3 期。

段伟文:《人工智能时代的价值审度与伦理调适》,《中国人民大学学报》2017 年第 7 期。

段伟文:《人工智能与解析社会的来临》,《科学与社会》2019 年第 1 期。

段伟文:《网络与大数据时代的隐私权》,《科学与社会》2014 年第 2 期。

丰子义:《从全球化看社会形态的演进》,《河北学刊》2004 年第 1 期。

俘玉平、终德志:《"Democracy"的多重语义流变——以中国近代以来思想界民主观念的转型为例》,《探索与争鸣》2013 年第 6 期。

高奇琦、刘洋:《人工智能时代的城市治理》,《上海行政学院学报》2019 年第 2 期。

洪涛:《作为机器的国家——论现代官僚/技术统治》,《政治思想史》2020 年第 3 期。

胡凌:《数字社会权力的来源:评分、算法与规范的再生产》,《交大法学》2019 年第 1 期。

黄欣荣:《大数据技术的伦理反思》,《新疆师范大学学报》(哲学社会科学版)2015 年第 3 期。

黄欣荣：《大数据：政治学研究的科学新工具》，《马克思主义与现实》2016 年第 5 期。

姜野：《算法的规训与规训的算法：人工智能时代算法的法律规制》，《河北法学》2018 年第 12 期。

兰立山：《Technocracy 中文译名的历史演进、主要局限及应对之策》，《自然辩证法研究》2022 年第 11 期。

兰立山：《技术专家制的计划治理思想》，《哲学与中国》2020 年春季卷。

兰立山、刘永谋：《技治主义的三个理论维度及其当代发展》，《教学与研究》2021 年第 2 期。

兰立山、刘永谋、潘平：《量子博弈技术化及其困境》，《科学技术哲学研究》2019 年第 4 期。

兰立山：《论加尔布雷斯的技治主义思想》，《凯里学院学报》2019 年第 8 期。

兰立山、潘平：《大数据的认识论问题分析》，《黔南民族师范学院学报》2018 年第 2 期。

兰立山：《智能技术视域下的技术专家制批判》，《哲学探索》2022 第 1 期。

李侠：《基于大数据的算法杀熟现象的政策应对措施》，《中国科技论坛》2019 年第 1 期。

李醒民：《论技治主义》，《哈尔滨工业大学学报》（社会科学版）2005 年第 6 期。

梁树发：《技术统治论思潮评析》，《教学与研究》1990 年第 5 期。

梁孝：《西方专家治国论合法性的历史演变及其困境》，《石河子大学学报》（哲学社会科学版）2006 年第 2 期。

林洹民：《自动决策算法的法律规制：以数据活动顾问为核心的二元监管路径》，《法律科学（西北政法大学学报）》2019 年第 3 期。

林坚：《建设中国特色新型智库的全局思考》，《国家治理》2016 年第 16 期。

林坚：《智库建设对学术界的意义略论》，《国家治理》2014 年第

44期。

刘超：《出山要比在山清？——现代中国的"学者从政"与"专家治国"》，《清华大学学报》（哲学社会科学版）2020年第4期。

刘朝：《算法歧视的表现、成因与治理策略》，《人民论坛》2022年第2期。

刘大椿等：《智能革命与人类深度智能化前景（笔谈）》，《山东科技大学学报》（社会科学版）2019年第1期。

刘大椿：《另类、审度、文化科学及其他——对质疑的回应》，《哲学分析》2013年第6期。

刘大椿、张林先：《科学的哲学反思：从辩护到审度的转换》，《教学与研究》2010年第2期。

刘光斌：《技术与统治的融合：论马尔库塞的技术统治论》，《南京社会科学》2018年第12期。

刘光斌：《论哈贝马斯对技术统治论的反思》，《石家庄学院学报》2019年第1期。

刘合波、秦颖：《加尔布雷思的"新社会主义"论》，《当代世界与社会主义》2014年第6期。

刘培、池忠军：《算法的伦理问题及其解决进路》，《东北大学学报》（社会科学版）2019年第2期。

刘培、池忠军：《算法歧视的伦理反思》，《自然辩证法通讯》2019年第10期。

刘永谋：《安德鲁·芬伯格论技治主义》，《自然辩证法通讯》2017年第1期。

刘永谋、仇洲：《技治主义与当代中国关系刍议》，《长沙理工大学学报》（社会科学版）2016年第5期。

刘永谋：《高能社会的科学运行：斯科特技术治理思想述评》，《科学技术哲学研究》2019年第1期。

刘永谋：《哈耶克对技治主义的若干批评与启示》，《天津社会科学》2017年第1期。

刘永谋：《"技术人员的苏维埃"：凡勃伦技术专家制思想述评》，《自然辩证法通讯》2014 年第 1 期。

刘永谋:《技术治理的逻辑》,《中国人民大学学报》2016 年第 6 期。

刘永谋:《技术治理的哲学反思》,《江海学刊》2018 年第 4 期。

刘永谋:《技术治理、反治理与再治理:以智能治理为例》,《云南社会科学》2019 年第 2 期。

刘永谋:《技术专家制阶层的崛起:加尔布雷思的技术治理理论》,《自然辩证法通讯》2019 年第 7 期。

刘永谋、兰立山:《大数据技术与技治主义》,《晋阳学刊》2018 年第 2 期。

刘永谋、兰立山:《泛在社会信息化技术治理的若干问题》,《哲学分析》2017 年第 5 期。

刘永谋、李佩:《科学技术与社会治理:技术治理运动的兴衰与反思》,《科学与社会》2017 年第 2 期。

刘永谋、李佩:《能量券与艺术勃兴:罗伯技术治理思想述评》,《自然辩证法研究》2020 年第 3 期。

刘永谋:《论波普尔渐进的社会工程》,《科学技术哲学研究》2017 年第 1 期。

刘永谋:《论技治主义:以凡勃仑为例》,《哲学研究》2012 年第 3 期。

刘永谋:《尼尔·波兹曼论技治主义》,《科学技术哲学研究》2013 年第 6 期。

刘永谋:《试析西方民众对技术治理的成见》,《中国人民大学学报》2019 年第 5 期。

刘永谋、吴林海:《物联网的本质、面临的风险与应对之策》,《中国人民大学学报》2011 年第 4 期。

刘永谋、吴林海、叶美兰:《物联网、泛在网与泛在社会》,《中国特色社会主义研究》2012 年第 6 期。

刘永谋:《知识进化与工程师治国:论凡勃伦的科学技术观》,《华东师范大学学报》(哲学社会科学版)2012 年第 2 期。

刘永谋:《智能治理社会的蓝图:丹尼尔·贝尔的技术治理思想》,

《晋阳学刊》2021年第3期。

刘永谋：《专家阶层的多元制衡：普莱斯论技术治理》，《华中科技大学学报》（社会科学版）2019年第2期。

罗骞、滕藤：《技术政治、承认政治与生命政治——现代主体性解放的三条进路及相应的政治概念》，《武汉大学学报》（哲学社会科学版）2020年第1期。

彭勃：《技术治理的限度及其转型：治理现代化的视角》，《社会科学》2020年第5期。

渠敬东、周飞舟、应星：《从总体支配到技术治理——基于中国30年改革经验的社会学分析》，《中国社会科学》2009年第6期。

沈养义：《推克诺克拉西的理论和社会经济计划》，《东方杂志》1933年第30卷第11期。

孙建丽：《算法自动化决策风险的法律规制研究》，《法治研究》2019年第4期。

陶文昭：《论信息时代的专家治国》，《电子政务》2010年第8期。

滕藤：《技治主义的逻辑及其存在论困境》，《科学经济社会》2019年第1期。

王伯鲁：《社会技术化问题研究进路探析》，《中国人民大学学报》2017年第3期。

王瑞雪：《政府规制中的信用工具研究》，《中国法学》2017年第4期。

王钰、程海东：《人工智能技术伦理治理内在路径解析》，《自然辩证法通讯》2019年第8期。

吴锦旗：《民国时期知识精英的"专家治国"思想》，《学术探索》2017年第12期。

吴靖平：《当代美国技术统治主义理论的演变及发展》，《清华大学学报》（哲学社会科学版）1990年第2期。

吴越秀：《民国时期专家治国的理念研究》，《贵州大学学报》（社会科学版）2007年第5期。

吴志成：《西方治理理论述评》，《教学与研究》2004年第6期。

夏保华：《人的技术王国何以可能——培根对技术转型的划时代呐喊》，《东北大学学报》（社会科学版）2018年第6期。

肖滨、费久浩：《政策过程中的技治主义：整体性危机及其发生机制》，《中国行政管理》2017年第3期。

徐圣龙：《从载体更新到议程再造：网络民主与"大数据民主"的比较研究》，《社会科学》2019年第7期。

徐湘林：《后毛时代的精英转换和依附性技术官僚的兴起》，《战略与管理》2001年第6期。

叶秀敏：《平台经济的特点分析》，《河北师范大学学报》（哲学社会科学版）2016年第2期。

余成峰：《法律的"死亡"：人工智能时代的法律功能危机》，《华东政法大学学报》2018年第2期。

俞可平：《治理和善治引论》，《马克思主义与现实》1999年第5期。

岳楚炎：《人工智能革命与政府转型》，《自然辩证法通讯》2019年第1期。

张丙宣：《技术治理的两幅面孔》，《自然辩证法研究》2017年第9期。

张海柱：《知识与政治：公共决策中的专家政治与公众参与》，《浙江社会科学》2013年第4期。

张凌寒：《算法权力的兴起、异化及法律规制》，《法商研究》2019年第4期。

张凌寒：《算法自动化决策与行政正当程序制度的冲突与调和》，《东方法学》2020年第8期。

张乾友：《技术官僚型治理的生成与后果——对当代西方治理演进的考察与反思》，《甘肃行政学院学报》2019年第3期。

张素民：《马克思第二斯高德与推克诺克拉西》，《新中华杂志》1933年第4期。

张铤、程乐：《技术治理的风险及其化解》，《自然辩证法研究》2020年第10期。

张卫：《藏礼于器：内在主义技术伦理的中国路径》，《大连理工大学学报》（社会科学版）2018年第3期。

郑戈：《算法的法律与法律的算法》，《中国法律评论》2018年第2期。

郑智航：《网络社会法律治理与技术治理的二元共治》，《中国法学》2018年第2期。

郑智航、徐昭曦：《大数据时代算法歧视的法律规制与司法审查——以美国法律实践为例》，《比较法研究》2019年第4期。

周千祝、曹志平：《技治主义的合法性辩护》，《自然辩证法研究》2019年第2期。

朱勤：《技术中介理论：一种现象学的技术伦理学思路》，《科学技术哲学研究》2010年第1期。

中文译著

[比]彼得·汉森：《智能化生存——万物互联时代启示录》，周俊等译，中国人民大学出版社2017年版。

达雷尔·韦斯特：《数字政府：技术与公共领域绩效》，郑钟扬等译，科学出版社2011年版。

[德]尤根·哈贝马斯：《作为"意识形态"的技术与科学》，李黎等译，学林出版社1999年版。

[德]尤斯图斯·伦次、[德]彼得·魏因加特编：《政策制定中的科学咨询——国际比较》，王海芸等译，上海交通大学出版社2010年版。

[法]让-雅克·卢梭：《社会契约论》，黄卫锋译，台海出版社2016年版。

[古希腊]柏拉图：《理想国》，郭斌和、张竹明译，商务印书馆1986年版。

[古希腊]柏拉图：《理想国》，刘国伟译，中华书局2016年版。

[古希腊]亚里士多德：《政治学》，吴寿彭译，商务印书馆1965年版。

[荷]彼得·P.维贝克：《将技术道德化——理解与设计物的道德》，

闫宏秀等译，上海交通大学出版社2016年版。

［荷］朗伯·鲁亚科斯、瑞尼·V.伊斯特：《人机共生——当爱情、生活和战争都自动化了，人类该如何自处》，粟志敏译，中国人民大学出版社2017年版。

［荷］韦博·比克、罗兰·保尔、鲁德·亨瑞克斯：《科学权威的矛盾性——科学咨询在民主社会中的作用》，施云燕等译，上海交通大学出版社2010年版。

［加］戴维·伊斯顿：《政治生活的系统分析》，王浦劬译，中国政法大学出版社2016年版。

［加］尼克·斯尔尼塞克：《平台资本主义》，程水英译，广东人民出版社2018年版。

《马克思恩格斯选集》第1卷，人民出版社版2012年版。

［美］T. B.凡勃伦：《有闲阶级论》，李华夏译，中央编译出版社2012年版。

［美］阿尔文·托夫勒：《第三次浪潮》，朱志焱等译，新华出版社1996年版。

［美］阿莱克斯·彭特兰：《智慧社会：大数据与社会物理学》，汪小帆等译，浙江人民出版社2015年版。

［美］艾伯特-拉斯洛·巴拉巴西：《爆发：大数据时代预见未来的新思维》，马慧译，中国人民大学出版社2012年版。

［美］艾尔文·古德纳：《知识分子的未来和新阶级的兴起》，顾晓辉、蔡嵘译，江苏人民出版社2002年版。

［美］安德鲁·芬伯格：《技术批判理论》，韩连庆等译，北京大学出版社2005年版。

［美］安德鲁·芬伯格：《可选择的现代性》，陆俊等译，中国社会科学出版社2003年版。

［美］保罗·法伊尔阿本德：《自由社会中的科学》，兰征译，上海译文出版社1990年版。

［美］保罗·沙瑞尔：《无人军队：自主武器与未来战争》，朱启超等译，世界知识出版社2018年版。

· 237 ·

［美］丹尼尔·贝尔：《后工业社会的来临：对社会预测的一项探测》，高铦等译，新华出版社 1997 年版。

［美］弗雷德里克·W. 泰勒：《科学管理原理》，朱碧云译，北京大学出版社 2013 年版。

［美］哈德罗·罗伯：《技术统治》，蒋铎译，商务印书馆 1935 年版。

［美］哈罗德·罗伯：《技术统治》，蒋铎译，上海社会科学院出版社 2016 年版。

［美］赫伯特·马尔库塞：《单向度的人——发达工业社会意识形态研究》，刘继译，上海译文出版社 2014 年版。

［美］杰里米·里夫金：《零边际成本社会：一个物联网、合作共赢的新经济时代》，赛博研究院专家组译，中信出版社 2014 年版。

［美］卡尔·米切姆：《通过技术思考》，陈凡等译，辽宁人民出版社 2008 年版。

［美］凯斯·桑斯坦：《网络共和国：网络社会中的民主问题》，黄维明译，上海人民出版社 2003 年版。

［美］凯西·奥尼尔：《终极霸权——数学杀伤性武器的威胁》，马青玲译，中信出版集团 2018 年版。

［美］克里斯托弗·斯坦纳：《算法帝国》，李筱莹译，人民邮电出版社 2014 年版。

［美］赖孟德：《推克诺克拉西》，李百强译，世界书局 1933 年版。

［美］兰登·温纳：《自主性技术：作为政治思想主题的失控技术》，杨海燕译，北京大学出版社 2014 年版。

［美］刘易斯·芒福德：《机器神话》（上卷），宋俊岭译，上海三联书店 2017 年版。

［美］卢克·多梅尔：《人工智能：改变世界，重建未来》，赛迪研究院专家组译，中信出版集团 2016 年版。

［美］卢克·多梅尔：《算法时代：新经济的新引擎》，胡小锐、钟毅译，中信出版集团 2016 年版。

［美］马丁·阿尔布罗：《官僚制》，阎步克译，知识出版社 1990 年版。

〔美〕迈克尔·米勒：《万物互联：智能技术改变世界》，赵铁成译，人民邮电出版社2016年版。

〔美〕尼尔·A.雷恩、〔美〕阿瑟·G.贝德安：《管理思想史》，孙健敏等译，中国人民大学出版社2017年版。

〔美〕尼尔·波斯曼：《技术垄断：文化向技术投降》，何道宽译，北京大学出版社2007年版。

〔美〕佩德罗·多明戈斯：《终极算法——机器学习和人工智能如何重塑世界》，黄芳萍译，中信出版集团2017年版。

〔美〕乔·奥赫茨勒：《乌托邦思想史》，张兆麟等译，商务印书馆1990年版。

〔美〕乔万尼·萨托利：《民主新论》，冯克利、阎克文译，上海人民出版社2008年版。

〔美〕希拉·贾萨诺夫：《第五部门——当科学顾问成为政策制定者》，陈光译，上海交通大学出版社2010年版。

〔美〕约翰·K.加尔布雷思：《加尔布雷思文集》，沈国华译，上海财经大学出版社2006年版。

〔美〕约翰·K.加尔布雷思：《经济学与公共目标》，丁海生译，华夏出版社2010年版。

〔美〕约翰·K.加尔布雷思：《我们时代的生活》，祁阿红等译，江苏人民出版社1999年版。

〔美〕约翰·肯尼思·加尔布雷思：《新工业国》，嵇飞译，上海世纪出版集团2012年版。

〔美〕约翰·奈斯比特：《大趋势：改变我们生活的十个新方向》，梅艳译，中国社会科学出版社1984年版。

〔美〕詹姆斯·麦甘：《第五阶层：智库、公共政策、治理》，李海东译，中国青年出版社2018年版。

〔美〕詹姆斯·斯坦菲尔德、杰奎琳·斯坦菲尔德：《约翰·加尔布雷思》，苏军译，华夏出版社2012年版。

〔瑞士〕萨因拜·马森、〔德〕彼德·魏因加：《专业知识的民主化？——探求科学咨询的新模式》，姜江等译，上海交通大学出版社 2010 年版。

《圣西门全集》第 1 卷，王燕生等译，商务印书馆 2010 年版。

［苏］Ф. A. 彼得罗夫斯基：《〈太阳城〉的版本和译本》，载［意］康帕内拉《太阳城》，陈大维等译，商务印书馆 1997 年版。

［苏］Ф. A. 柯冈－别仑斯坦：《关于弗朗西斯·培根的〈新大西岛〉》，载［英］弗·培根《新大西岛》，何新译，商务印书馆 2012 年版。

［苏］В. П. 沃尔金：《康帕内拉的共产主义乌托邦》，载［意］康帕内拉《太阳城》，陈大维等译，商务印书馆 1997 年版。

［苏］Э. В. 杰缅丘诺夫：《当代美国的技术统治论思潮》，赵国琦等译，辽宁人民出版社 1987 年版。

［西］曼纽尔·卡斯特：《网络社会的崛起》，夏铸九等译，社会科学文献出版社 2001 年版。

［意］康帕内拉：《太阳城》，陈大维等译，商务印书馆 1997 年版。

［英］C. P. 斯诺：《两种文化》，纪树立译，生活·读书·新知三联书店 1994 年版。

［英］阿里尔·扎拉齐、［美］莫里斯·E. 斯图克：《算法的陷阱：超级平台、算法垄断与场景欺骗》，余潇译，中信出版社 2018 年版。

［英］安东尼·肯尼：《牛津西方哲学史》（第一卷古代哲学），王柯平译，吉林出版集团股份有限公司 1986 年版。

［英］伯特兰·罗素：《西方哲学史》（下卷），马元德译，商务印书馆 2013 年版。

［英］戴维·毕瑟姆：《官僚制》，韩志明、张毅译，吉林人民出版社 2005 年版。

［英］弗兰克·韦伯斯特：《信息社会理论》，曹晋等译，北京大学出版社 2011 年版。

［英］弗·培根：《新大西岛》，何新译，商务印书馆 2012 年版。

［英］卢西亚诺·弗洛里迪：《第四次革命——人工智能如何重塑人类现实》，王文革译，浙江人民出版社 2016 年版。

［英］威廉·配第：《政治算术》，陈东野译，商务印书馆 2014 年版。

［英］维克托·迈尔－舍恩伯格、肯尼思·库克耶：《大数据时代：生活、工作与思维的大变革》，盛杨燕等译，浙江人民出版社 2015 年版。

外文专著

A. Aneesh, *Virtual Migration: The Programming of Globalization*, Durham: Duke University Press, 2006.

Allen Raymond, *What is Technocracy?*, New York: McGraw-Hill Book Company, Inc., 1933.

Anders Esmark, *The New Technocracy*, Bristol: Bristol University Press, 2020.

Andrew Feenberg, *Alternative Modernity: The Technical Turn in Philosophy and Social Theory*, Berkeley: University of California Press, 1995.

Andrew Feenberg, *Questioning Technology*, London: Routledge, 1999.

Andrew Rich, *Think Tanks, Public Policy, and the Politics of Expertise*, Cambridge: Cambridge University Press, 2004.

Anne E. Stie, *Democratic Decision-making in the EU: Technocracy in Disguise?*, London: Routledge, 2013.

Beverly H. Burris, *Technocracy at Work*, New York: State University of New York Press, 1993.

B. J. Fogg, *Persuasive Technology: Using Computers to Change What We Think and Do*, San Francisco: Morgan Kaufmann Publishers, 2003.

Claudio M. Radaelli, *Technocracy in the European Union*, London: Routledge, 1999.

Daniel Bell, *The Coming of Post-Industrial Society: A Venture in Social Forecasting*, New York: Basic Books, 1973.

Don K. Price, *The Scientific Estates*, Cambridge: The Belknap of Harvard University Press, 1965.

Eduardo Dargent, *Technocracy and Democracy in Latin America: The Experts Running Government*, Cambridge: Cambridge University Press, 2015.

Edward H. Carr, *Studies in Revolution*, New York: Grossett and Dunlap, 1964.

Frank Fischer, *Technocracy and the Politics of Expertise*, Newbury Park: SAGE Publications, 1990.

Gregory E. McAvoy, *Controlling Technocracy: Citizen Rationality and the NIMBY Syndrome*, Washington: Georgrtown University Press, 1999.

Harold Loeb ed., *Life in a Technocracy: What It Might Be Like*, Syracuse: Syracuse University Press, 1996.

Howard Scott, et al., *Introduction to Technocracy*, London: John Lane the Bodley Head Ltd., 1933.

Jacques Ellul, *The Technological Society*, trans. John Wilkinson, New York: Vintage Books, 1964.

Jean Meyanud, *Technocracy*, trans. Paul Barnes, New York: Free Press, 1969.

Joel Andreas, *Rise of the Red Engineers: The Cultural Revolution and the Origins of China's New Class*, Stanford: Stanford University Press, 2009.

John K. Galbraith, *Economics and the Public Purpose*, Boston: Houghton Mifflin Company, 1973.

John K. Galbraith, *The New Industrial State*, Boston: Houghton Mifflin Company, 1967.

Julia Metz, *The European Commission, Expert Groups, and the Policy Process: Demystifying Technocratic Governance*, London: Palgrave Macmillan, 2015.

Kris Shaffer, *Data versus Democracy: How Big Data Algorithms Shape Opinions and Alter the Course of History*, New York: Springer, 2019.

Langdon Winner, *Autonomous Technology: Technics-Out-of-Control as a Theme in Political Thought*, Cambridge: MIT Press, 1977.

Lawrence Lessig, *Code and Other Laws of Cyberspace*, New York: Basic Books, 1999.

Luciano Floridi and Phyllis Illari, eds., *The Philosophy of Information*

Quality, Cham: Springer, 2014, p. 309.

Massimiano Bucchi, *Beyond Technocracy: Science, Politics and Citizens*, trans. Adrian Belton, New York: Springer, 2009, p. 23 – 24.

Michael Anderson and Susan L. Anderson eds. , *Machine Ethics*, Cambridge: Cambridge University Press, 2011.

Mike Raco and Federico Savini, eds. , *Planning and Knowledge: How New Form of Technocracy Are Shaping Contemporary Cities*, Bristol: Policy Press, 2019.

Neil Postman, *End of Education: Redefining the Value of School*, New York: Vintage Books, 1995.

Parag Khanna, *Technocracy in American: Rise of the Info-State*, North Charleston: Create Space, 2017.

Patrick M. Wood, *Technocracy Rising: The Trojan Horse of Global Transformation*, Mesa: Coherent Publishing, 2015.

Peter-P. Verbeek and Slob Adriaan, eds. , *User Behavior and Technology Development: Shaping Sustainable Relations Between Consumers and Technologies*, Dordrecht: Springer, 2006, pp. 53 – 60.

Peter. P Verbeek, *Moralizing Technology: Understanding and Designing the Morality of Things*, Chicago: University of Chicago Press, 2005, p. 133.

Raymond Allen, *What is Technocracy*, New York: Whittlesey House, McGraw-Hill, 1993, p. 120.

Richard G. Olson, *Science and Scientism in Nineteenth-Century Europe*, Champaign: University of Illinois Press, 2008.

Richard G. Olson, *Scientism and Technocracy in the Twentieth Century: The Legacy of Scientific Management*, Lanham: Lexington Books, 2016.

Rob Kitchin, *The Data Revolution: Big Data, Open Data, Data Infrastructure and Their Consequences*, London: SAGE Publications Ltd. , 2014.

Sartori Giovanni, *The Theory of Democracy Revisited*, Chatham: Chatham

House Publishers, Inc., 1987.

Sheila Jasanoff, *The Fifth Branch: Science Advisers Policymakers*, Cambridge: Harward University Press, 1994.

Shoshana Zuboff, *The Age of Surveillance Capitalism: The Fight for a Human Future at the New Frontier of Power*, New York: Public Affairs, 2019.

Sven O. Hansson, ed., *The Ethics of Technology: Methods and Approaches*, London: Rowman & Littlefield International, Ltd., 2017.

Taina Bucher, *IF… THEN: Algorithmic Power and Politics*, New York: Duke University Press, 2018.

Theodore Roszak, *The Making of a Counter Culture: Reflections on the Technocratic Society and Its Youthful Opposition*, New York: Doubleday & Company, Inc., 1969.

The Technocracy Inc., *Technocracy in the Plain Terms: A Challenge and a Warning*, Continental Headquarters, Tecnocracy Inc., 1942.

Thorstein B. Veblen, *The Engineers and the Price System*, New York: B. W. Huebsch Inc., 1921.

Thorstein B. Veblen, *The Engineers and the Price System*, New York: Harcourt, Brace & World, 1963.

Wiebe E. Bijker and John Law eds., *Shaping Technology / Building Society: Studies in Sociotechnical Change*, Cambridge: The MIT Press, 1992.

William E. Akin, *Technocracy and the American Dream: The Technocracy Movement, 1900–1941*, Berkeley: University of California Press, 1977.

William H. Smyth, *Technocracy, First, Second and Third Series*, London: Forgotten Books, 2012.

Zbigniew Brzezinski, *Between Two Ages: America's Role in the Technetronic Era*, New York: The Viking Press, 1970.

外文期刊

Anders Esmark, "Maybe It Is Time to Rediscover Technocracy? An Old

Framework for a New Analysis of Administrative Reforms in the Governance Era", *Journal of Public Administration Research and Theory*, Vol. 27, No. 3, July 2017, pp. 501 – 516.

BinBin Wang and Xiaoyan Li, "Big Data, Platform Economy and Market Competition: A Preliminary Construction of Plan-Oriented Market Economy System in the Information Era", *World Review of Political Economy*, Vol. 8, No. 2, Summer 2017, pp. 138 – 161.

Bruce Gilley, "Technocracy and Democracy as Spheres of Justice in Public Policy", *Policy Sciences*, Vol. 50, No. 1, March 2017, pp. 9 – 22.

Bruno Lepri, et al., "Fair, Transparent, and Accountable Algorithmic Decision-making Processes", *Philosophy & Technology*, Vol. 31, No. 4, December 2018, pp. 611 – 627.

Charles E. Harris Jr., "The Good Engineer: Giving Virtue its Due in Engineering Ethics", *Science and Engineering Ethics*, Vol. 14, No. 2, June 2008, pp. 153 – 164.

Cheng Li and Lynn T. White III, "China's Technocratic Movement and the World Economic Herald", *Modern China*, Vol. 17, No. 3, July 1991, pp. 342 – 388.

Christopher Bickerton and Carlo I. Accetti, "Populism and Technocracy: Opposites or Complements?" *Critical Review of International Social and Political Philosophy*, Vol. 20, No. 2, April 2017, pp. 186 – 206.

Danielle K. Citron and Frank Pasquale, "The Scored Society: Due Process for Automated Predictions", *Washington Law Review*, Vol. 89, No. 1, January 2014, pp. 1 – 33.

David Beer, "The Social Power of Algorithms", *Information, Communication & Society*, Vol. 20, No. 1, 2017, pp. 1 – 13.

Duncan Mcdonnell and Marco Valbruzzi, "Defining and Classifying Technocrat-led and Technocratic Governments", *European Journal of Political Research*, Vol. 53, No. 4, November 2014, pp. 654 – 671.

Eugene Huskey, "Elite Recruitment and State-Society Relations in Technocratic Authoritarian Regimes: The Russian Case", *Communist and Post-Communist Studies*, Vol. 43, No. 4, December 2010, pp. 363 – 372.

Hans K. Hansen and Tony Porter, "What Do Big Data Do in Global Governance?" *Global Governance*, Vol. 23, No. 1, January-March 2017, pp. 31 – 42.

Henrik S. Sætra, "A Shallow Defence of a Technocracy of Artificial Intelligence", *Technology in Society*, Vol. 62, No. 101283, August 2020, pp. 1 – 10.

Ibo van de Poel and Peter-P. Verbeek "Ethics and Engineering Design", *Science, Technology, & Human Values*, Vol. 31, No. 3, May 2006, pp. 223 – 236.

Indr Žliobait, "Measuring Discrimination in Algorithmic Ddecision Making", *Data Mining and Knowledge Discovery*, Vol. 31, No. 4, July 2017, pp. 1060 – 1089.

Jams E. Meade, "Is 'The New Industrial State' Inevitable?", *The Economics Journal*, Vol. 78, No. 310, June 1968, pp. 391 – 392.

Jathan Sadowski and Evan Selinger, "Creating a Taxonomic Tool for Technocracy and Applying It to Silicon Valley", *Technology in Society*, Vol. 38, August 2014, pp. 161 – 168.

John B. Foster and Robeat W. McChesney, "Surveillance Capitalism: Monopoly-Finance Capital, the Military-Industrial Complex, and the Digital Age", *Monthly Review*, Vol. 66, No. 3, July-August 2014, pp. 1 – 31.

John Danaher, "The Threat of Algocracy: Reality, Resistance and Accommodation", *Philosophy & Technology*, Vol. 29, No. 3, September 2016, pp. 245 – 268.

John G. Gunnell, "The Technocratic Image and the Theory of Technocracy", *Technology and Culture*, Vol. 23, No. 3, July 1982, pp. 392 – 416.

Jonathan Cinnamon, "Social Injustice in Surveillance Capitalism", *Surveillance & Society*, Vol. 15, No. 5, December 2017, pp. 609 – 625.

Joshua A. Kroll, et al., "Accountable Algorithms", *University of Pennsylvania Law Review*, Vol. 165, No. 3, February 2017, pp. 633 – 705.

Karen Yeung, "Algorithmic Regulation: A Critical Interrogation", *Regulation & Governance*, Vol. 12, No. 4, December 2018, pp. 505 – 523.

Kristin Shrader-Frechette, "How Some Scientists and Engineers Contribute to Environmental Injustice", *Spring Issue of The Bridge on Engineering Ethics*, Vol. 47, No. 1, March 2017, pp. 36 – 44.

Laurence Diver, "Law as a User: Design, Affordance, and the Technological Mediation of Norms", *SCRIPTed*, Vol. 15, No. 1, August 2018, pp. 4 – 41.

Lishan Lan, Qin Zhu and Yongmou Liu, "The Rule of Virtue: A Confucian Response to the Ethical Challenges of Technocracy", *Sciences and Engineering Ethics*, Vol. 27, No. 64, October 2021.

Luciano Floridi and Mariarosaria Taddeo, "What Is Data Ethics?", *Philosophical Transactions of the Royal Society A: Mathematical, Physical and Engineering Sciences*, Vol. 374, No. 2083, December 2016, pp. 1 – 5.

Luciano Floridi, "Open Data, Data Protection, and Group Privacy", *Philosophy & Technology*, Vol. 27, No. 1, March 2014, pp. 1 – 3.

Marijn Janssen and George Kuk, "The Challenges and Limits of Big Data Algorithms in Technocratic Governance", *Government Information Quarterly*, Vol. 33, No. 3, July 2016, pp. 371 – 377.

Marion Reiser and Jörg Hebenstreit, "Populism versus Technocracy? Populist Responses to the Technocratic Nature of the EU", *Politics and Governance*, Vol. 8, No. 4, December 2020, pp. 568 – 579.

Mark E. Williams, "Escaping the Zero-Sum Scenario: Democracy versus Technocracy in Latin America", *Political Science Quarterly*, Vol. 121, No. 1, February 2006, pp. 119 – 139.

Michael D. Barr, "Beyond Technocracy: The Culture of Elite Governance in Lee Hsien Loong's Singapore", *Asian Studies Review*, Vol. 30, No. 1, August 2006, pp. 1 – 18.

Milja Kurki, "Democracy through Technocracy? Reflections on Technocratic Assumptions in EU Democracy Promotion Discourse", *Journal of Intervention and Statebuilding*, Vol. 5, No. 2, June 2011, p. 215.

Pak-Hang Wong, "Dao, Harmony and Personhood: Towards a Confucian Ethics of Technology", *Philosophy & Technology*, Vol. 25, No. 1, March 2012, pp. 67 – 86.

Peter P. Verbeek, "Materializing Morality: Design Ethics and Technological Mediation", *Science, Technology, & Human Values*, Vol. 31, No. 3, May 2006, pp. 361 – 380.

Philip Ryan, " 'Technocracy', Democracy... and Corruption and Trust", *Policy Sciences*, Vol. 51, No. 1, March 2018, pp. 131 – 139.

Robert D. Putnam, "Elite Transformation in Advanced Industrial Societies: An Empirical Assessment of the Theory of Technocracy", *Comparative Political Studies*, Vol. 10, No. 3, October 1977, pp. 383 – 412.

Rob Kitchin, "The Real-Time City? Big Data and Smart Urbanism", *Geo Journal*, Vol. 79, No. 1, February 2014, pp. 1 – 14.

Shoshana Zuboff, "Big Other: Surveillance Capitalism and the Prospects of an Information Civilization", *Journal of Information Technology*, Vol. 30, No. 1, March 2015, pp. 75 – 89.

Stuart L. Pardau and Blake Edwards, "The FTC, the Unfairness Doctrine, and Privacy by Design: New Legal Frontiers in Cybersecurity", *Journal of Business & Technology Law*, Vol. 12, No. 2, January 2017, pp. 227 – 276.

Ted Striphas, "Algorithmic Culture", *European Journal of Cultural Studies*, Vol. 18, No. 4 – 5, August-October 2015, pp. 395 – 412.

Yongmou Liu, "American Technocracy and Chinese Response: Theories and Practices of Chinese Expert Politics in the Period of the Nanjing Government, 1927 – 1949", *Technology in Society*, Vol. 43, November 2015, pp. 75 – 85.

Yongmou Liu, "The Benefits of Technocracy in China", *Issues in Science and Technology*, Vol. 33, No. 1, Fall 2016, pp. 25 – 28.

Zeynep Tufekci, "Algorithmic Harms Beyond Facebook and Google: Emergent Challenges of Computational Agency", *Colorado Technology Law Journal*, Vol. 13, No. 2, June 2015, pp. 203 – 218.

其他

《国务院关于印发社会信用体系建设规划纲要（2014—2020 年）》（国发〔2014〕21 号）。

Caitlin Lustig and Bonnie Nardi, "Algorithmic Authority: The Case of Bitcoin", 48*th Hawaii International Conference on System Sciences*, Kauai, HI, USA, January 2015, pp. 743 – 752.

Marco Iansiti and Karim R. Lakhani, "The Truth about Blockchain", *Harward Business Review*, 1st March, 2017, https://hbr.org/webinar/2017/02/the-truth-about-blockchain.

后　　记

癸卯仲夏，本书付梓，百感交集。一方面，作为我出版的第一本学术著作，甚为欣喜；另一方面，由于水平有限，自觉书中仍有诸多不完善之处，因而甚是忐忑。

从2016年读博开始研究技术专家制至今，已有六年有余。之所以选择将技术专家制作为研究主题，除了与我对这一主题有兴趣之外，还与我的博导刘永谋教授一直在研究这一主题有关。虽然读硕士期间我的研究主题是量子博弈中的理性选择，但对技术统治（论）、专家治国（论）等问题（当时我认为这是两个不同的思想）一直很感兴趣，每每看到相关论述，都会思考技术怎么会统治人、专家怎么能治国等问题。因此，在有幸进入永谋老师的门下之后，我便很快确定以技术专家制作为我博士阶段的研究主题。

在永谋老师的影响和指导下，我开始了对技术专家制的研究，并完成题为"智能社会技治主义研究"的博士学位论文。在博士毕业之后，我对技术专家制的研究并没有中断，主要对技术专家制的理论内容进行了更为深入和系统的研究，并陆续在学术期刊上发表了一些学术论文。目前，我已在 *Science and Engineering Ethics*、《哲学动态》和《自然辩证法研究》等期刊发表与技术专家制相关的中英文学术论文十余篇，这些学术论文与博士学位论文的内容和观点在本书中均有体现。

作为国内第一本以"技术专家制"为题的学术专著，本书对技术专家制的理论内涵、历史演进、当代发展、批判问题、与人工智能的关系进行了详细分析，目的在于对技术专家制进行一个比较系统的研

后　记

究，以让人们对技术专家制有一个较为全面的认识，进而充分发挥它在当今社会运行与治理中的作用。然而，在撰写本书的过程中，我发现技术专家制脉络繁多、理论庞杂，限于本人学力，很难面面俱到，甚至难免有错漏。因此，对于书中存在的不足之处，还请各方专家及读者不吝批评指正。

本书在成书过程中，得到了诸多师友的大力帮助和支持，尤其是我的博导刘永谋老师、硕导潘平老师、外导朱秦老师，以及刘大椿、卡尔·米切姆、刘晓力、王伯鲁、刘劲扬、马建波、王小伟、滕菲、李建军、徐治立、段伟文、梅其君、陈艳波、张国安、蒙爱军、黄侃、冯鹏志、王克迪、赵建军、胡明艳、刘晓青、武晨箫等老师（排名无先后，亦未一一列出），在此对他们表示最衷心的感谢。

本书的出版还要感谢中国社会科学出版社田文主任的鼎立支持和辛苦编辑，同时感谢我的师妹李佩、师弟谭泰成对本书进行了认真校对。

最后，我要感谢我的家人，特别是我的父亲和母亲，他们虽不知学术为何物，但对我的学术研究工作给予了无条件支持，没有他们一直以来的支持与理解，我很难有机会静下心来好好做学术研究和撰写本书。

兰立山
2023 年夏于北京